KB085743

세상이 변해도 배움의 즐거움은 변함없도록

시대는 빠르게 변해도
배움의 즐거움은
변함없어야 하기에

어제의 비상은
남다른 교재부터
결이 다른 콘텐츠
전에 없던 교육 플랫폼까지

변함없는 혁신으로
교육 문화 환경의 새로운 전형을
실현해왔습니다.

비상은 오늘, 다시 한번
새로운 교육 문화 환경을 실현하기 위한
또 하나의 혁신을 시작합니다.

오늘의 내가 어제의 나를 초월하고
오늘의 교육이 어제의 교육을 초월하여
배움의 즐거움을 지속하는 혁신,

바로, 메타인지학습을.

상상을 실현하는 교육 문화 기업 비상

메타인지학습

초월을 뜻하는 meta와 생각을 뜻하는 인지가 결합된 메타인지는
자신이 알고 모르는 것을 스스로 구분하고 학습계획을 세우도록 하는
궁극의 학습 능력입니다. 비상의 메타인지학습은 메타인지를 키워주어
공부를 100% 내 것으로 만들도록 합니다.

연산으로 쉽게 개념을 완성!

개념 PLUS 연산

중등 수학

3·2

구성과 특징

Composition

수학 기본기를 탄탄하게 하는! 개념 + 연산

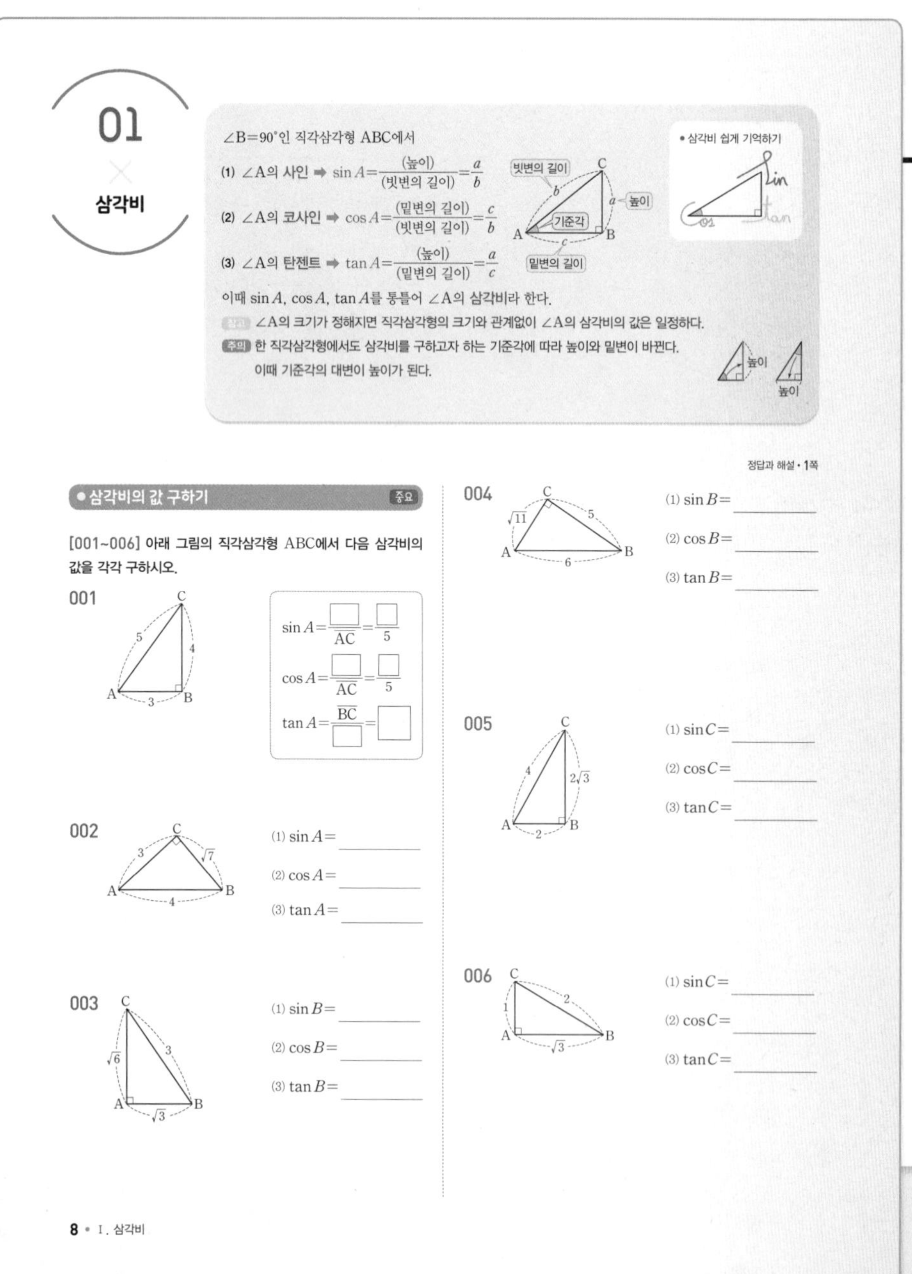

1 유형별 연산 문제

개념을 확실하게 이해하고 적용할 수 있도록 충분한 양의 연산 문제를 유형별로 구성하였습니다.

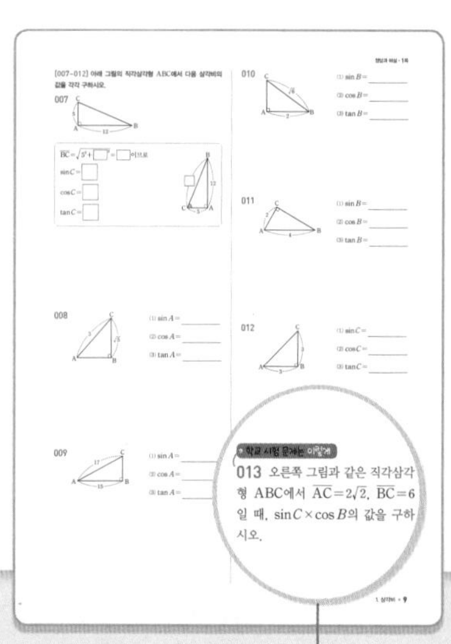

연산 문제로 연습한 후 학교 시험 문제로 확인!

추천해요!

개념을 익힐 수 있는 충분한 기본 문제가 필요한 친구 / 정확한 연산 능력을 키우고 싶은 친구 / 부족한 기본기를 채우고 싶은 친구

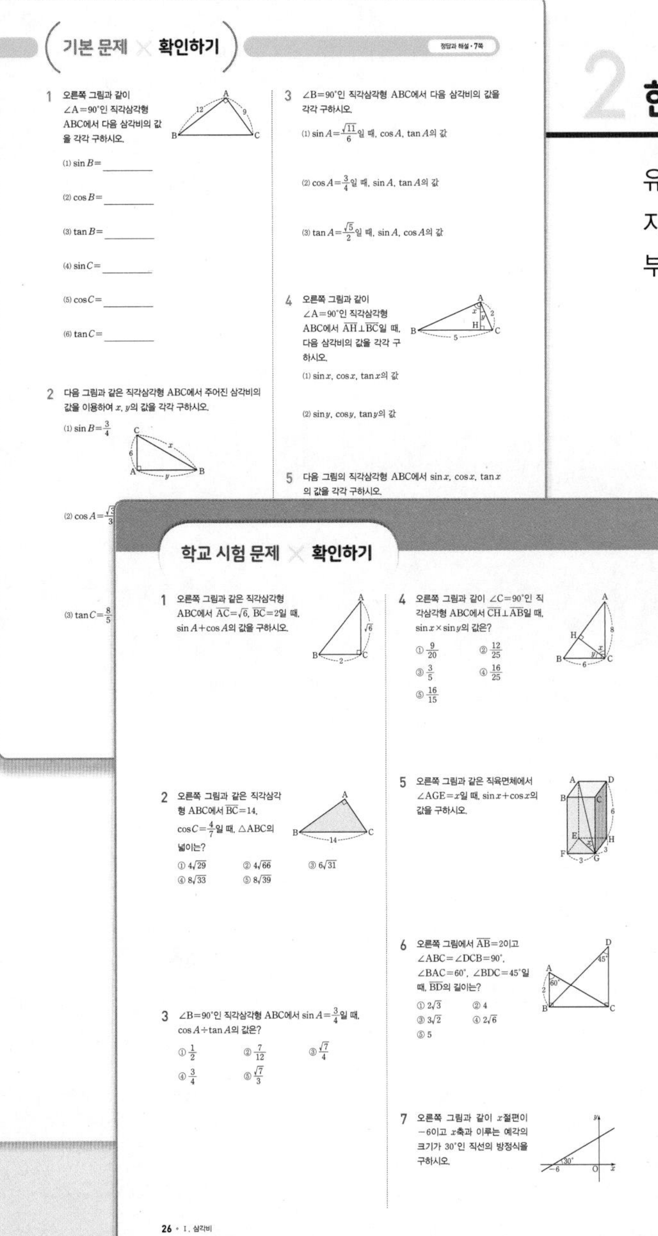

2 한 번 더 확인하기

유형별 연산 문제를 모아 한 번 더 풀어 보면서
자신의 실력을 확인할 수 있습니다.
부족한 부분은 다시 돌아가서 연습해 보세요!

3 꼭! 나오는 학교 시험 문제로 마무리하기

기본기를 완벽하게 다졌다면 연산 문제에
응용력을 더한 학교 시험 문제에 도전!
어렵지 않은 필수 기출문제를 풀어 보면서
실전 감각을 익히고 자신감을 얻을 수 있습니다.

차례
Contents

I 삼각비

II 원의 성질

Ⅲ 통계

1
삼각비

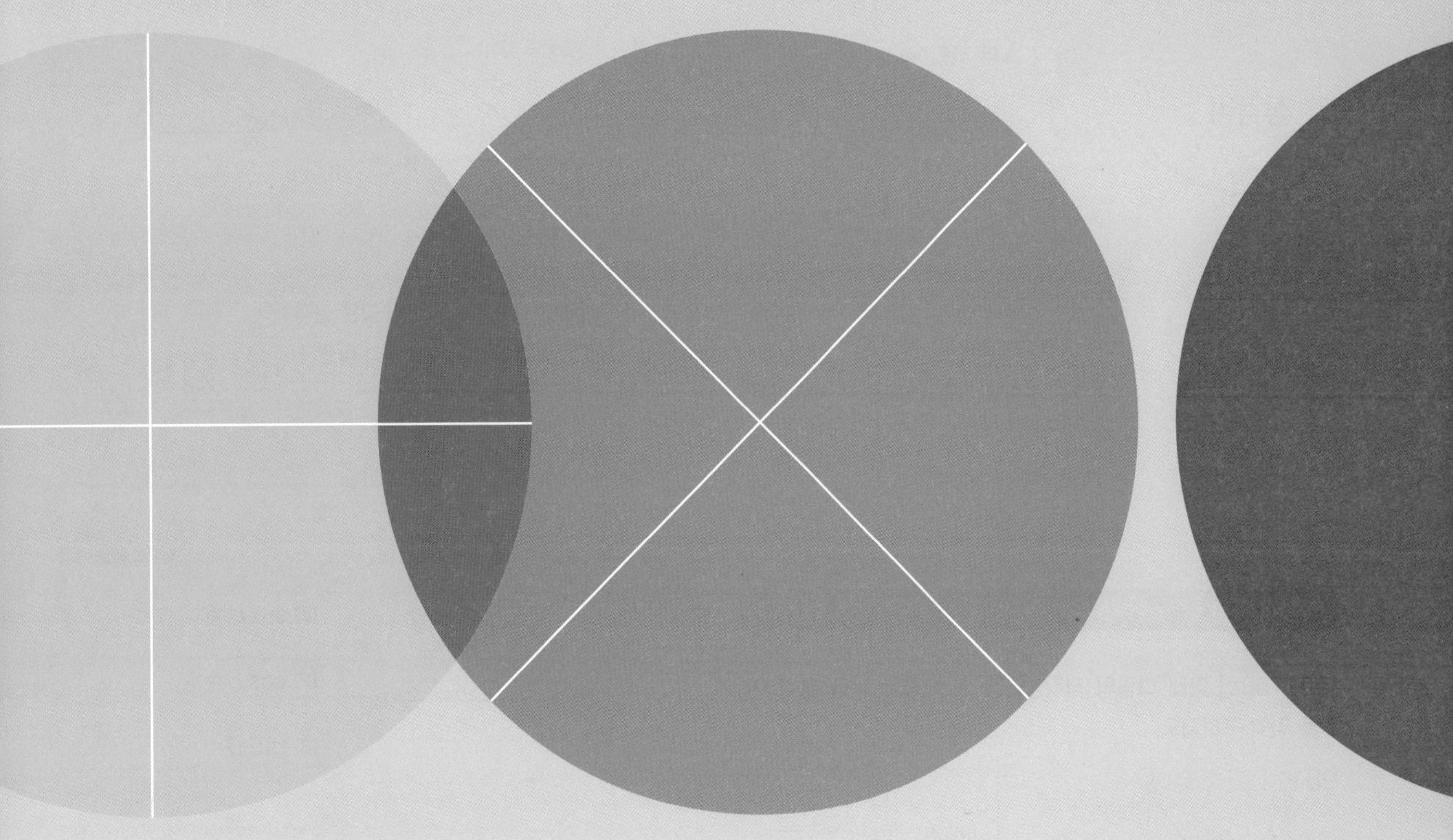

- 삼각비의 값 구하기
- 한 변의 길이와 삼각비의 값이 주어질 때, 삼각형의 변의 길이 구하기
- 한 삼각비의 값이 주어질 때, 다른 삼각비의 값 구하기
- 직각삼각형의 닮음을 이용하여 삼각비의 값 구하기 (1)
- 직각삼각형의 닮음을 이용하여 삼각비의 값 구하기 (2)
- 입체도형에서 삼각비의 값 구하기
- $30°$, $45°$, $60°$의 삼각비의 값
- 삼각비의 값을 이용하여 변의 길이 구하기 (1)
- 삼각비의 값을 이용하여 변의 길이 구하기 (2)
- 삼각비와 직선의 기울기
- 사분원에서 예각에 대한 삼각비의 값
- $0°$, $90°$의 삼각비의 값
- 삼각비의 대소 관계
- 삼각비의 표를 이용하여 삼각비의 값 구하기
- 삼각비의 표를 이용하여 각의 크기 구하기
- 삼각비의 표를 이용하여 변의 길이 구하기

01 삼각비

$\angle B=90°$인 직각삼각형 ABC에서

(1) $\angle A$의 사인 ➡ $\sin A=\dfrac{(\text{높이})}{(\text{빗변의 길이})}=\dfrac{a}{b}$

(2) $\angle A$의 코사인 ➡ $\cos A=\dfrac{(\text{밑변의 길이})}{(\text{빗변의 길이})}=\dfrac{c}{b}$

(3) $\angle A$의 탄젠트 ➡ $\tan A=\dfrac{(\text{높이})}{(\text{밑변의 길이})}=\dfrac{a}{c}$

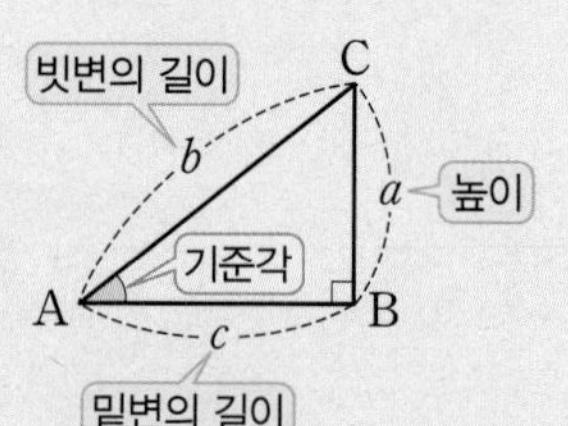

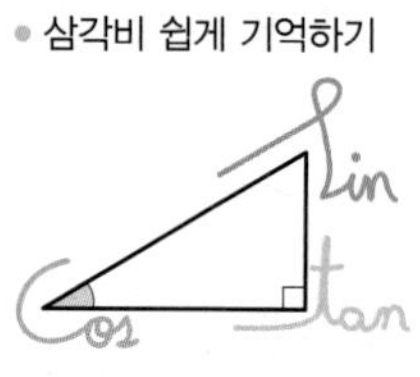

이때 $\sin A$, $\cos A$, $\tan A$를 통틀어 $\angle A$의 삼각비라 한다.

참고 $\angle A$의 크기가 정해지면 직각삼각형의 크기와 관계없이 $\angle A$의 삼각비의 값은 일정하다.

주의 한 직각삼각형에서도 삼각비를 구하고자 하는 기준각에 따라 높이와 밑변이 바뀐다.
이때 기준각의 대변이 높이가 된다.

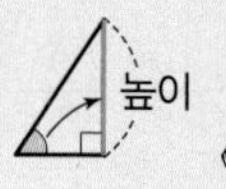

정답과 해설 • 1쪽

삼각비의 값 구하기 중요

[001~006] 아래 그림의 직각삼각형 ABC에서 다음 삼각비의 값을 각각 구하시오.

001

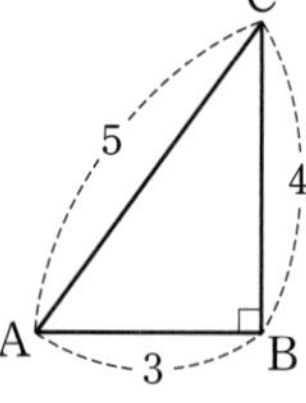

$\sin A=\dfrac{\square}{\overline{AC}}=\dfrac{\square}{5}$

$\cos A=\dfrac{\square}{\overline{AC}}=\dfrac{\square}{5}$

$\tan A=\dfrac{\overline{BC}}{\square}=\square$

002

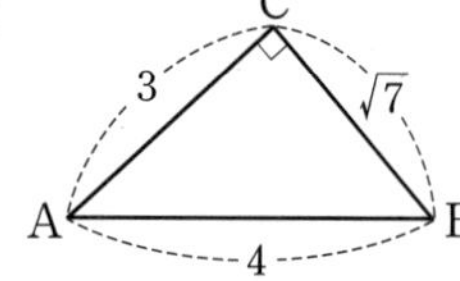

(1) $\sin A=$ ______

(2) $\cos A=$ ______

(3) $\tan A=$ ______

003

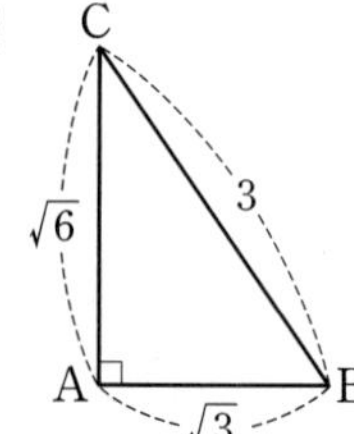

(1) $\sin B=$ ______

(2) $\cos B=$ ______

(3) $\tan B=$ ______

004

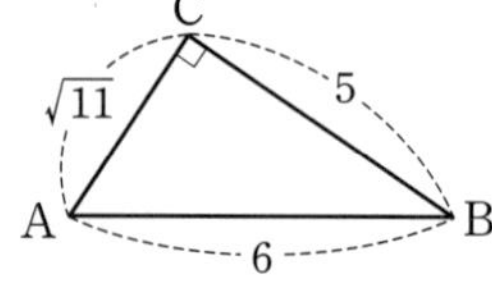

(1) $\sin B=$ ______

(2) $\cos B=$ ______

(3) $\tan B=$ ______

005

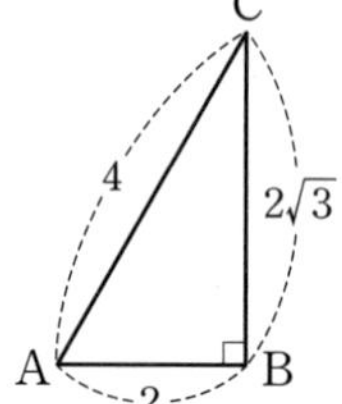

(1) $\sin C=$ ______

(2) $\cos C=$ ______

(3) $\tan C=$ ______

006

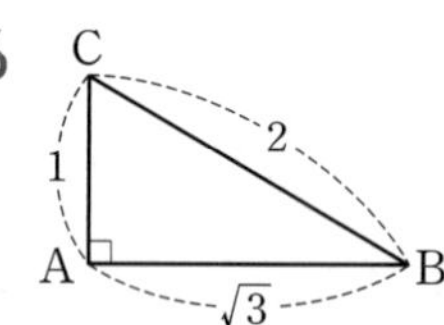

(1) $\sin C=$ ______

(2) $\cos C=$ ______

(3) $\tan C=$ ______

[007~012] 아래 그림의 직각삼각형 ABC에서 다음 삼각비의 값을 각각 구하시오.

007

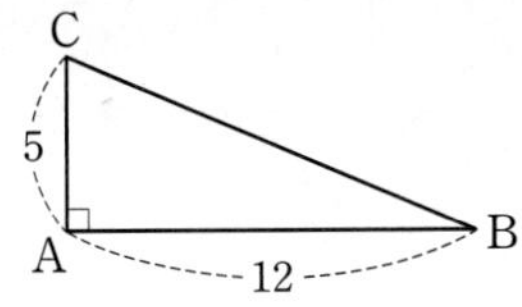

$\overline{BC}=\sqrt{5^2+\square^2}=\square$이므로

$\sin C=\square$

$\cos C=\square$

$\tan C=\square$

008

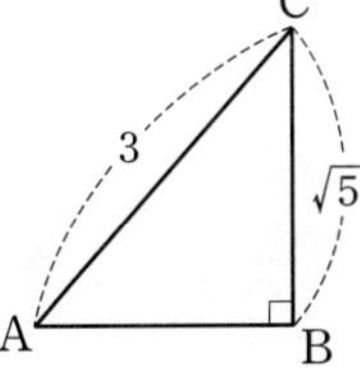

(1) $\sin A=$ ______

(2) $\cos A=$ ______

(3) $\tan A=$ ______

009

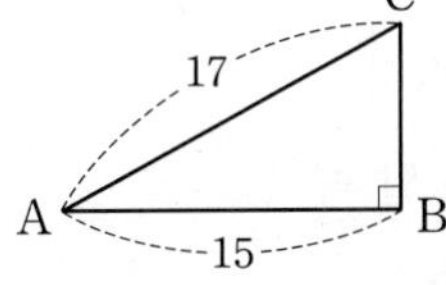

(1) $\sin A=$ ______

(2) $\cos A=$ ______

(3) $\tan A=$ ______

010

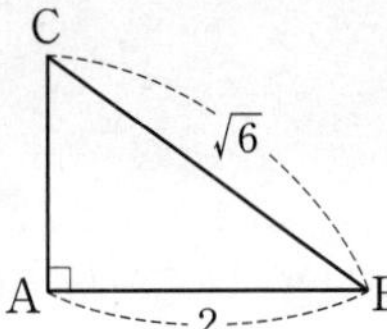

(1) $\sin B=$ ______

(2) $\cos B=$ ______

(3) $\tan B=$ ______

011

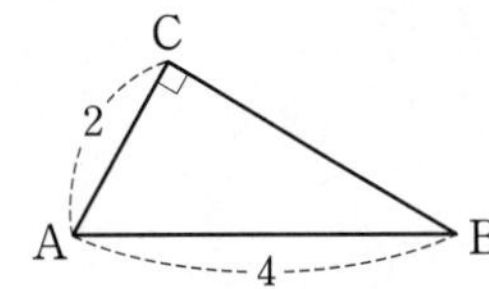

(1) $\sin B=$ ______

(2) $\cos B=$ ______

(3) $\tan B=$ ______

012

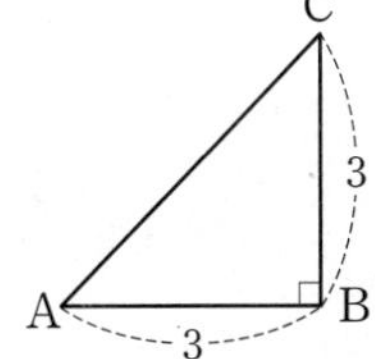

(1) $\sin C=$ ______

(2) $\cos C=$ ______

(3) $\tan C=$ ______

학교 시험 문제는 이렇게

013 오른쪽 그림과 같은 직각삼각형 ABC에서 $\overline{AC}=2\sqrt{2}$, $\overline{BC}=6$일 때, $\sin C\times\cos B$의 값을 구하시오.

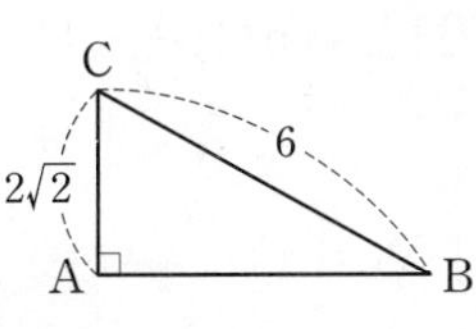

● 한 변의 길이와 삼각비의 값이 주어질 때, 삼각형의 변의 길이 구하기 중요

[014~019] 다음 그림과 같은 직각삼각형 ABC에서 주어진 삼각비의 값을 이용하여 x, y의 값을 각각 구하시오.

014 $\cos A=\frac{1}{2}$

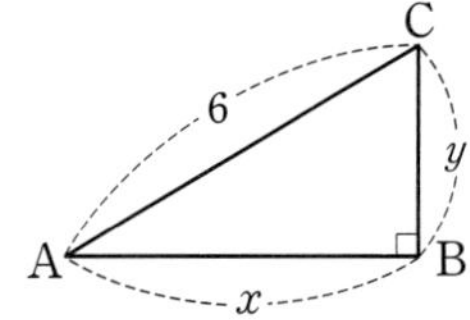

① **x의 값 구하기**

$\cos A=\frac{x}{\square}=\frac{1}{2}$ $\therefore x=\square$

② **y의 값 구하기**

$y=\sqrt{6^2-x^2}=\sqrt{6^2-\square^2}=\square$

015 $\sin B=\frac{\sqrt{2}}{2}$

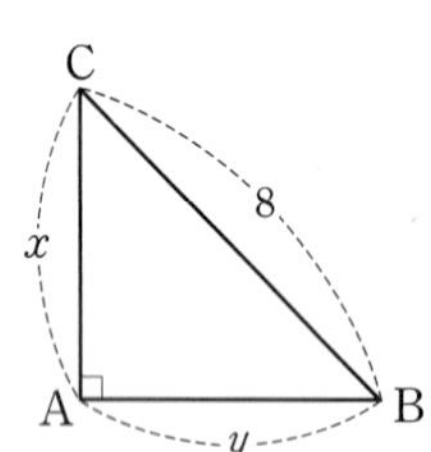

016 $\tan C=\frac{\sqrt{5}}{2}$

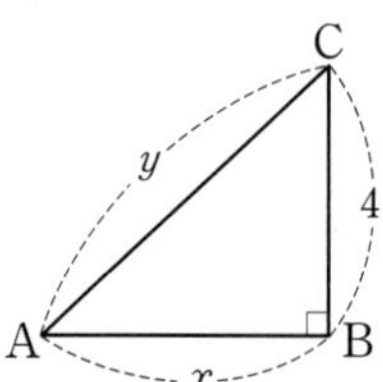

017 $\sin C=\frac{2\sqrt{6}}{7}$

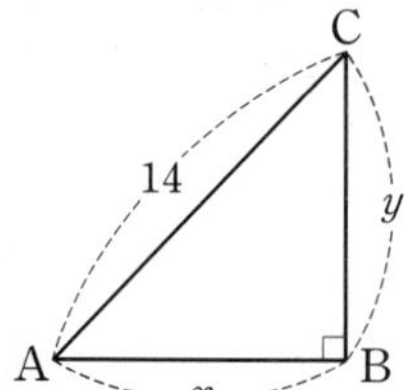

018 $\tan B=\frac{\sqrt{11}}{5}$

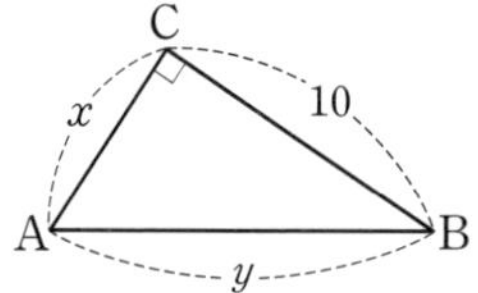

019 $\cos B=\frac{3}{4}$

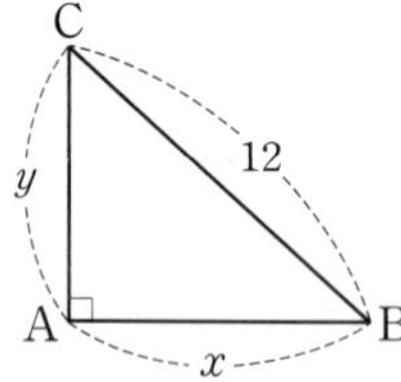

학교 시험 문제는 이렇게

020 오른쪽 그림과 같은 직각삼각형 ABC에서 $\overline{AB}=6$이고 $\sin A=\frac{2}{3}$일 때, $\triangle$ABC의 둘레의 길이를 구하시오.

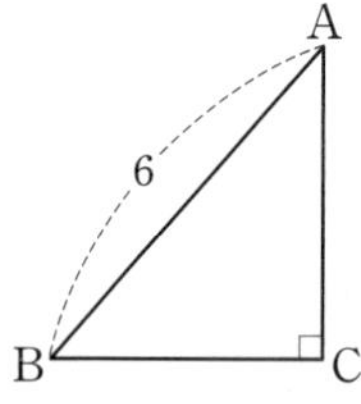

정답과 해설 • 1쪽

● 한 삼각비의 값이 주어질 때, 다른 삼각비의 값 구하기

[021~026] 주어진 삼각비의 값을 만족시키는 가장 간단한 직각삼각형 ABC를 그리고 다음 삼각비의 값을 각각 구하시오.

(단, $\angle B=90^\circ$)

021 $\sin A=\frac{2}{3}$일 때, $\cos A$, $\tan A$의 값

$\sin A=\frac{2}{3}$이므로 오른쪽 그림과 같은 직각삼각형 ABC를 생각할 수 있다.

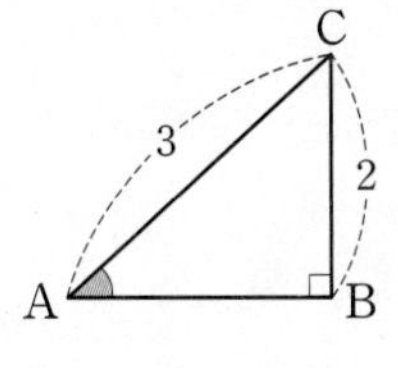

$\overline{AC}=3$, $\overline{BC}=2$이므로

$\overline{AB}=\sqrt{3^2-2^2}=\square$

$\therefore \cos A=\frac{\square}{3}$

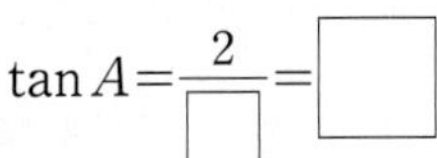
$\tan A=\frac{2}{\square}=\square$

022 $\cos A=\frac{5}{6}$일 때, $\sin A$, $\tan A$의 값

023 $\tan A=\frac{8}{15}$일 때, $\sin A$, $\cos A$의 값

024 $\sin A=\frac{\sqrt{6}}{3}$일 때, $\cos A$, $\tan A$의 값

025 $\cos A=\frac{\sqrt{5}}{5}$일 때, $\sin A$, $\tan A$의 값

026 $\tan A=\frac{\sqrt{3}}{2}$일 때, $\sin A$, $\cos A$의 값

02 직각삼각형의 닮음과 삼각비

$\angle A=90°$인 직각삼각형 ABC에서

(1) $\overline{AH}\perp\overline{BC}$일 때,
$\triangle ABC \backsim \triangle HBA \backsim \triangle HAC$ (AA 닮음)이므로
$\angle ABC=\angle HAC$, $\angle BCA=\angle BAH$

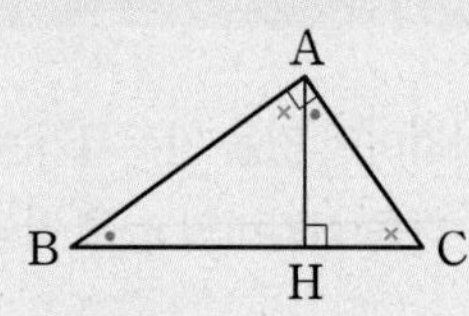

(2) $\overline{DE}\perp\overline{BC}$일 때,
$\triangle ABC \backsim \triangle EBD$ (AA 닮음)이므로
$\angle ACB=\angle EDB$

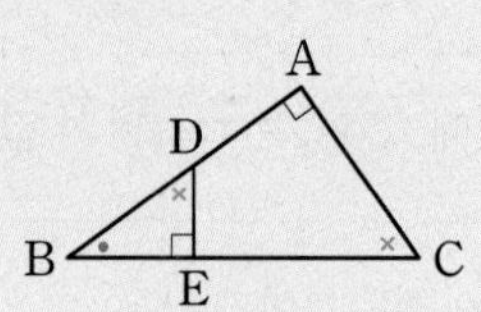

(3) $\angle ABC=\angle AED$일 때,
$\triangle ABC \backsim \triangle AED$ (AA 닮음)이므로
$\angle ACB=\angle ADE$

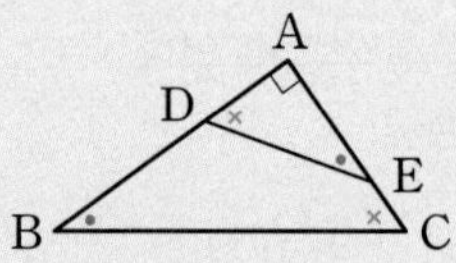

➡ 삼각비의 값을 구할 때는 서로 닮은 직각삼각형에서 크기가 같은 각을 찾아 그 값을 구한다.

정답과 해설 • 2쪽

● 직각삼각형의 닮음을 이용하여 삼각비의 값 구하기 (1) 중요

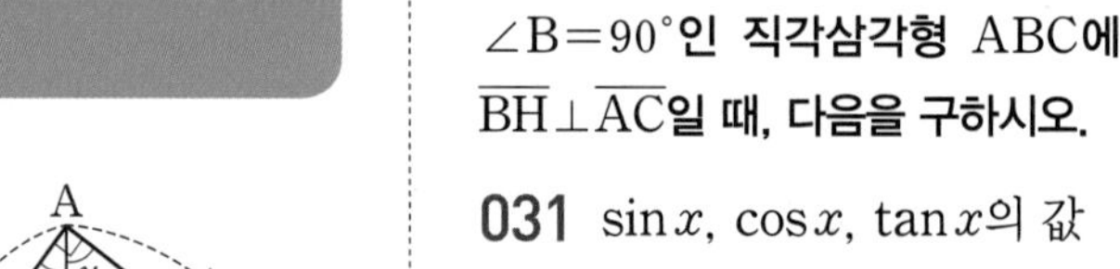

[027~030] 오른쪽 그림과 같이 $\angle A=90°$인 직각삼각형 ABC에서 $\overline{AH}\perp\overline{BC}$일 때, 다음 물음에 답하시오.

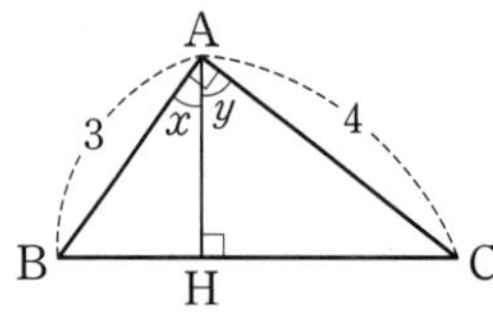

027 $\triangle ABC$에서 $\angle BAH$, $\angle HAC$와 크기가 같은 각을 차례로 구하시오.

028 $\overline{BC}$의 길이를 구하시오.

029 다음 □ 안에 알맞은 것을 쓰시오.

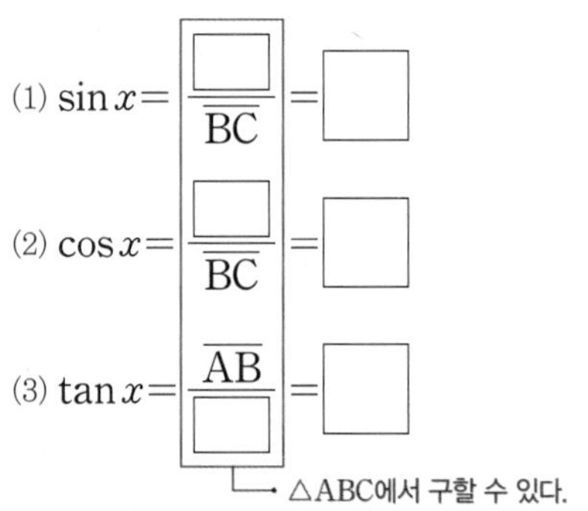

(1) $\sin x = \dfrac{\square}{\overline{BC}} = \square$

(2) $\cos x = \dfrac{\square}{\overline{BC}} = \square$

(3) $\tan x = \dfrac{\overline{AB}}{\square} = \square$

└ $\triangle ABC$에서 구할 수 있다.

030 $\sin y$, $\cos y$, $\tan y$의 값을 각각 구하시오.

[031~032] 오른쪽 그림과 같이 $\angle B=90°$인 직각삼각형 ABC에서 $\overline{BH}\perp\overline{AC}$일 때, 다음을 구하시오.

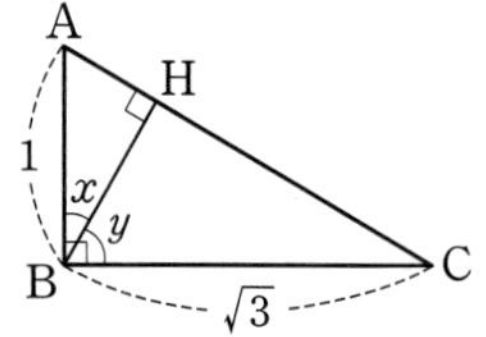

031 $\sin x$, $\cos x$, $\tan x$의 값

032 $\sin y$, $\cos y$, $\tan y$의 값

[033~034] 오른쪽 그림과 같이 $\angle C=90°$인 직각삼각형 ABC에서 $\overline{CH}\perp\overline{AB}$일 때, 다음을 구하시오.

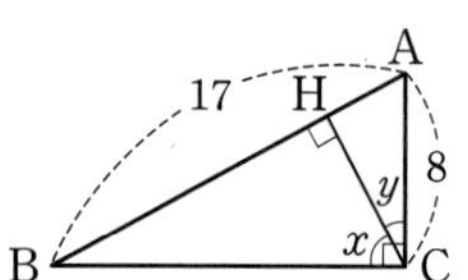

033 $\sin x$, $\cos x$, $\tan x$의 값

034 $\sin y$, $\cos y$, $\tan y$의 값

● 직각삼각형의 닮음을 이용하여 삼각비의 값 구하기 (2)

[035~036] 오른쪽 그림과 같이 $\angle A=90°$인 직각삼각형 ABC에서 $\overline{DE}\perp\overline{BC}$일 때, 다음을 구하시오.

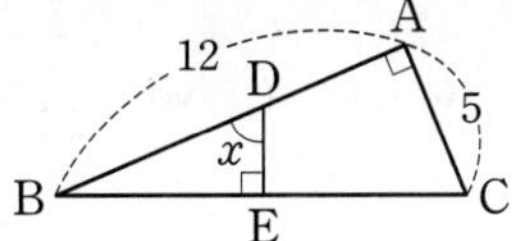

035 △ABC에서 ∠BDE와 크기가 같은 각

036 $\sin x$, $\cos x$, $\tan x$의 값

[037~038] 다음 그림의 직각삼각형 ABC에서 $\sin x$, $\cos x$, $\tan x$의 값을 각각 구하시오.

037

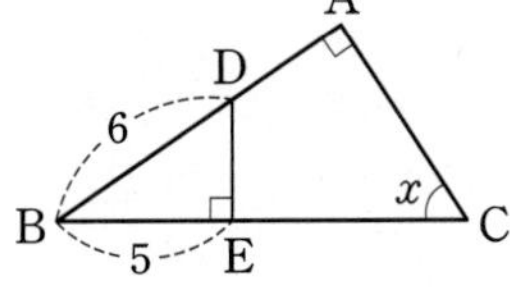

038

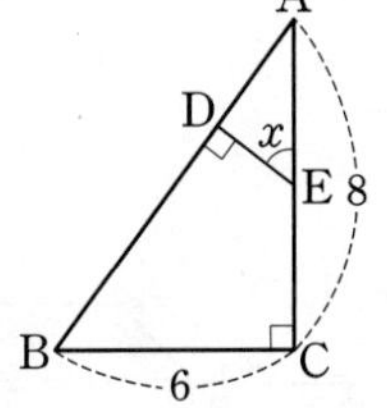

[039~040] 오른쪽 그림과 같이 $\angle A=90°$인 직각삼각형 ABC에서 $\angle ABC=\angle AED$일 때, 다음을 구하시오.

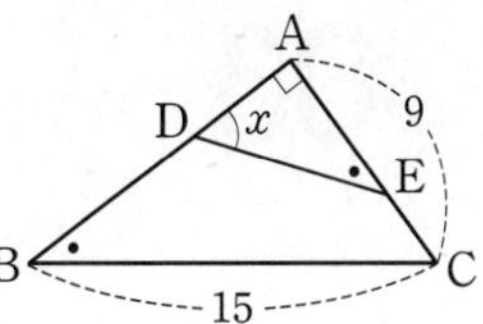

039 △ABC에서 ∠ADE와 크기가 같은 각

040 $\sin x$, $\cos x$, $\tan x$의 값

[041~042] 다음 그림과 같이 $\angle A=90°$인 직각삼각형 ABC에서 $\sin x$, $\cos x$, $\tan x$의 값을 각각 구하시오.

041

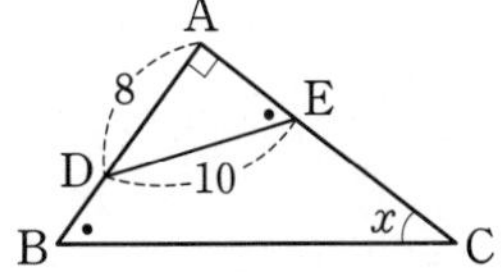

042

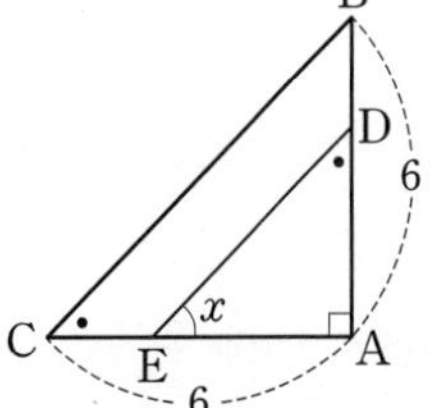

03 입체도형에서 삼각비의 값 구하기

❶ $\angle x$를 한 내각으로 하는 직각삼각형을 찾는다.
❷ 피타고라스 정리를 이용하여 변의 길이를 구한다.
❸ 삼각비의 값을 구한다.

참고 세 모서리의 길이가 각각 a, b, c인 직육면체에서 대각선의 길이를 l이라 하면
➡ $l=\sqrt{a^2+b^2+c^2}$

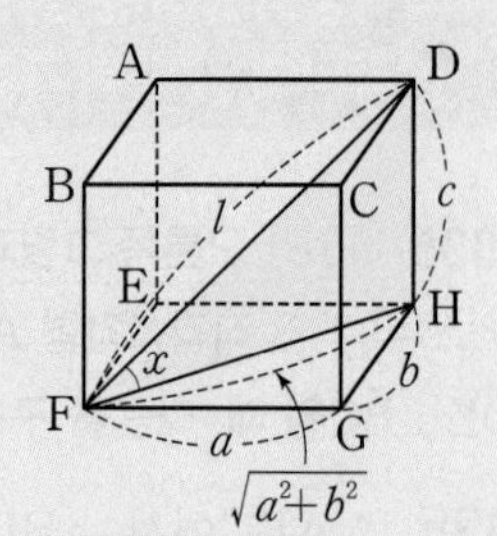

정답과 해설 • 3쪽

● 입체도형에서 삼각비의 값 구하기

[043~044] 아래 그림과 같은 정육면체에서 다음 삼각비의 값을 각각 구하시오.

043 $\angle \mathrm{AGE}=x$일 때, $\sin x$, $\cos x$, $\tan x$의 값

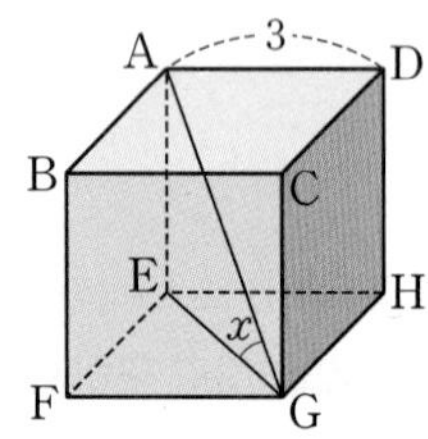

△EFG는 ∠EFG=90°인 직각삼각형이므로
$\overline{\mathrm{EG}}=\sqrt{3^2+\square^2}=\square$
△AEG는 ∠AEG=90°인 직각삼각형이므로
$\overline{\mathrm{AG}}=\sqrt{(\square)^2+3^2}=\square$

$\sin x=\dfrac{\square}{\overline{\mathrm{AG}}}=\square$

$\cos x=\dfrac{\square}{\overline{\mathrm{AG}}}=\square$

$\tan x=\dfrac{\square}{\overline{\mathrm{EG}}}=\square$

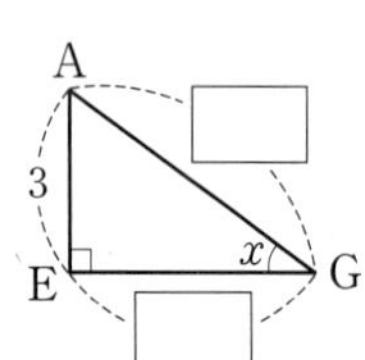

044 $\angle \mathrm{DFH}=x$일 때, $\sin x$, $\cos x$, $\tan x$의 값

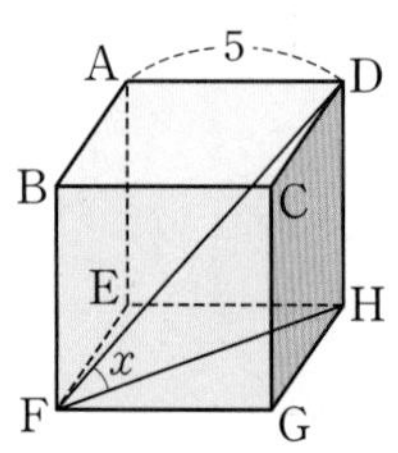

[045~046] 아래 그림과 같은 직육면체에서 다음 삼각비의 값을 각각 구하시오.

045 $\angle \mathrm{AGE}=x$일 때, $\sin x$, $\cos x$, $\tan x$의 값

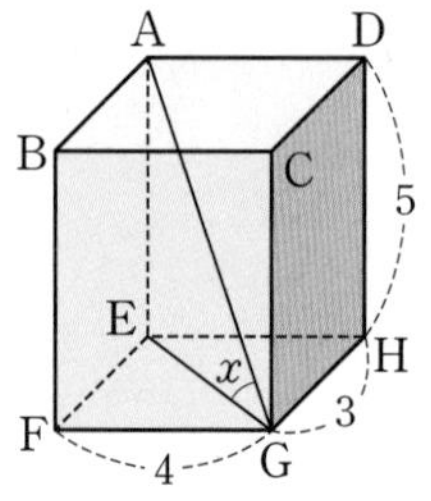

046 $\angle \mathrm{CEG}=x$일 때, $\sin x$, $\cos x$, $\tan x$의 값

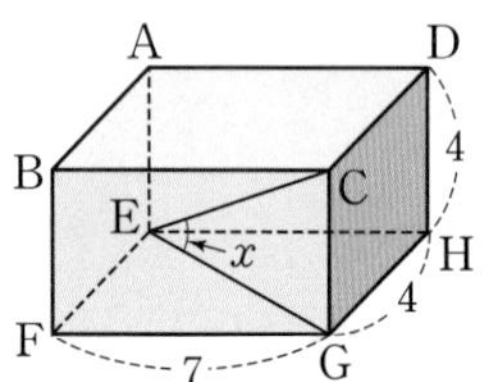

학교 시험 문제는 이렇게

047 오른쪽 그림과 같은 직육면체에서 $\angle \mathrm{DFH}=x$일 때, $\sin x+\cos x$의 값을 구하시오.

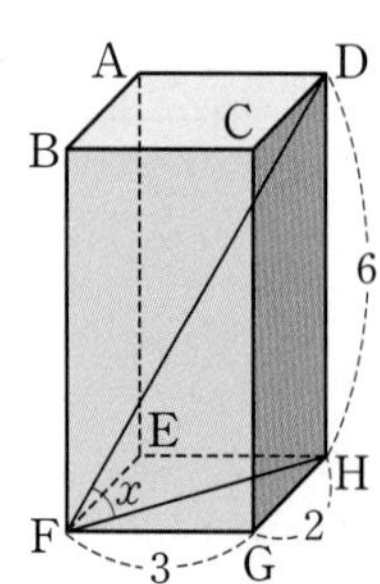

04 30°, 45°, 60°의 삼각비의 값

삼각비 \ A	30°	45°	60°	
$\sin A$	$\frac{1}{2}$	$\frac{\sqrt{2}}{2}$	$\frac{\sqrt{3}}{2}$	→ sin 값은 증가
$\cos A$	$\frac{\sqrt{3}}{2}$	$\frac{\sqrt{2}}{2}$	$\frac{1}{2}$	→ cos 값은 감소
$\tan A$	$\frac{\sqrt{3}}{3}$	1	$\sqrt{3}$	→ tan 값은 증가

$\sqrt{2}$, 45°, 1, 45°, 1

└→ 직각을 낀 두 변의 길이가 각각 1인 직각이등변삼각형에서 생각한다.

2, 30°, $\sqrt{3}$, 60°, 1

└→ 한 변의 길이가 2인 정삼각형을 반으로 접어 생각한다.

정답과 해설 • 4쪽

● 30°, 45°, 60°의 삼각비의 값 중요

[048~054] 다음을 계산하시오.

048 $\sin 30° + \cos 60°$

049 $\sin 60° - \tan 30°$

050 $\cos 30° \times \sin 45°$

051 $\tan 60° \div \sin 60°$

052 $\tan 45° - \cos 30° \times \sin 60°$

053 $\dfrac{\sin 30° \times \tan 60°}{2\cos 45°}$

054 $(\cos 30° + \sin 30°)(\sin 60° - \cos 60°)$

● 삼각비의 값을 이용하여 변의 길이 구하기 (1)

[055~057] 삼각비의 값을 이용하여 다음 직각삼각형 ABC에서 x, y의 값을 각각 구하시오.

055

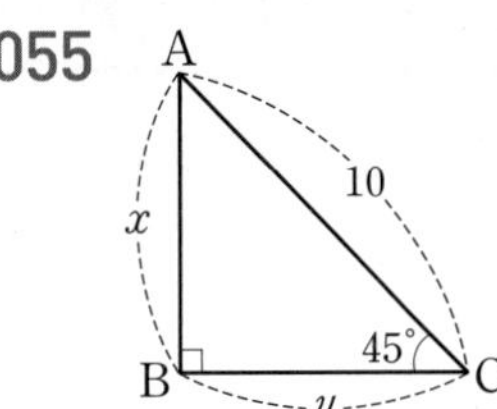

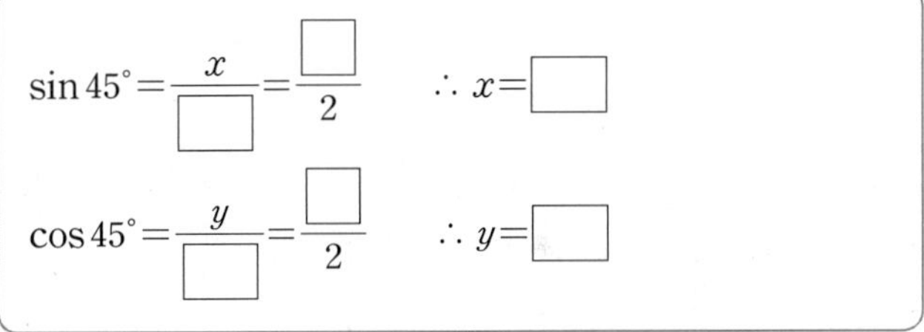

$\sin 45° = \frac{x}{\square} = \frac{\square}{2}$ $\quad \therefore x = \square$

$\cos 45° = \frac{y}{\square} = \frac{\square}{2}$ $\quad \therefore y = \square$

056

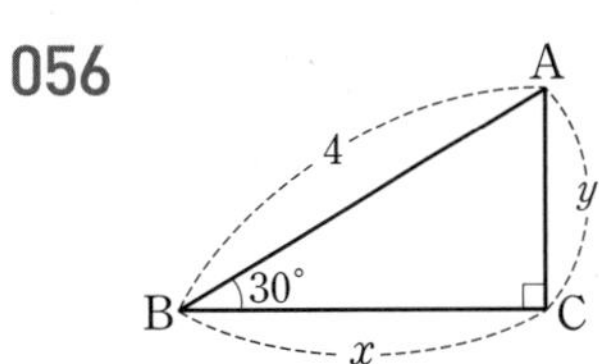

057

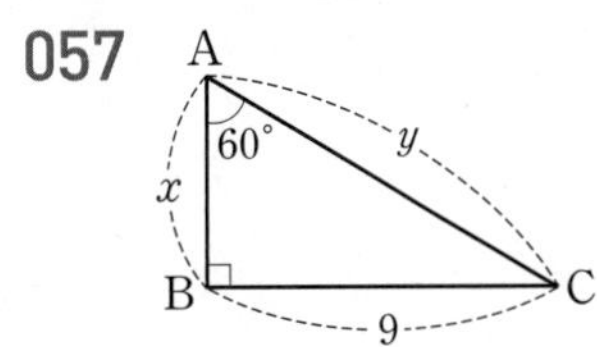

● 삼각비의 값을 이용하여 변의 길이 구하기 (2) 중요

[058~061] 삼각비의 값을 이용하여 다음 그림에서 x, y의 값을 각각 구하시오.

058

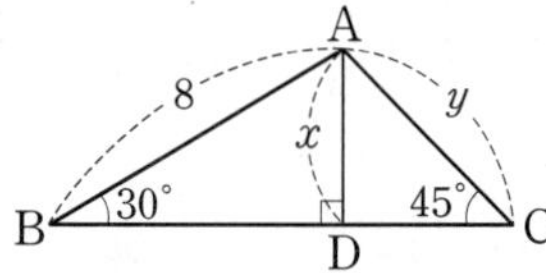

❶ △ABD에서 $\sin 30^\circ = \dfrac{x}{\square}$

이때 $\sin 30^\circ = \dfrac{\square}{2}$이므로

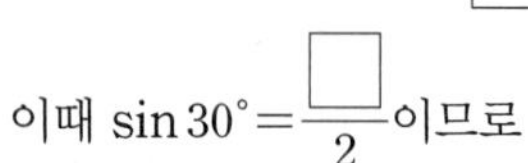

$\dfrac{x}{\square} = \dfrac{\square}{2}$ $\quad \therefore x = \square$

❷ △ADC에서 $\sin 45^\circ = \dfrac{\square}{y}$

이때 $\sin 45^\circ = \dfrac{\square}{2}$이므로

$\dfrac{\square}{y} = \dfrac{\square}{2}$ $\quad \therefore y = \square$

059

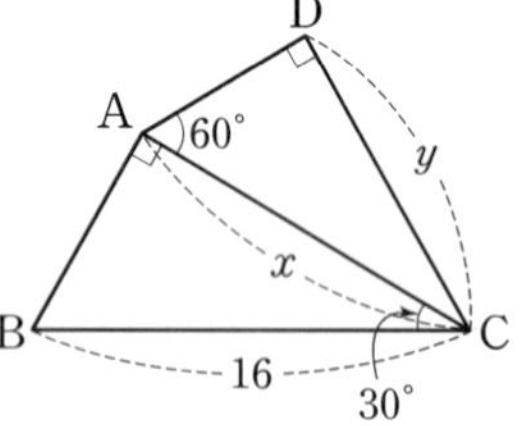

060

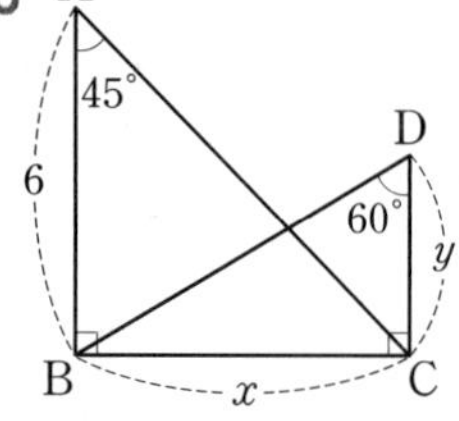

061

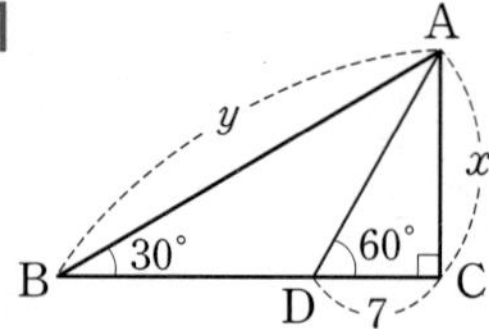

[062~064] 삼각비의 값을 이용하여 다음 그림에서 x의 값을 구하시오.

062

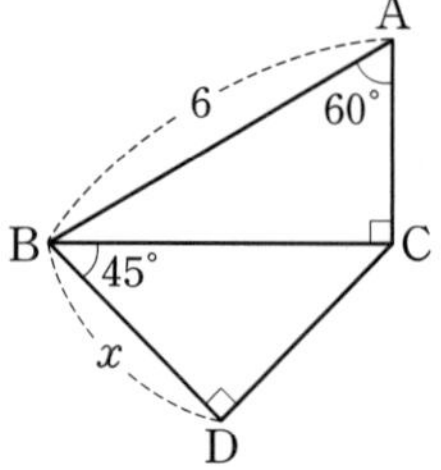

063

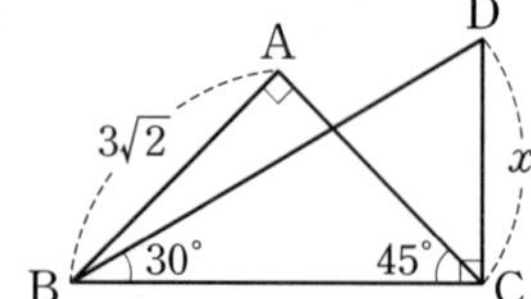

064

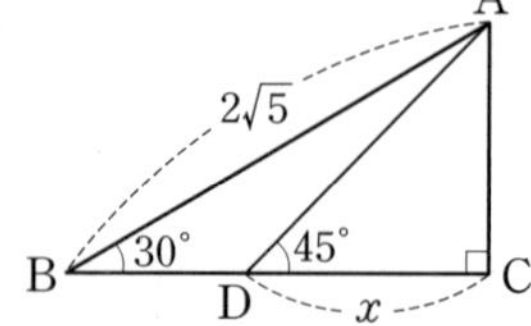

05 직선의 방정식과 삼각비

직선 $y=mx+n\ (m>0)$이 x축과 이루는 예각의 크기를 a라 할 때,

➡ (직선의 기울기)$=m=\dfrac{\overline{BO}}{\overline{AO}}=\tan a$

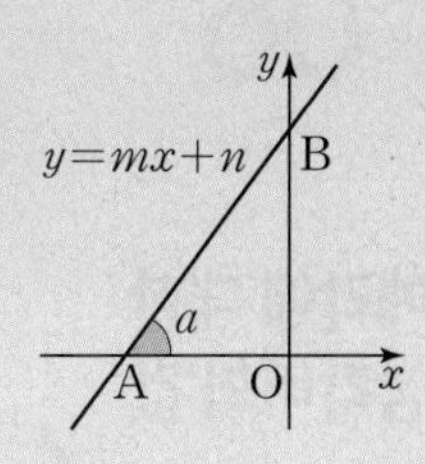

정답과 해설 • 5쪽

● 삼각비와 직선의 기울기

[065~067] 다음 그림의 직선의 방정식을 구하시오.

065

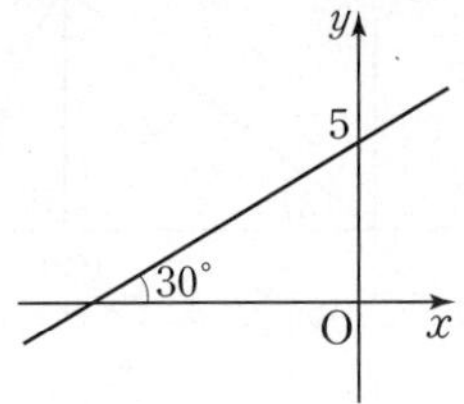

(직선의 기울기)$=\tan 30^\circ=$☐이고

y절편은 ☐이므로

직선의 방정식은 $y=$☐$x+$☐

066

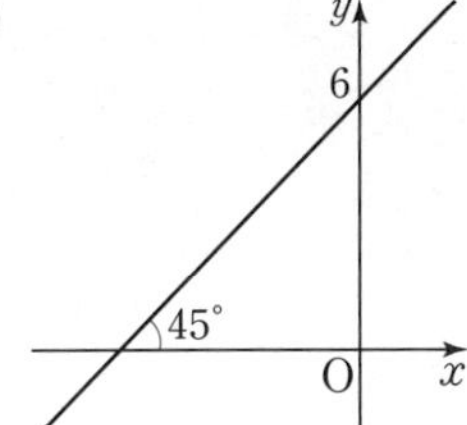

067

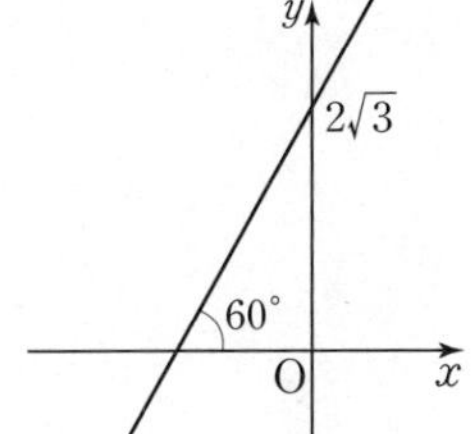

[068~070] 다음 그림의 직선의 방정식을 구하시오.

068

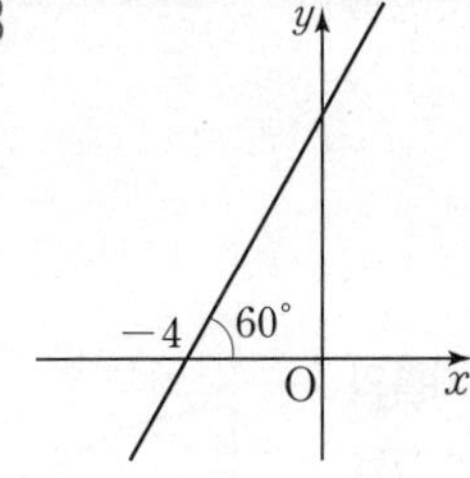

(직선의 기울기)$=\tan 60^\circ=$☐이므로

직선의 방정식을 $y=$☐$x+b$라 하면

이 직선이 점 $(-4,\ 0)$을 지나므로

$0=$☐$\times($☐$)+b$　　$\therefore\ b=$☐

$\therefore\ y=$☐$x+$☐

069

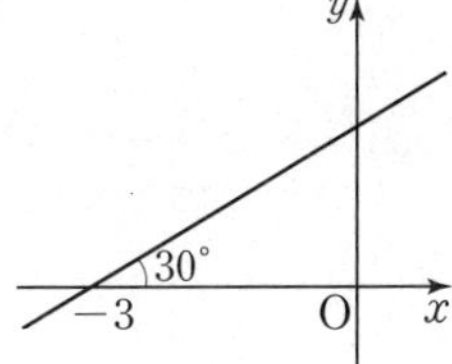

070

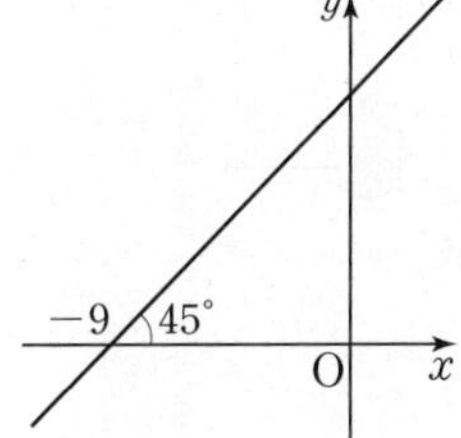

06 예각에 대한 삼각비의 값

반지름의 길이가 1인 사분원에서 임의의 예각의 크기를 a라 하면

(1) $\sin a=\frac{\overline{AB}}{\overline{OA}}=\frac{\overline{AB}}{1}=\overline{AB}$

(2) $\cos a=\frac{\overline{OB}}{\overline{OA}}=\frac{\overline{OB}}{1}=\overline{OB}$

→ 직각삼각형 AOB에서 생각한다.

(3) $\tan a=\frac{\overline{CD}}{\overline{OD}}=\frac{\overline{CD}}{1}=\overline{CD}$ → 직각삼각형 COD에서 생각한다.

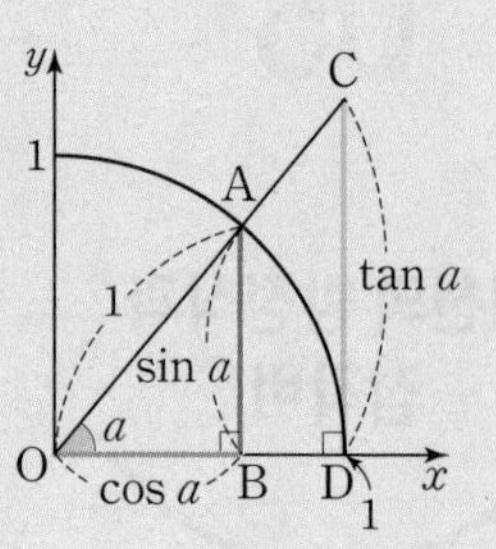

정답과 해설 • 5쪽

● 사분원에서 예각에 대한 삼각비의 값 중요

• 예각에 대한 삼각비의 값은 반지름의 길이가 1인 사분원에서 길이가 1인 선분을 이용하여 구할 수 있다.

[071~076] 오른쪽 그림과 같이 반지름의 길이가 1인 사분원에서 다음 삼각비의 값을 나타내는 선분을 찾으시오.

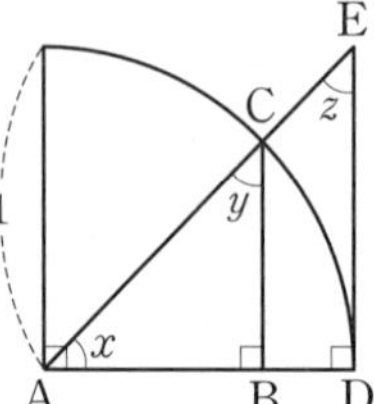

071 $\sin x$

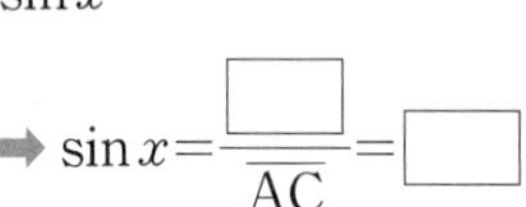

➡ $\sin x=\frac{\square}{\overline{AC}}=\square$

072 $\tan x$

073 $\sin y$

074 $\cos y$

075 $\sin z$

➡ $\overline{BC}/\!/\overline{DE}$이므로 $\angle z=\angle y$

$\therefore \sin z=\sin\square=\frac{\square}{\overline{AC}}=\square$

076 $\cos z$

[077~081] 오른쪽 그림은 반지름의 길이가 1인 사분원을 좌표평면 위에 그린 것이다. 다음 삼각비의 값을 구하시오.

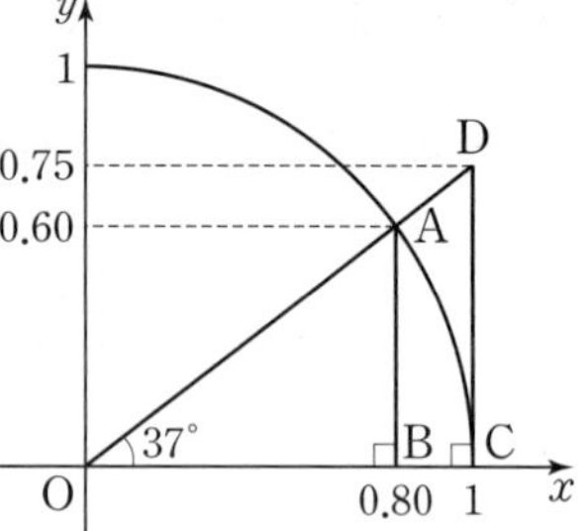

077 $\sin 37°$

➡ $\sin 37°=\frac{\overline{AB}}{\square}$

$=\frac{\square}{1}$

$=\square$

078 $\cos 37°$

079 $\tan 37°$

080 $\sin 53°$

081 $\cos 53°$

07 0°, 90°의 삼각비의 값

삼각비 / A	$\sin A$	$\cos A$	$\tan A$
$0°$	0	1	0
$90°$	1	0	정할 수 없다.

➡ A의 크기가 $0°$에서 $90°$로 증가할 때
① $\sin A$의 값은 0에서 1로 증가한다.
② $\cos A$의 값은 1에서 0으로 감소한다.
③ $\tan A$의 값은 0에서부터 한없이 증가한다.

참고 A의 크기의 범위에 따라 다음 대소 관계가 성립한다.
① $0° \leq A < 45°$일 때, $\sin A < \cos A$
② $A = 45°$일 때, $\sin A = \cos A < \tan A$
③ $45° < A \leq 90°$일 때, $\cos A < \sin A < \tan A$
→ 45°를 기준으로 생각한다.

정답과 해설 • 5쪽

● 0°, 90°의 삼각비의 값

[082~089] 다음을 계산하시오.

082 $\sin 0° + \cos 0°$

083 $\sin 90° - \cos 90°$

084 $\sin 90° \times \cos 0° + \cos 90° \times \sin 0°$

085 $(1 + \tan 0°)(1 - \sin 90°)$

086 $\tan 45° \times \cos 0° + \sin 90° \times \cos 90°$

087 $\sin 90° \div \sin 30° + \tan 0°$

088 $\sin 45° \times \sin 90° + \cos 45° \times \cos 90°$

089 $(\sin 0° + \cos 60°)(\tan 45° + \tan 0°)$

● 삼각비의 대소 관계 중요

[090~096] 다음 ○ 안에 $>$, $<$ 중 알맞은 것을 쓰시오.

090 $\sin 30^\circ$ ○ $\sin 90^\circ$

091 $\cos 45^\circ$ ○ $\cos 60^\circ$

092 $\tan 30^\circ$ ○ $\tan 45^\circ$

093 $\sin 21^\circ$ ○ $\cos 21^\circ$

094 $\sin 75^\circ$ ○ $\cos 75^\circ$

095 $\cos 50^\circ$ ○ $\tan 50^\circ$

096 $\sin 86^\circ$ ○ $\tan 86^\circ$

[097~101] 다음 설명 중 옳은 것은 ○표, 옳지 않은 것은 ×표를 (　) 안에 쓰시오.

097 $0^\circ \le A \le 90^\circ$일 때, A의 크기가 커지면 $\sin A$의 값은 작아진다. (　　)

098 $0^\circ \le A \le 90^\circ$일 때, A의 크기가 커지면 $\cos A$의 값은 커진다. (　　)

099 $0^\circ \le A < 90^\circ$일 때, A의 크기가 커지면 $\tan A$의 값은 커진다. (　　)

100 $0^\circ \le A < 45^\circ$일 때, $\sin A < \cos A$이다. (　　)

101 $45^\circ \le A < 90^\circ$일 때, $\cos A < \tan A$이다. (　　)

[102~104] 다음 삼각비의 값을 작은 것부터 차례로 나열하시오.

102 $\sin 80^\circ$, $\cos 0^\circ$, $\sin 53^\circ$, $\tan 80^\circ$

103 $\sin 90^\circ$, $\cos 23^\circ$, $\sin 23^\circ$, $\tan 49^\circ$

104 $\tan 54^\circ$, $\tan 79^\circ$, $\sin 0^\circ$, $\cos 4^\circ$

08 삼각비의 표

(1) 삼각비의 표

0°에서 90°까지의 각에 대한 삼각비의 값을 반올림하여 소수점 아래 넷째 자리까지 나타낸 표

(2) 삼각비의 표 읽는 법

각도의 가로줄과 삼각비의 세로줄이 만나는 칸에 있는 수가 삼각비의 값이다.

예

각도	사인(sin)	코사인(cos)	탄젠트(tan)
16°	0.2756	0.9613	0.2867
17°	0.2924	0.9563	0.3057
18°	0.3090	0.9511	0.3249

➡ • $\sin 16° = 0.2756$
• $\cos 17° = 0.9563$
• $\tan 18° = 0.3249$

참고 삼각비의 표에 있는 값은 대부분 소수점 아래 다섯째 자리에서 반올림하여 얻은 값으로 $\sin 16°$의 값은 약 0.2756이지만 $\sin 16° = 0.2756$과 같이 등호(=)를 사용하여 나타낸다.

정답과 해설 • 6쪽

● 삼각비의 표를 이용하여 삼각비의 값 구하기

[105~109] 삼각비의 표를 보고, 다음 삼각비의 값을 구하시오.

각도	사인(sin)	코사인(cos)	탄젠트(tan)
51°	0.7771	0.6293	1.2349
52°	0.7880	0.6157	1.2799
53°	0.7986	0.6018	1.3270
54°	0.8090	0.5878	1.3764

105 $\sin 51°$

106 $\cos 52°$

107 $\tan 52°$

108 $\cos 53°$

109 $\sin 54°$

● 삼각비의 표를 이용하여 각의 크기 구하기

[110~114] 삼각비의 표를 이용하여 다음 삼각비를 만족시키는 x의 크기를 구하시오.

각도	사인(sin)	코사인(cos)	탄젠트(tan)
63°	0.8910	0.4540	1.9626
64°	0.8988	0.4384	2.0503
65°	0.9063	0.4226	2.1445
66°	0.9135	0.4067	2.2460

110 $\sin x = 0.8988$

111 $\cos x = 0.4226$

112 $\sin x = 0.9063$

113 $\tan x = 1.9626$

114 $\cos x = 0.4067$

[115~118] 삼각비의 표를 이용하여 다음 그림에서 x의 크기를 구하시오.

각도	사인(sin)	코사인(cos)	탄젠트(tan)
40°	0.6428	0.7660	0.8391
41°	0.6561	0.7547	0.8693
42°	0.6691	0.7431	0.9004

115

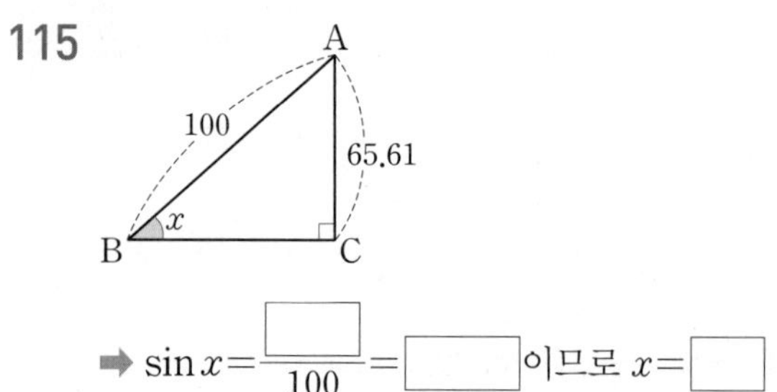

➡ $\sin x=\frac{\square}{100}=\square$이므로 $x=\square$

116

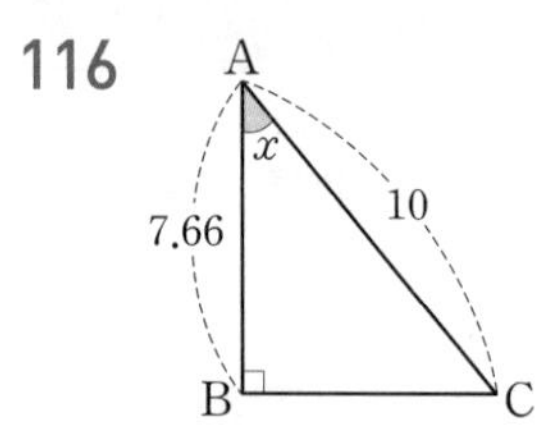

117

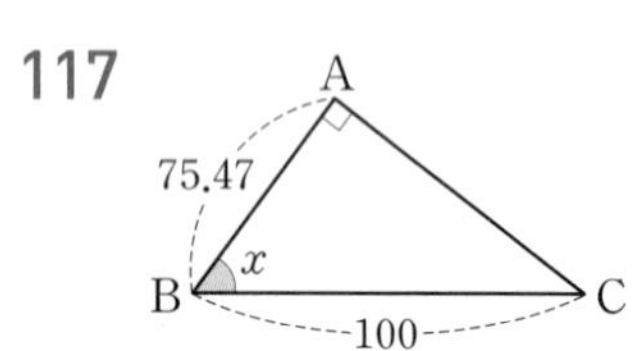

118

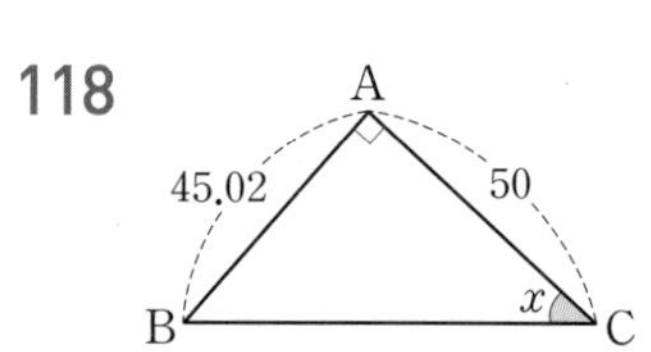

● 삼각비의 표를 이용하여 변의 길이 구하기

[119~122] 삼각비의 표를 이용하여 다음 직각삼각형 ABC에서 x의 값을 구하시오.

각도	사인(sin)	코사인(cos)	탄젠트(tan)
27°	0.4540	0.8910	0.5095
28°	0.4695	0.8829	0.5317
29°	0.4848	0.8746	0.5543

119

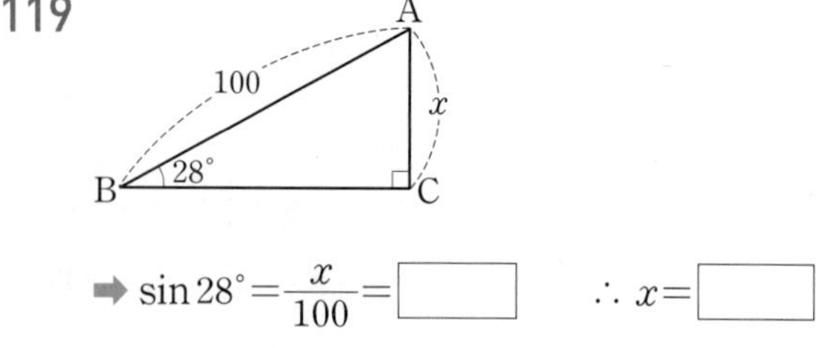

➡ $\sin 28^\circ=\frac{x}{100}=\square$ $\quad\therefore x=\square$

120

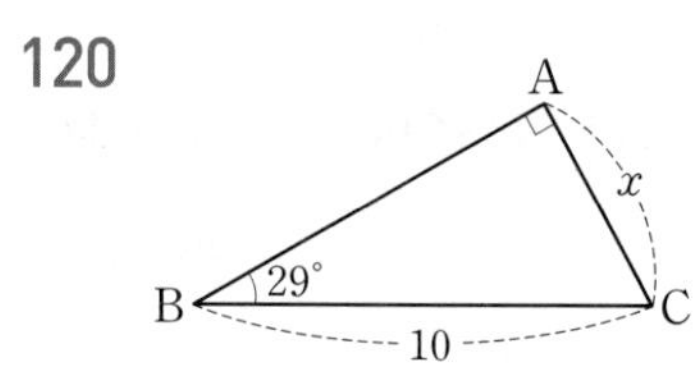

121

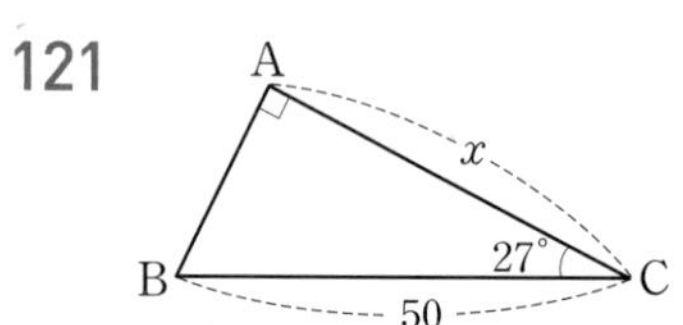

122

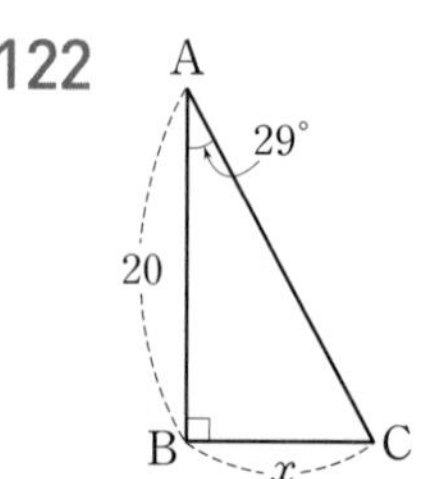

기본 문제 × 확인하기

정답과 해설 • 7쪽

1 오른쪽 그림과 같이 $\angle A=90^\circ$인 직각삼각형 ABC에서 다음 삼각비의 값을 각각 구하시오.

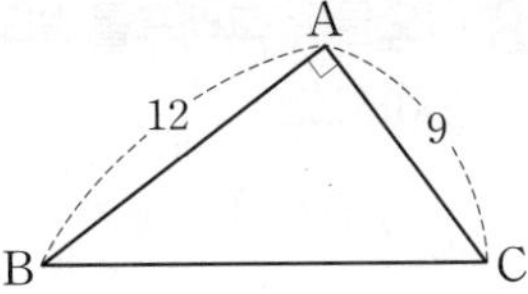

(1) $\sin B=$ ________

(2) $\cos B=$ ________

(3) $\tan B=$ ________

(4) $\sin C=$ ________

(5) $\cos C=$ ________

(6) $\tan C=$ ________

2 다음 그림과 같은 직각삼각형 ABC에서 주어진 삼각비의 값을 이용하여 x, y의 값을 각각 구하시오.

(1) $\sin B=\dfrac{3}{4}$

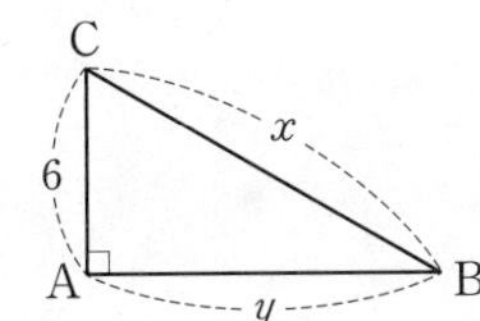

(2) $\cos A=\dfrac{\sqrt{3}}{3}$

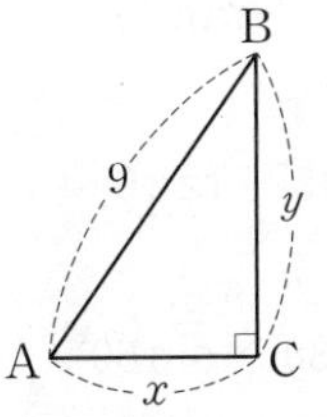

(3) $\tan C=\dfrac{8}{5}$

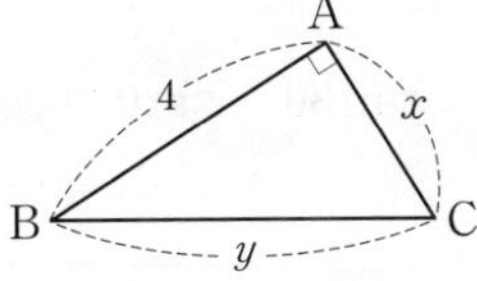

3 $\angle B=90^\circ$인 직각삼각형 ABC에서 다음 삼각비의 값을 각각 구하시오.

(1) $\sin A=\dfrac{\sqrt{11}}{6}$일 때, $\cos A$, $\tan A$의 값

(2) $\cos A=\dfrac{3}{4}$일 때, $\sin A$, $\tan A$의 값

(3) $\tan A=\dfrac{\sqrt{5}}{2}$일 때, $\sin A$, $\cos A$의 값

4 오른쪽 그림과 같이 $\angle A=90^\circ$인 직각삼각형 ABC에서 $\overline{AH}\perp\overline{BC}$일 때, 다음 삼각비의 값을 각각 구하시오.

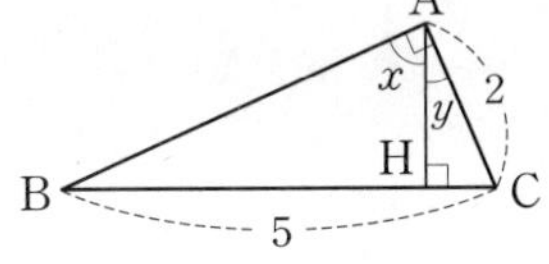

(1) $\sin x$, $\cos x$, $\tan x$의 값

(2) $\sin y$, $\cos y$, $\tan y$의 값

5 다음 그림의 직각삼각형 ABC에서 $\sin x$, $\cos x$, $\tan x$의 값을 각각 구하시오.

(1)

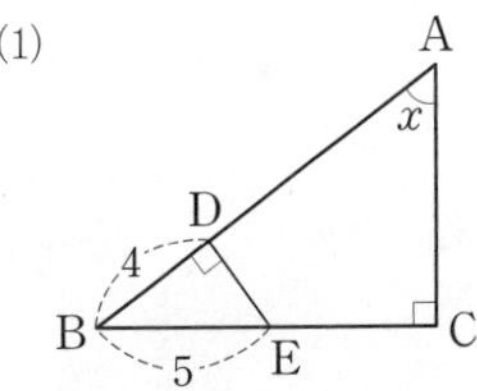

(2)

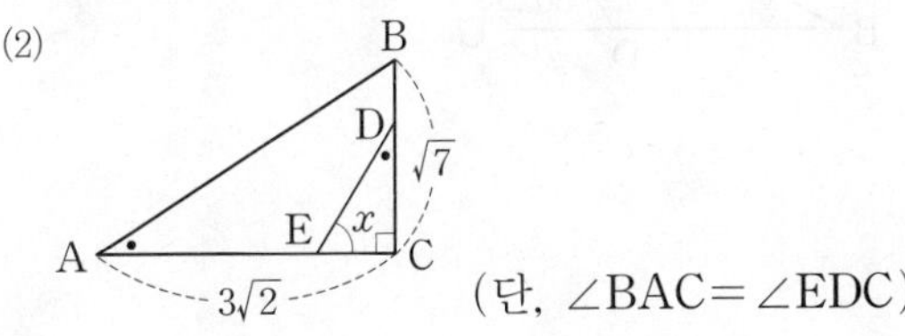

(단, $\angle BAC=\angle EDC$)

6 삼각비의 값을 이용하여 다음 직각삼각형 ABC에서 x, y의 값을 각각 구하시오.

(1)

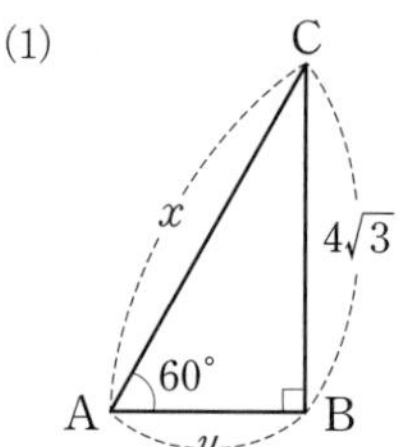

(2)

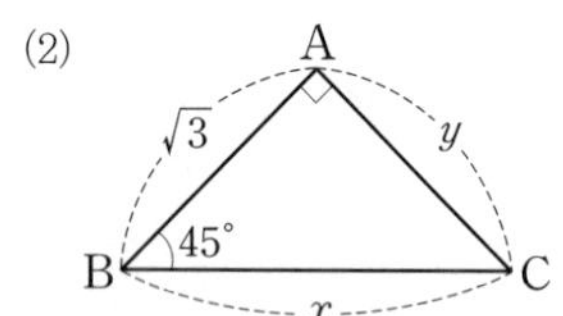

7 삼각비의 값을 이용하여 다음 그림에서 x, y의 값을 각각 구하시오.

(1)

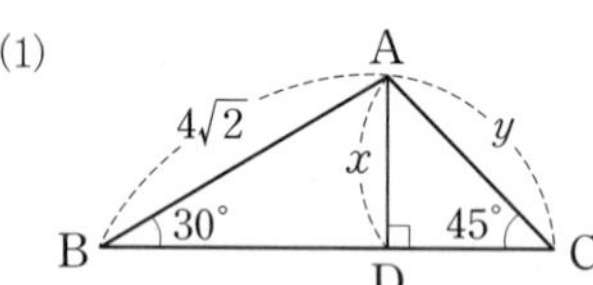

(2)

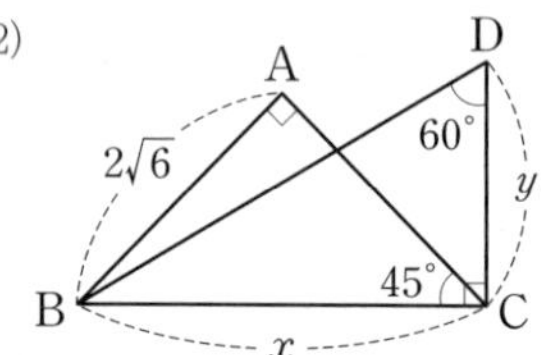

(3)

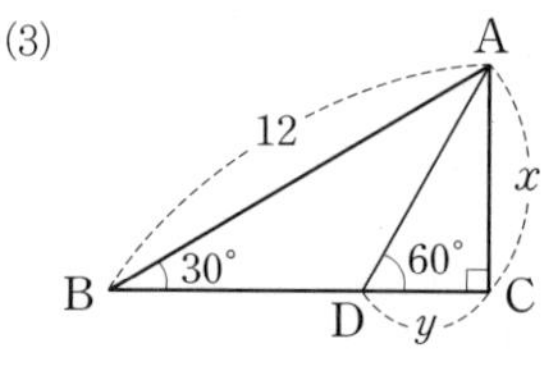

8 오른쪽 그래프를 보고 다음을 구하시오.

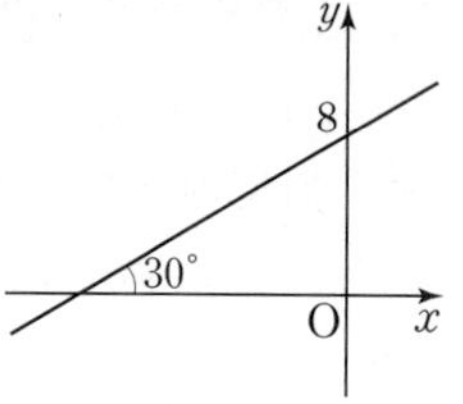

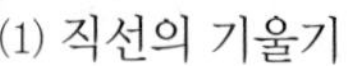

(1) 직선의 기울기

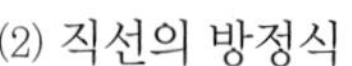

(2) 직선의 방정식

9 오른쪽 그림은 반지름의 길이가 1인 사분원을 좌표평면 위에 그린 것이다. 다음 삼각비의 값을 구하시오.

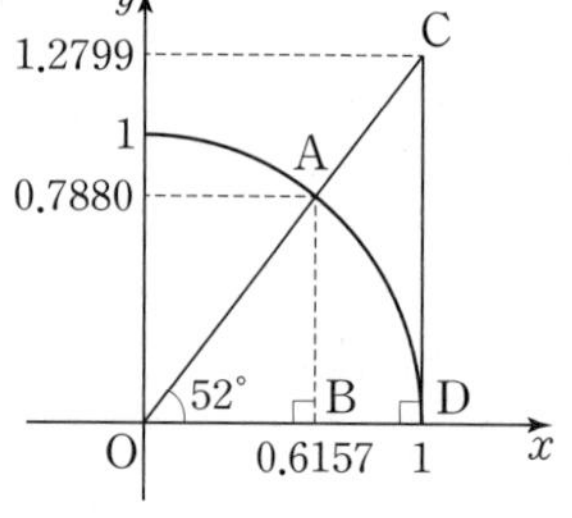

(1) $\sin 52°$

(2) $\cos 52°$

(3) $\tan 52°$

(4) $\sin 38°$

(5) $\cos 38°$

10 다음을 계산하시오.

(1) $\sin 30° + \cos 0° - \tan 45°$

(2) $\sin 45° \times \cos 45° + \tan 0°$

(3) $\tan 45° - \cos 30° \times \sin 60°$

(4) $2\sin 90° - \cos 30° \times \tan 60°$

(5) $\tan 60° \div \tan 30° - \sin 0° \times \cos 90°$

11 다음 ○ 안에 >, < 중 알맞은 것을 쓰시오.

(1) $\sin 45^\circ$ ○ $\sin 60^\circ$

(2) $\cos 30^\circ$ ○ $\cos 90^\circ$

(3) $\sin 14^\circ$ ○ $\cos 14^\circ$

(4) $\cos 47^\circ$ ○ $\tan 47^\circ$

[12~15] 삼각비의 표를 이용하여 다음 물음에 답하시오.

각도	사인(sin)	코사인(cos)	탄젠트(tan)
31°	0.5150	0.8572	0.6009
32°	0.5299	0.8480	0.6249
33°	0.5446	0.8387	0.6494
34°	0.5592	0.8290	0.6745
35°	0.5736	0.8192	0.7002

12 다음 삼각비의 값을 구하시오.

(1) $\sin 31^\circ$

(2) $\cos 35^\circ$

(3) $\tan 31^\circ$

13 다음 삼각비를 만족시키는 x의 크기를 구하시오.

(1) $\sin x = 0.5592$

(2) $\cos x = 0.8387$

(3) $\tan x = 0.6249$

14 다음 직각삼각형 ABC에서 x의 크기를 구하시오.

(1)

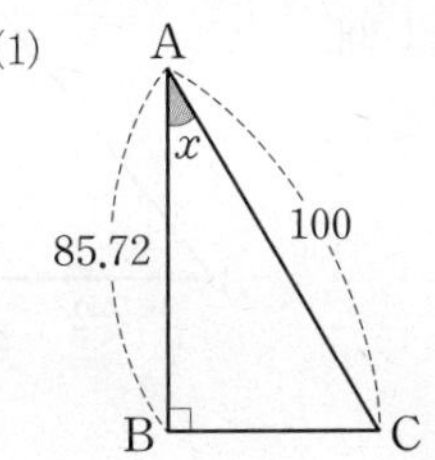

(2)

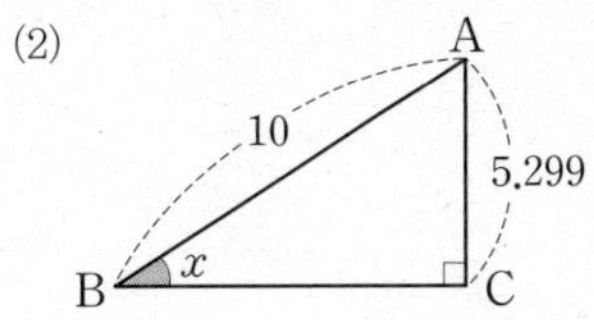

(3)

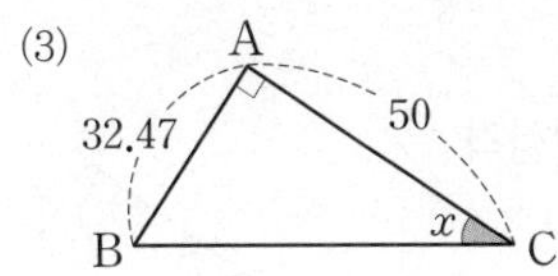

15 다음 직각삼각형 ABC에서 x의 값을 구하시오.

(1)

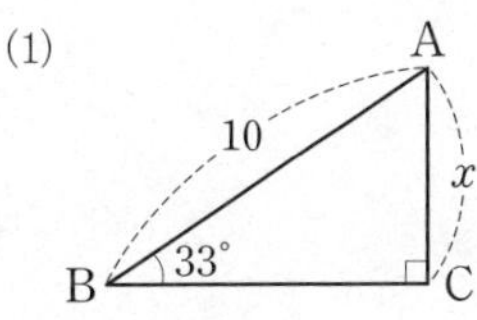

(2)

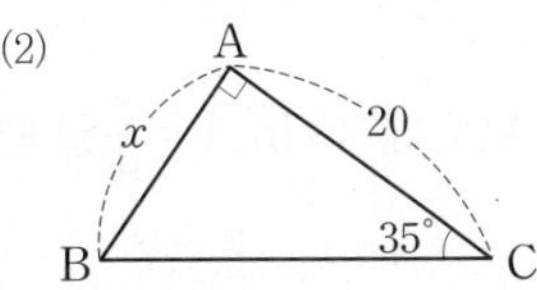

(3)

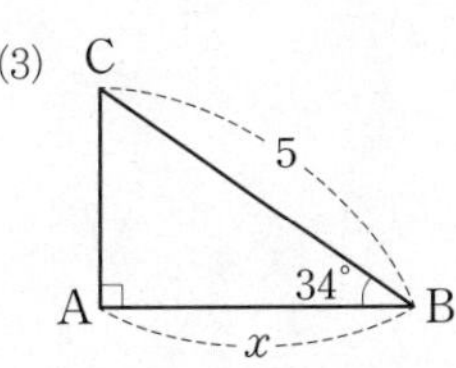

학교 시험 문제 × 확인하기

1 오른쪽 그림과 같은 직각삼각형 ABC에서 $\overline{AC}=\sqrt{6}$, $\overline{BC}=2$일 때, $\sin A+\cos A$의 값을 구하시오.

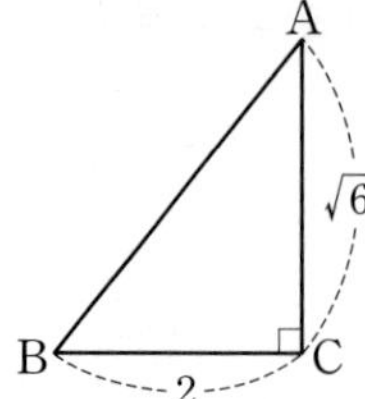

2 오른쪽 그림과 같은 직각삼각형 ABC에서 $\overline{BC}=14$, $\cos C=\frac{4}{7}$일 때, △ABC의 넓이는?

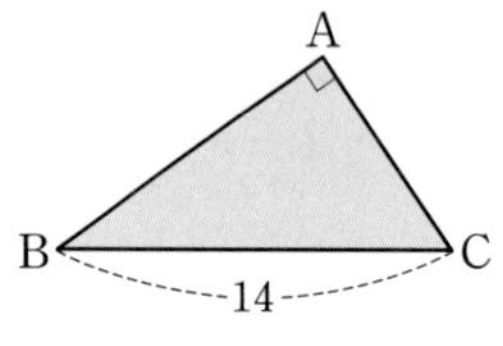

① $4\sqrt{29}$　② $4\sqrt{66}$　③ $6\sqrt{31}$
④ $8\sqrt{33}$　⑤ $8\sqrt{39}$

3 $\angle B=90^\circ$인 직각삼각형 ABC에서 $\sin A=\frac{3}{4}$일 때, $\cos A \div \tan A$의 값은?

① $\frac{1}{2}$　② $\frac{7}{12}$　③ $\frac{\sqrt{7}}{4}$
④ $\frac{3}{4}$　⑤ $\frac{\sqrt{7}}{3}$

4 오른쪽 그림과 같이 $\angle C=90^\circ$인 직각삼각형 ABC에서 $\overline{CH}\perp\overline{AB}$일 때, $\sin x \times \sin y$의 값은?

A, H, B, C, 8, 6, x, y

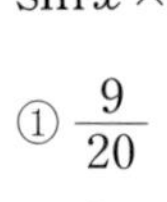
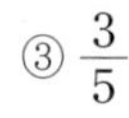
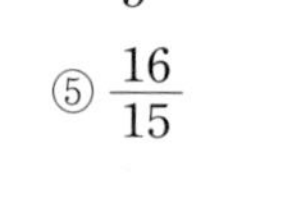

① $\frac{9}{20}$　② $\frac{12}{25}$
③ $\frac{3}{5}$　④ $\frac{16}{25}$
⑤ $\frac{16}{15}$

5 오른쪽 그림과 같은 직육면체에서 $\angle AGE=x$일 때, $\sin x+\cos x$의 값을 구하시오.

A, D, B, C, 6, E, H, x, F, G, 3, 3

6 오른쪽 그림에서 $\overline{AB}=2$이고 $\angle ABC=\angle DCB=90^\circ$, $\angle BAC=60^\circ$, $\angle BDC=45^\circ$일 때, $\overline{BD}$의 길이는?

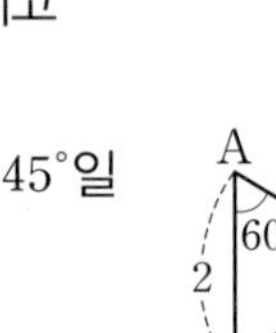
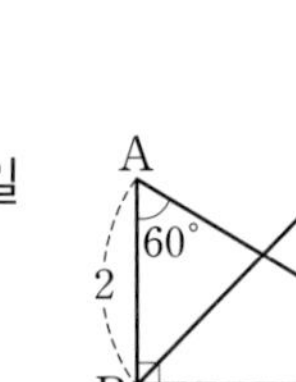
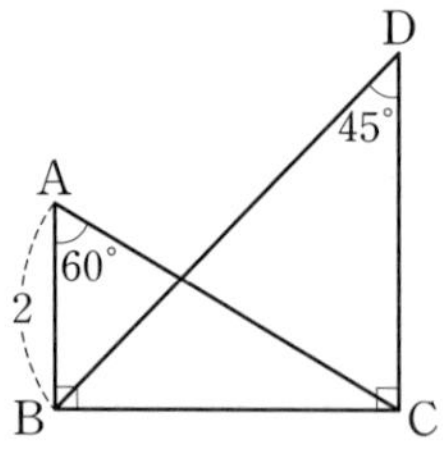

① $2\sqrt{3}$　② 4
③ $3\sqrt{2}$　④ $2\sqrt{6}$
⑤ 5

7 오른쪽 그림과 같이 x절편이 -6이고 x축과 이루는 예각의 크기가 30°인 직선의 방정식을 구하시오.

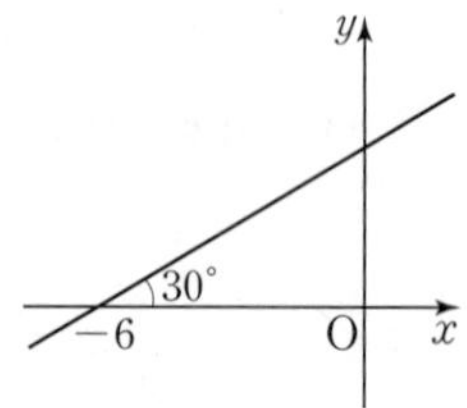

8 다음 중 옳지 않은 것은?

① $\sin 60^\circ \times \cos 45^\circ = \frac{\sqrt{6}}{4}$

② $\sin 90^\circ + \tan 30^\circ \times \tan 45^\circ = \frac{3+\sqrt{3}}{3}$

③ $\cos 30^\circ \div \tan 60^\circ = \frac{1}{2}$

④ $\sin 45^\circ \times \cos 0^\circ \times \tan 45^\circ = \frac{\sqrt{2}}{2}$

⑤ $\tan 0^\circ - \sin 30^\circ \times \cos 60^\circ = \frac{1}{4}$

9 오른쪽 그림은 반지름의 길이가 1인 사분원을 좌표평면 위에 그린 것이다. $\tan 48^\circ + \sin 42^\circ$의 값은?

① 1.4122 ② 1.6691
③ 1.7431 ④ 1.7797
⑤ 1.8437

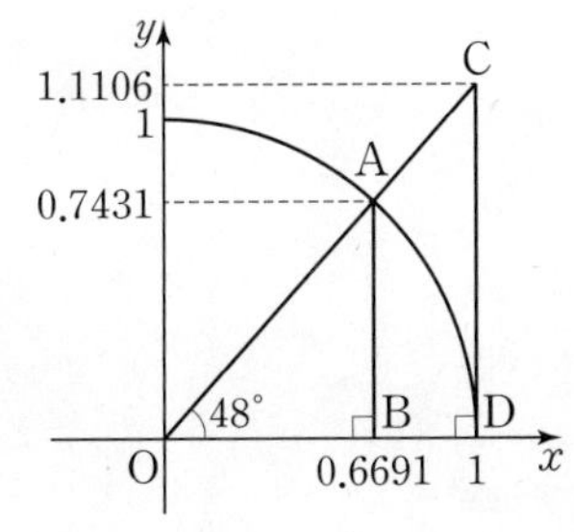

10 다음 삼각비의 값 중 두 번째로 큰 것을 구하시오.

$\cos 0^\circ$, $\sin 37^\circ$, $\tan 68^\circ$, $\cos 37^\circ$, $\tan 80^\circ$

11 $45^\circ < A < 90^\circ$일 때, 다음 중 $\sin A$, $\cos A$, $\tan A$의 대소 관계로 옳은 것은?

① $\sin A < \cos A < \tan A$

② $\sin A < \tan A < \cos A$

③ $\cos A < \sin A < \tan A$

④ $\tan A < \sin A < \cos A$

⑤ $\tan A < \cos A < \sin A$

[12~13] 삼각비의 표를 이용하여 다음 물음에 답하시오.

각도	사인(sin)	코사인(cos)	탄젠트(tan)
35°	0.5736	0.8192	0.7002
36°	0.5878	0.8090	0.7265
37°	0.6018	0.7986	0.7536

12 오른쪽 그림과 같이 밑면의 반지름의 길이가 80.9인 원뿔의 모선의 길이가 100일 때, x의 크기를 구하시오.

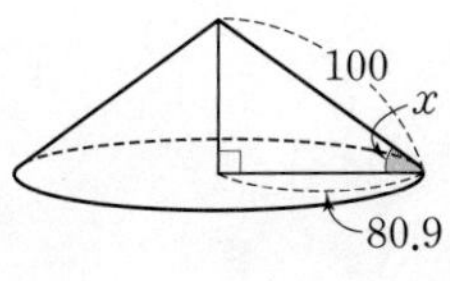

13 오른쪽 그림과 같은 직각삼각형 ABC에서 $\overline{AB}=10$, $\angle B=35^\circ$일 때, $\overline{AC}$의 길이는?

① 5.736 ② 5.878
③ 6.018 ④ 7.002
⑤ 8.192

2 삼각비의 활용

- 직각삼각형의 변의 길이 구하기
- 실생활에서 직각삼각형의 변의 길이 구하기
- 일반 삼각형의 변의 길이 구하기 (1)
  – 두 변의 길이와 그 끼인각의 크기를 알 때
- 일반 삼각형의 변의 길이 구하기 (2)
  – 한 변의 길이와 그 양 끝 각의 크기를 알 때
- 실생활에서 일반 삼각형의 변의 길이 구하기
- 삼각형의 높이 구하기 (1)
  – 밑변의 양 끝 각이 모두 예각인 경우
- 삼각형의 높이 구하기 (2)
  – 밑변의 양 끝 각 중 한 각이 둔각인 경우
- 삼각형의 넓이 구하기 (1)
  – 끼인각이 예각인 경우
- 삼각형의 넓이 구하기 (2)
  – 끼인각이 둔각인 경우
- 다각형의 넓이 구하기
- 평행사변형의 넓이 구하기
- 사각형의 넓이 구하기

01 직각삼각형의 변의 길이

$\angle B=90^\circ$인 직각삼각형 ABC에서

(1) $\angle A$의 크기와 빗변의 길이 b를 알 때

$\sin A=\frac{a}{b}$ ➡ $a=b\sin A$, $\cos A=\frac{c}{b}$ ➡ $c=b\cos A$

(2) $\angle A$의 크기와 밑변의 길이 c를 알 때

$\tan A=\frac{a}{c}$ ➡ $a=c\tan A$, $\cos A=\frac{c}{b}$ ➡ $b=\frac{c}{\cos A}$

(3) $\angle A$의 크기와 높이 a를 알 때

$\sin A=\frac{a}{b}$ ➡ $b=\frac{a}{\sin A}$, $\tan A=\frac{a}{c}$ ➡ $c=\frac{a}{\tan A}$

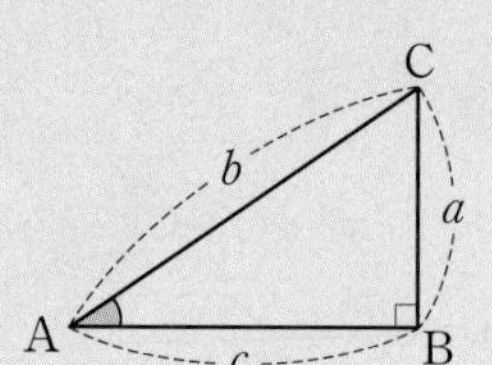

참고 기준각에 대하여 주어진 변과 구하는 변이

① 빗변, 높이이면 ➡ sin을 이용한다.

② 빗변, 밑변이면 ➡ cos을 이용한다.

③ 밑변, 높이이면 ➡ tan를 이용한다.

정답과 해설 • 10쪽

● 직각삼각형의 변의 길이 구하기

[001~003] 다음 그림의 직각삼각형 ABC에서 x의 값을 $\angle A$의 삼각비를 이용하여 나타내시오.

001

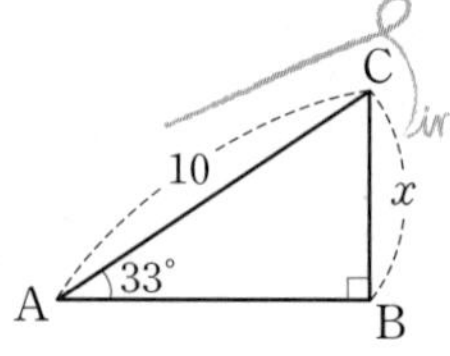

➡ $\sin 33^\circ=\frac{x}{\square}$이므로 $x=\square$

002

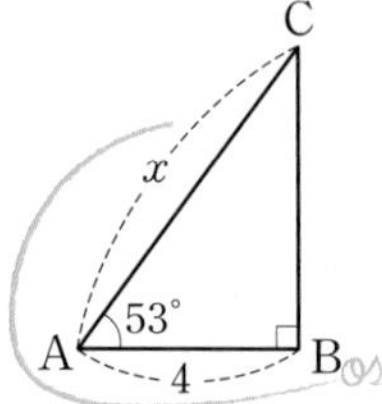

➡ $\cos 53^\circ=\frac{\square}{x}$이므로 $x=\square$

003

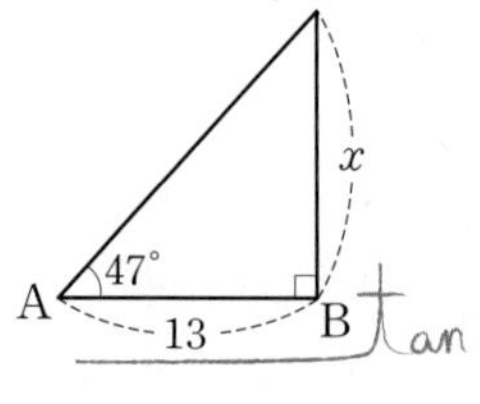

➡ $\tan 47^\circ=\frac{x}{\square}$이므로 $x=\square$

[004~006] 다음 그림의 직각삼각형 ABC에서 주어진 삼각비의 값을 이용하여 x의 값을 구하시오.

004 $\sin 40^\circ=0.64$

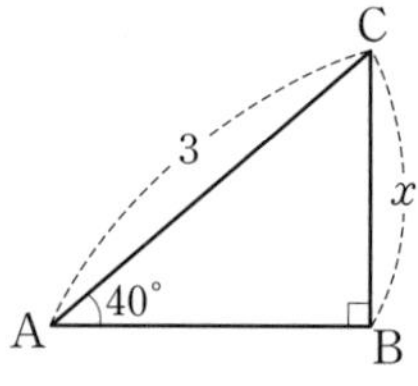

005 $\cos 46^\circ=0.69$

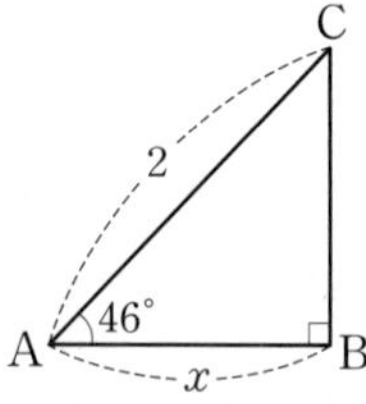

006 $\tan 37^\circ=0.75$

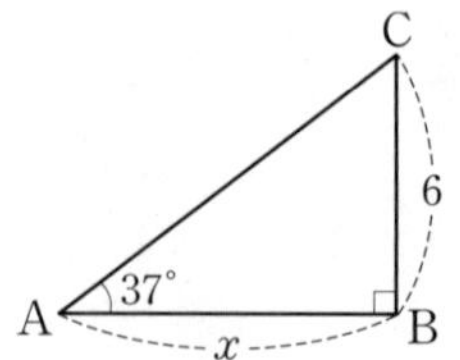

● 실생활에서 직각삼각형의 변의 길이 구하기 중요

007 오른쪽 그림과 같이 나무로부터 20 m 떨어진 B 지점에서 나무의 꼭대기 A 지점을 올려본각의 크기가 36°일 때, □ 안에 알맞은 것을 쓰시오.
(단, $\tan 36° = 0.73$으로 계산한다.)

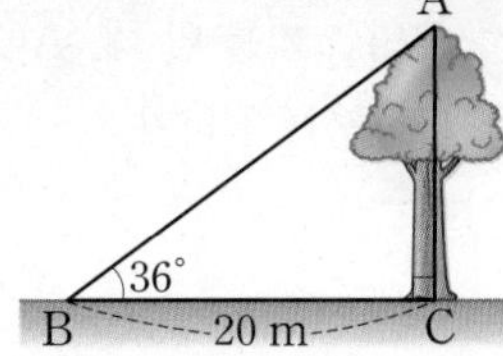

➡ $\overline{AC} = \square \tan 36° = \square \times 0.73 = \square$ (m)

008 오른쪽 그림과 같이 길이가 30 m인 사다리를 건물의 꼭대기 A 지점에 걸쳐 놓았다. 사다리와 지면이 이루는 각의 크기가 65°일 때, 이 건물의 높이를 구하시오.
(단, $\sin 65° = 0.9$로 계산한다.)

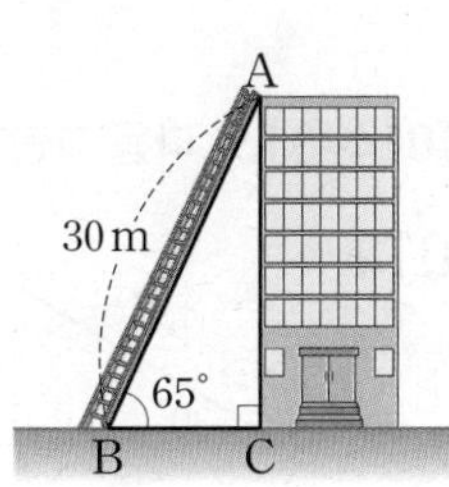

009 아래 그림과 같이 유나의 손의 위치를 점 A, 연의 위치를 점 C라 할 때, $\overline{AC} = 10$ m가 되도록 연을 띄웠더니 점 A에서 연을 올려본각의 크기가 35°이었다. 지면에서 점 A까지의 높이가 1.5 m일 때, 다음을 구하시오.
(단, $\sin 35° = 0.57$로 계산한다.)

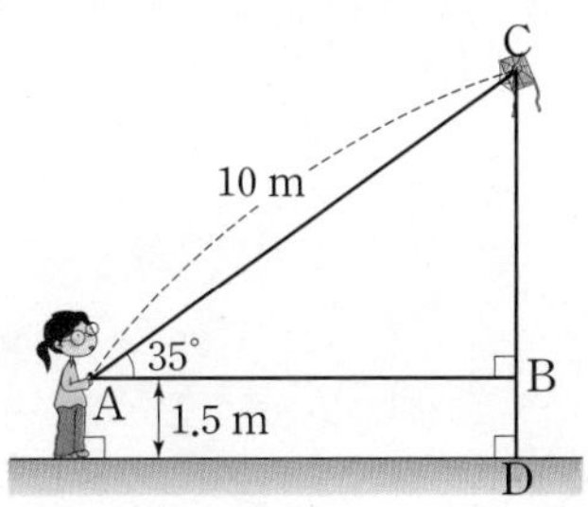

(1) $\overline{BC}$의 길이

(2) 지면에서 연까지의 높이

010 오른쪽 그림과 같이 12 m 떨어진 두 건물 (가), (나)가 있다. 높이가 8 m인 (가) 건물의 옥상 A 지점에서 (나) 건물의 꼭대기 C 지점을 올려본각의 크기가 30°일 때, (나) 건물의 높이를 구하시오.

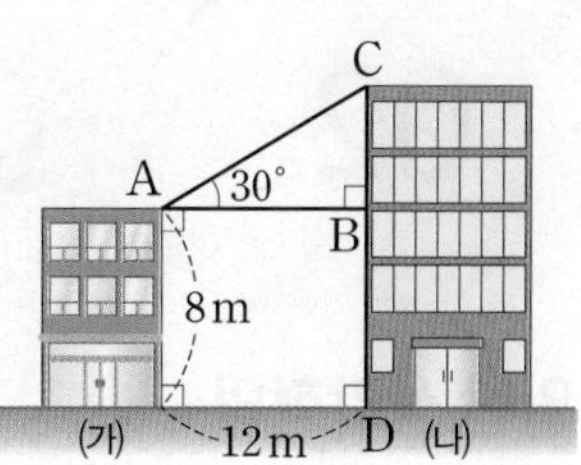

011 지면에 수직으로 서 있던 나무가 바람에 부러져서 오른쪽 그림과 같이 꼭대기 부분이 지면에 닿아 있다.
$\overline{BC} = 9$ m, $\angle C = 30°$일 때, 다음을 구하시오.

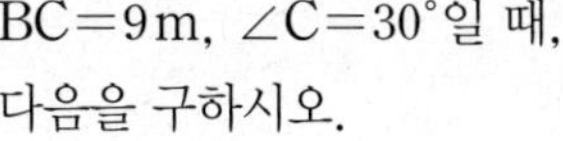

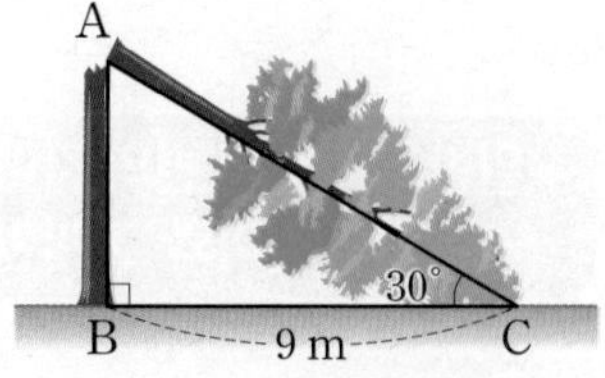

(1) $\overline{AB}$의 길이

(2) $\overline{AC}$의 길이

(3) 부러지기 전 나무의 높이

012 지면에 수직으로 서 있던 전봇대가 태풍에 부러져서 오른쪽 그림과 같이 꼭대기 부분이 지면에 닿아 있다. $\overline{BC} = 7.2$ m일 때, 부러지기 전 전봇대의 높이를 구하시오. (단, $\cos 34° = 0.8$, $\tan 34° = 0.7$로 계산한다.)

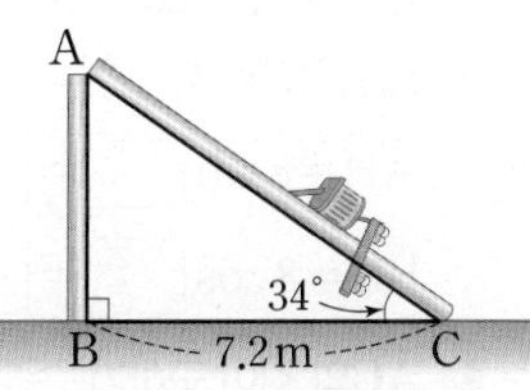

02 일반 삼각형의 변의 길이 (1)

두 변의 길이와 그 끼인각의 크기를 알 때

$\triangle ABC$에서 두 변의 길이 a, c와 그 끼인각 $\angle B$의 크기를 알 때, $\overline{AC}$의 길이 구하기

➡ $\triangle ABC$의 꼭짓점 A에서 $\overline{BC}$에 내린 수선의 발을 H라 하자.

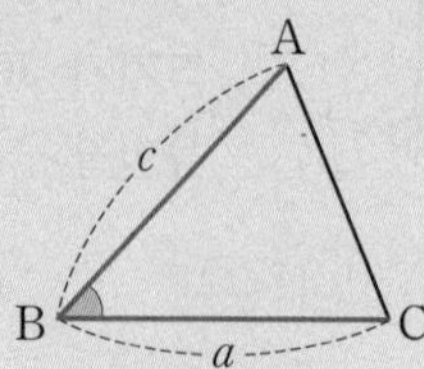

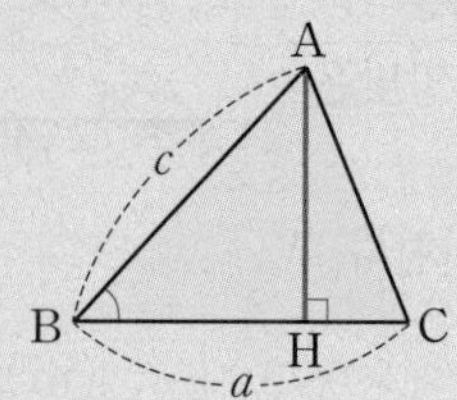

$\triangle ABH$에서 $\overline{AH}=c\sin B$, $\overline{BH}=c\cos B$이므로 $\overline{CH}=a-c\cos B$

따라서 $\triangle ACH$에서 $\overline{AC}=\sqrt{\overline{AH}^2+\overline{CH}^2}=\sqrt{(c\sin B)^2+(a-c\cos B)^2}$

정답과 해설 • 10쪽

● 일반 삼각형의 변의 길이 구하기 (1) - 두 변의 길이와 그 끼인각의 크기를 알 때

• 구하려는 변이 직각삼각형의 빗변이 되도록 한 꼭짓점에서 수선을 긋는다.

013 다음은 $\triangle ABC$에서 $\overline{AC}$의 길이를 구하는 과정이다. □ 안에 알맞은 것을 쓰시오.

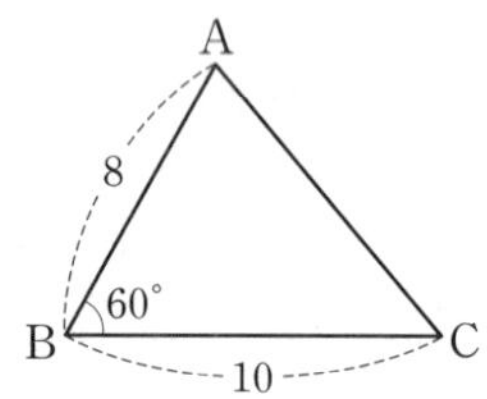

❶ **수선 긋기**

꼭짓점 A에서 $\overline{BC}$에 내린 수선의 발을 H라 하자.

❷ **$\overline{AH}$, $\overline{BH}$의 길이 각각 구하기**

$\triangle ABH$에서

$\overline{AH}=8\sin$ □ $=$ □

$\overline{BH}=8\cos$ □ $=$ □

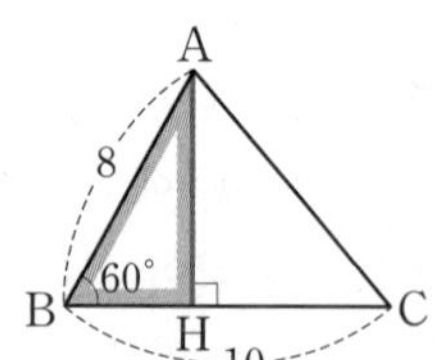

❸ **$\overline{AC}$의 길이 구하기**

$\overline{CH}=\overline{BC}-\overline{BH}=$ □ 이므로

$\triangle ACH$에서

$\overline{AC}=\sqrt{\overline{AH}^2+\overline{CH}^2}$

$=\sqrt{(□)^2+□^2}$

$=$ □

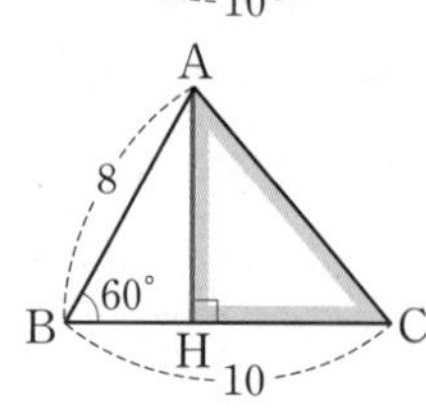

[014~016] 다음 그림과 같은 $\triangle ABC$에서 x의 값을 구하시오.

014

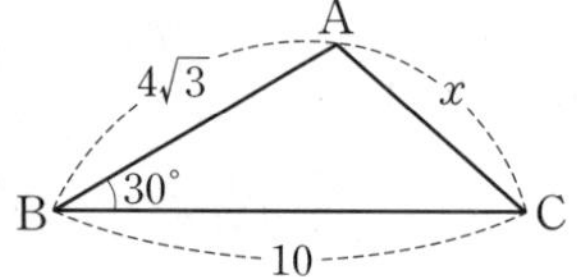

015

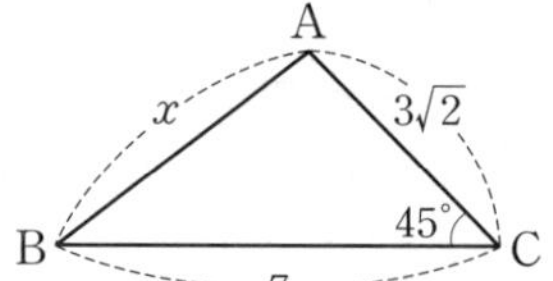

016

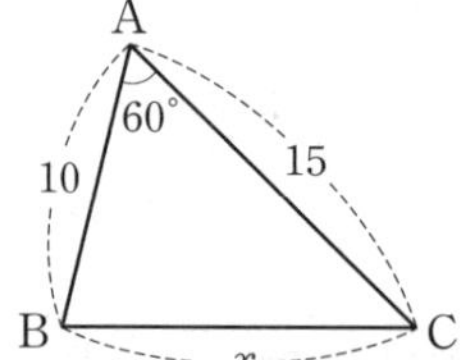

03

일반 삼각형의 변의 길이 (2)

한 변의 길이와 그 양 끝 각의 크기를 알 때

△ABC에서 한 변의 길이 a와 그 양 끝 각 ∠B, ∠C의 크기를 알 때, $\overline{AC}$의 길이 구하기

➡ △ABC의 꼭짓점 C에서 $\overline{AB}$에 내린 수선의 발을 H라 하자.

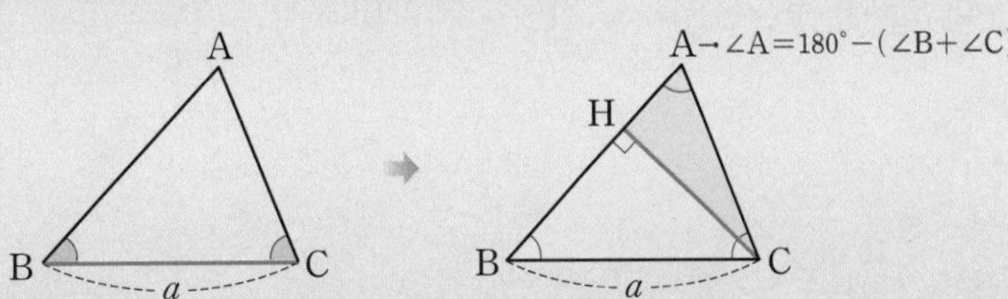

△BCH에서 $\overline{CH}=a\sin B$

따라서 △ACH에서 $\overline{AC}=\dfrac{\overline{CH}}{\sin A}=\dfrac{a\sin B}{\sin A}$

정답과 해설 • 10쪽

일반 삼각형의 변의 길이 구하기 (2) - 한 변의 길이와 그 양 끝 각의 크기를 알 때

• 구하려는 변이 직각삼각형의 빗변이 되도록 내각이 가장 큰 꼭짓점에서 수선을 긋는다.

017 다음은 △ABC에서 $\overline{AC}$의 길이를 구하는 과정이다. □ 안에 알맞은 것을 쓰시오.

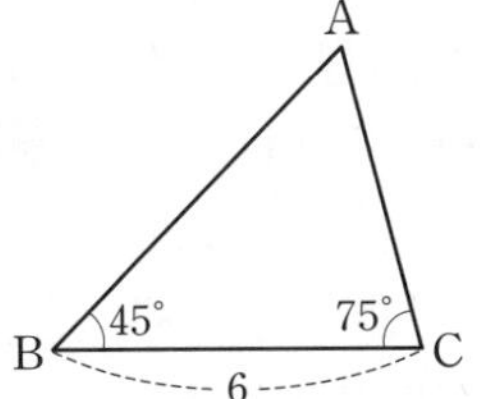

❶ 수선 긋기

꼭짓점 C에서 $\overline{AB}$에 내린 수선의 발을 H라 하자.

❷ $\overline{CH}$의 길이 구하기

△BCH에서

$\overline{CH}=6\sin$ □ = □

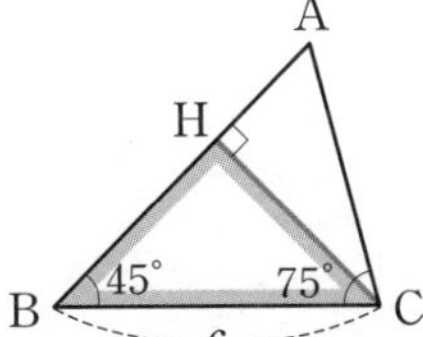

❸ $\overline{AC}$의 길이 구하기

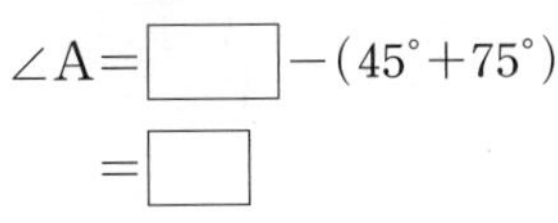

∠A= □ −(45°+75°)

= □

이므로

△ACH에서

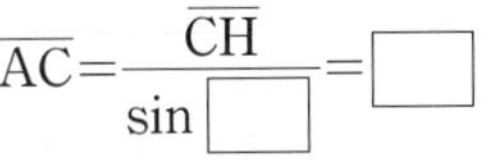

$\overline{AC}=\dfrac{\overline{CH}}{\sin \square}=$ □

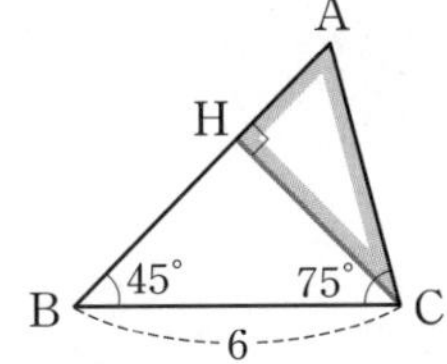

[018~020] 다음 그림과 같은 △ABC에서 x의 값을 구하시오.

018

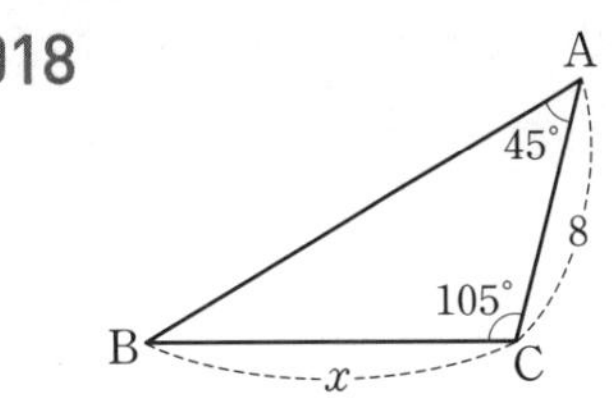

019

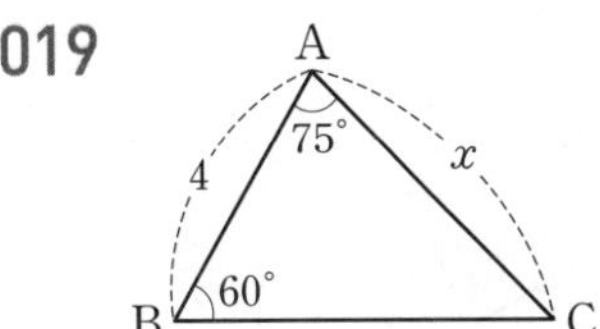

020

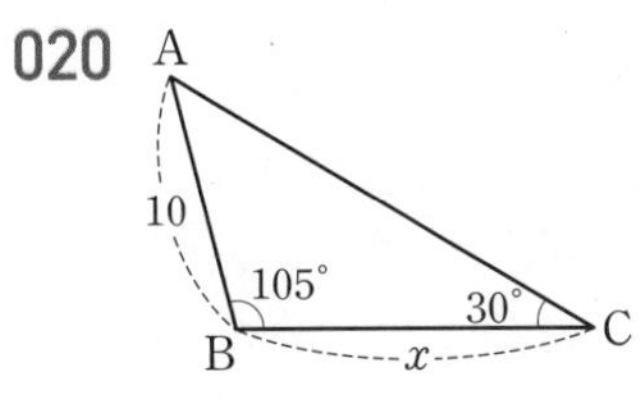

● 실생활에서 일반 삼각형의 변의 길이 구하기

021 다음 그림과 같이 연못의 두 지점 B, C 사이의 거리를 구하기 위하여 $\overline{AB}=8\sqrt{2}\,\text{m}$, $\overline{AC}=10\,\text{m}$가 되도록 A 지점을 잡았다. $\angle A=45°$일 때, 두 지점 B, C 사이의 거리를 구하시오.

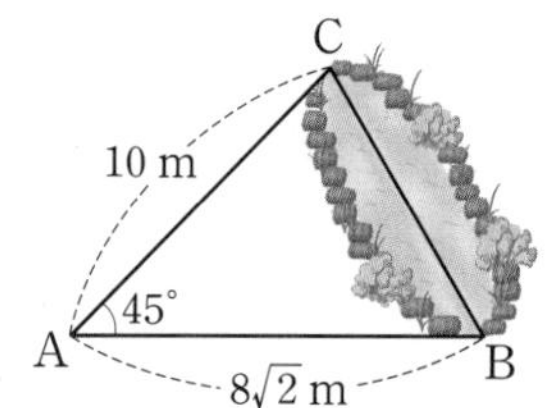

022 다음 그림과 같이 두 건물 A, B 사이의 거리를 구하기 위하여 $\overline{AC}=6\sqrt{3}\,\text{km}$, $\overline{BC}=15\,\text{km}$이도록 C 지점을 잡았다. $\angle C=30°$일 때, 두 건물 A, B 사이의 거리를 구하시오.

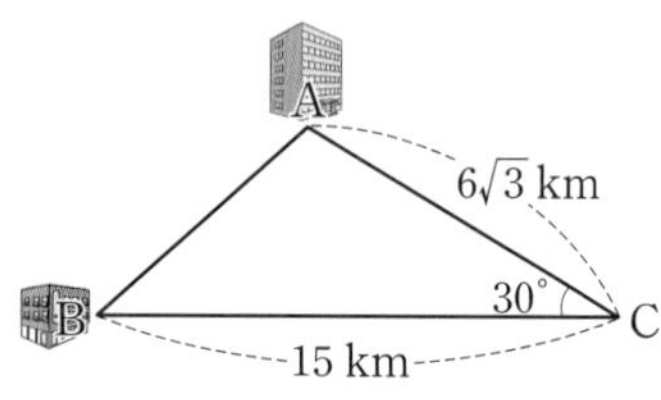

023 다음 그림과 같이 세 학생 A, B, C가 운동장에 서 있다. 두 학생 A, C 사이의 거리가 $12\,\text{m}$이고 $\angle A=75°$, $\angle C=45°$일 때, 두 학생 A, B 사이의 거리를 구하시오.

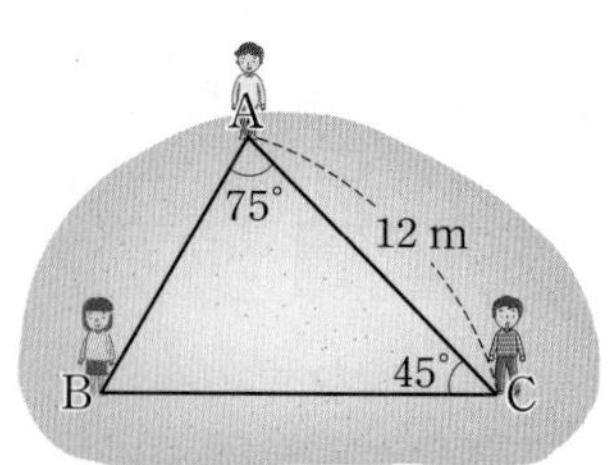

024 오른쪽 그림과 같이 등대가 위치한 A 지점과 바닷가의 C 지점 사이의 거리를 구하기 위하여 $\overline{BC}=60\,\text{m}$, $\angle B=30°$, $\angle C=105°$가 되도록 B 지점을 잡았다. 이때 두 지점 A, C 사이의 거리를 구하시오.

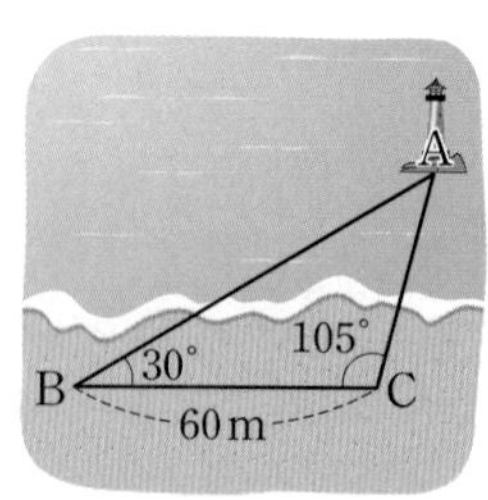

04 삼각형의 높이 (1)

밑변의 양 끝 각이 모두 예각인 경우

△ABC에서 한 변의 길이가 a이고 그 양 끝 각 ∠B, ∠C가 모두 예각일 때, △ABC의 높이 h 구하기

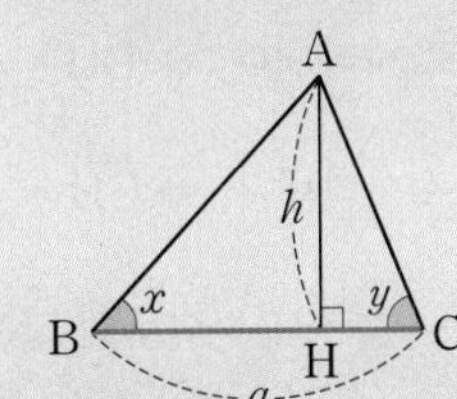

❶ $\overline{BH}$의 길이를 h에 대한 식으로 나타낸다. ➡ $\overline{BH}=\dfrac{h}{\tan x}$

❷ $\overline{CH}$의 길이를 h에 대한 식으로 나타낸다. ➡ $\overline{CH}=\dfrac{h}{\tan y}$

❸ $a=\overline{BH}+\overline{CH}=\dfrac{h}{\tan x}+\dfrac{h}{\tan y}$를 이용하여 h의 값을 구한다.
└ $h=\dfrac{a\tan x\tan y}{\tan x+\tan y}$

정답과 해설 • 11쪽

● 삼각형의 높이 구하기 (1) - 밑변의 양 끝 각이 모두 예각인 경우

[025~028] 다음 그림과 같은 △ABC에서 높이 h를 구하시오.

025

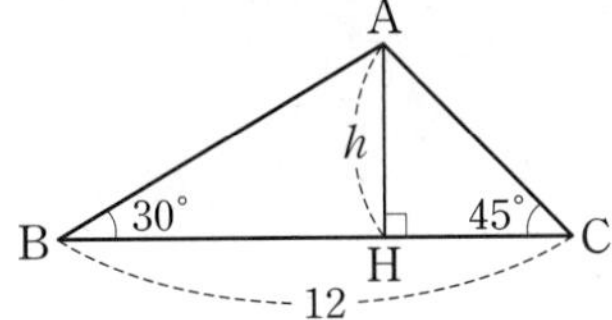

❶ **$\overline{BH}$의 길이 구하기**

△ABH에서

$\overline{BH}=\dfrac{h}{\tan\square}=\square$

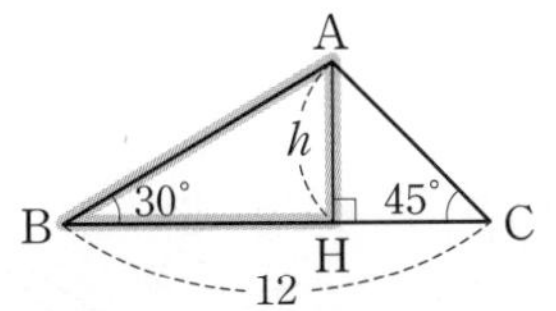

❷ **$\overline{CH}$의 길이 구하기**

△ACH에서

$\overline{CH}=\dfrac{h}{\tan\square}=\square$

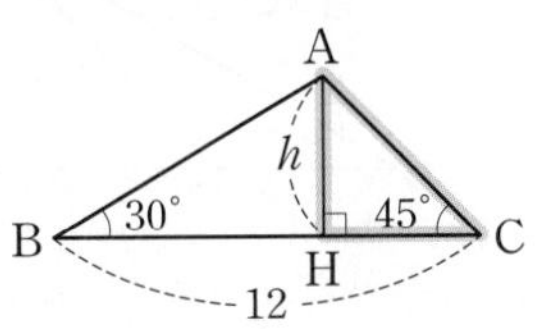

❸ **높이 h 구하기**

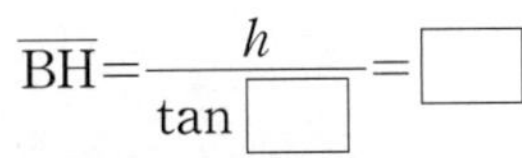

$\overline{BC}=\overline{BH}+\overline{CH}$이므로

$12=(\square)h \quad \therefore h=\square$

026

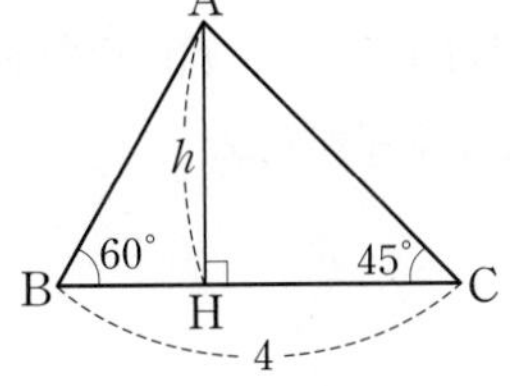

027

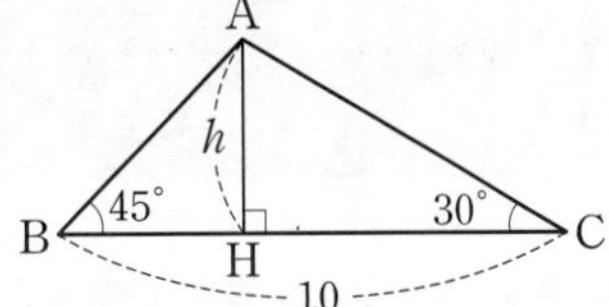

028

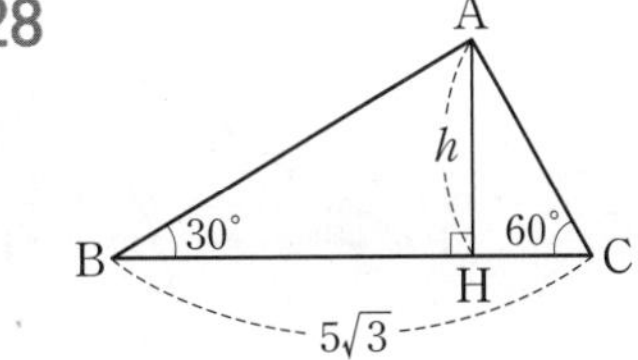

학교 시험 문제는 이렇게

029 오른쪽 그림과 같이 9 m 떨어진 두 지점 B, C에서 드론의 A 지점을 올려본각의 크기가 각각 45°, 60°이었다. 이때 지면에서 드론까지의 높이 $\overline{AH}$를 구하시오.

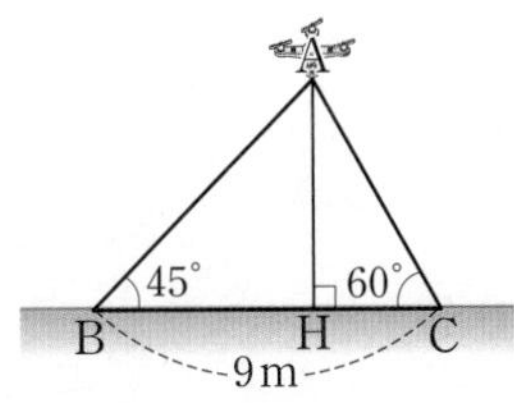

05

삼각형의 높이 (2)

밑변의 양 끝 각 중 한 각이 둔각인 경우

△ABC에서 한 변의 길이가 a이고 그 양 끝 각 ∠B, ∠C 중 ∠C가 둔각일 때, △ABC의 높이 h 구하기

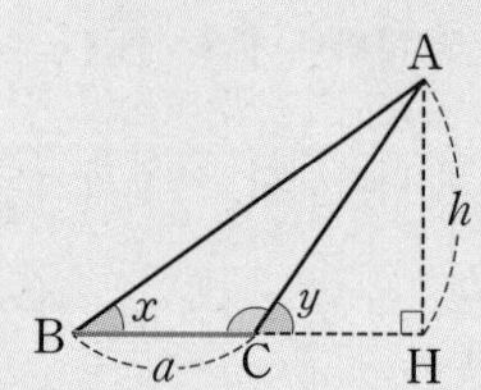

❶ $\overline{BH}$의 길이를 h에 대한 식으로 나타낸다. ➡ $\overline{BH}=\dfrac{h}{\tan x}$

❷ $\overline{CH}$의 길이를 h에 대한 식으로 나타낸다. ➡ $\overline{CH}=\dfrac{h}{\tan y}$

❸ $a=\overline{BH}-\overline{CH}=\dfrac{h}{\tan x}-\dfrac{h}{\tan y}$를 이용하여 h의 값을 구한다.
└ $h=\dfrac{a\tan x\tan y}{\tan y-\tan x}$

정답과 해설 • 12쪽

● 삼각형의 높이 구하기 (2) - 밑변의 양 끝 각 중 한 각이 둔각인 경우

[030~033] 다음 그림과 같은 △ABC에서 높이 h를 구하시오.

030

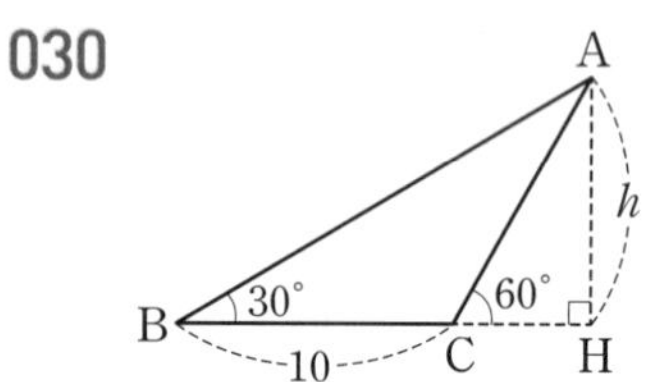

❶ $\overline{BH}$의 길이 구하기
△ABH에서
$\overline{BH}=\dfrac{h}{\tan \square}=\square$

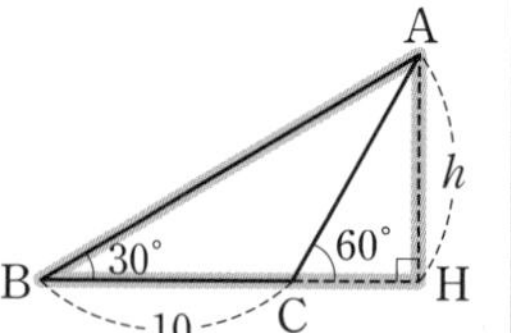

❷ $\overline{CH}$의 길이 구하기
△ACH에서
$\overline{CH}=\dfrac{h}{\tan \square}=\square$

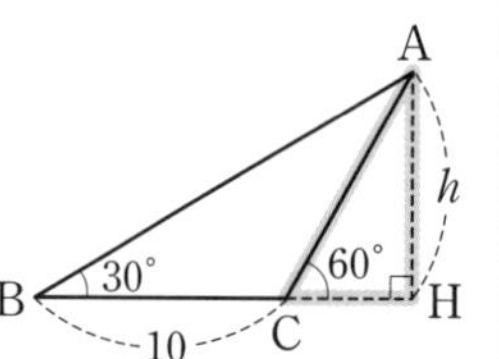

❸ 높이 h 구하기
$\overline{BC}=\overline{BH}-\overline{CH}$이므로
$10=\square\times h \qquad \therefore h=\square$

031

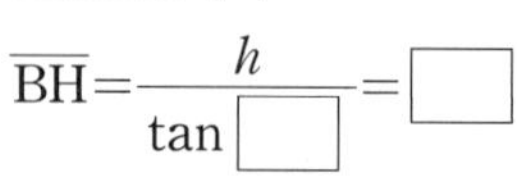

032

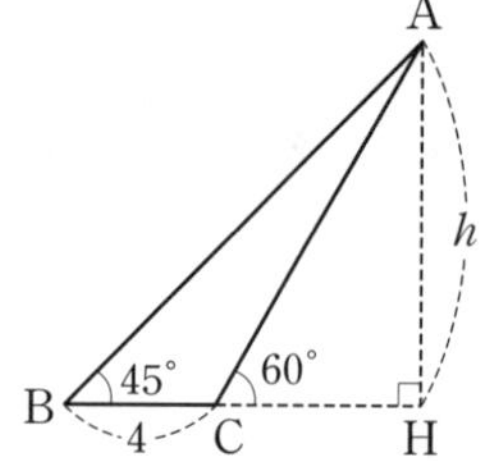

033

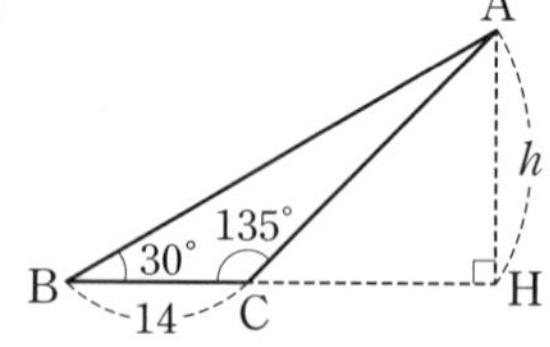

학교 시험 문제는 이렇게

034 다음 그림과 같이 4 m 떨어진 두 지점 B, C에서 열기구의 A 지점을 올려본각의 크기가 각각 30°, 60°이었다. 이때 지면에서 열기구까지의 높이 $\overline{AH}$를 구하시오.

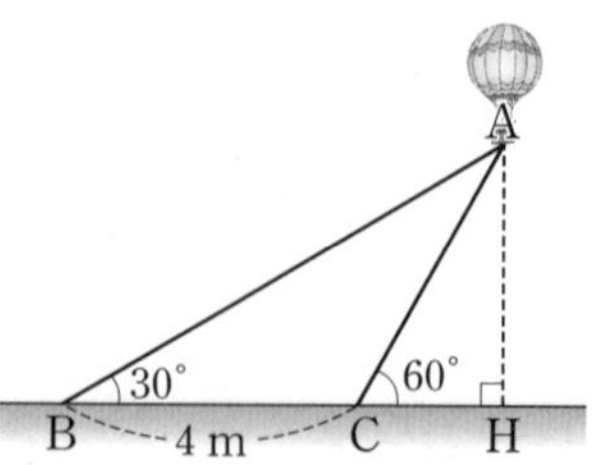

06 삼각형의 넓이

삼각형의 두 변의 길이와 그 끼인각의 크기를 알면 그 넓이를 구할 수 있다.

(1) 끼인각이 예각인 경우

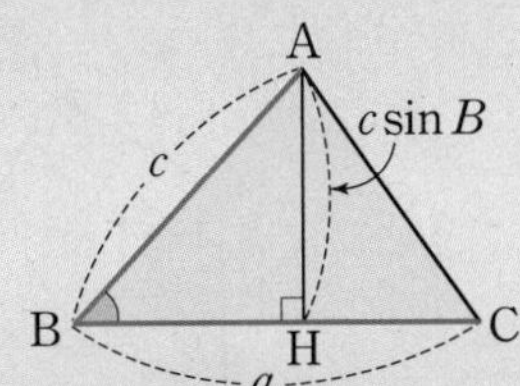

➡ $\triangle ABC=\frac{1}{2}ac\sin B$

(2) 끼인각이 둔각인 경우

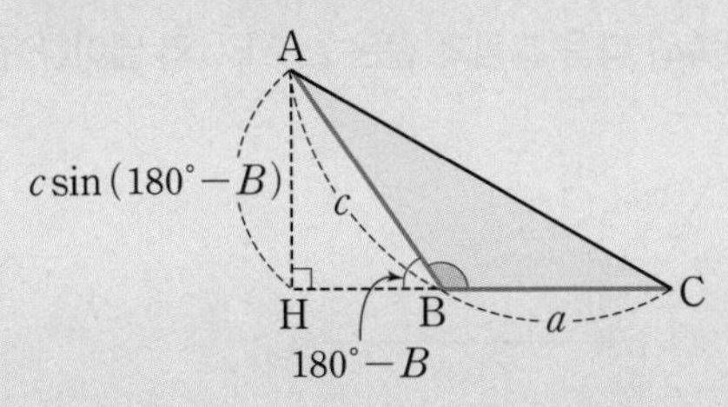

➡ $\triangle ABC=\frac{1}{2}ac\sin(180°-B)$

정답과 해설 • 12쪽

● 삼각형의 넓이 구하기 (1) - 끼인각이 예각인 경우 중요

[035~040] 다음 그림과 같은 $\triangle ABC$의 넓이를 구하시오.

035

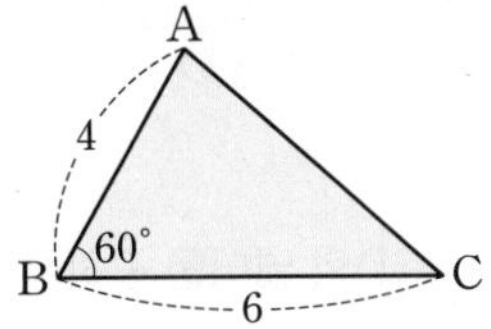

➡ $\triangle ABC=\frac{1}{2}\times 6\times\square\times\sin\square$

$=\square$

036

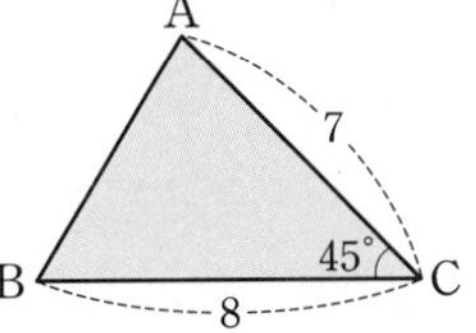

037

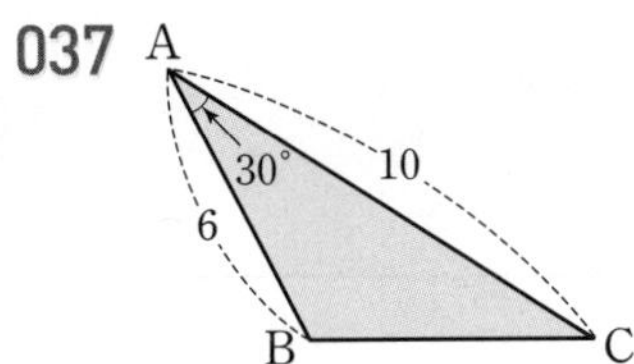

038

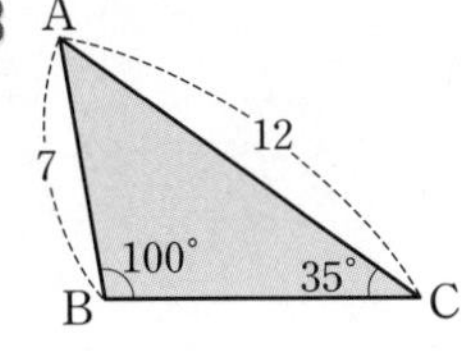

039

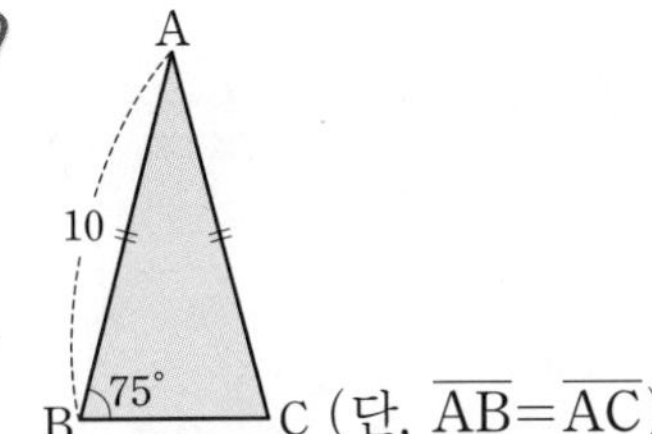

(단, $\overline{AB}=\overline{AC}$)

040

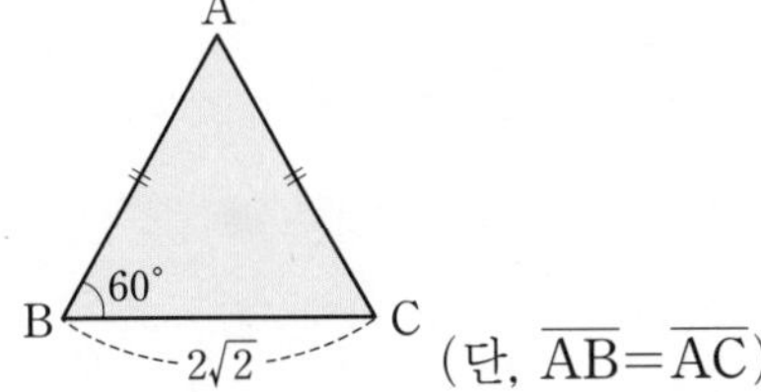

(단, $\overline{AB}=\overline{AC}$)

삼각형의 넓이 구하기 (2) - 끼인각이 둔각인 경우 중요

[041~044] 다음 그림과 같은 $\triangle ABC$의 넓이를 구하시오.

041

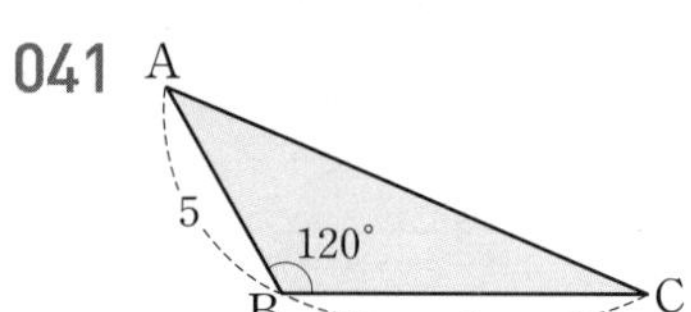

➡ $\triangle ABC = \frac{1}{2} \times \square \times 5 \times \sin(180° - \square)$

$= \frac{1}{2} \times \square \times 5 \times \sin \square$

$= \square$

042

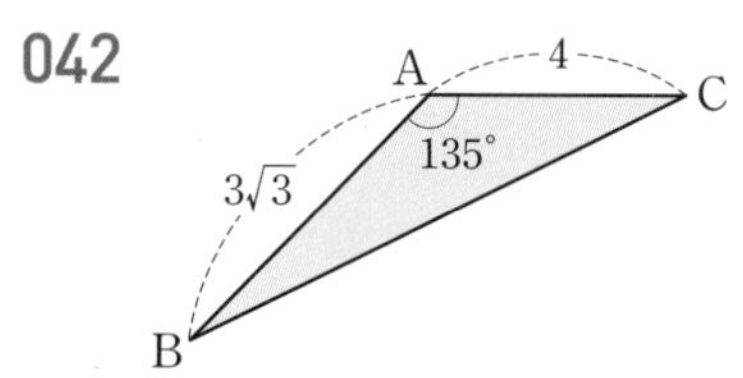

043

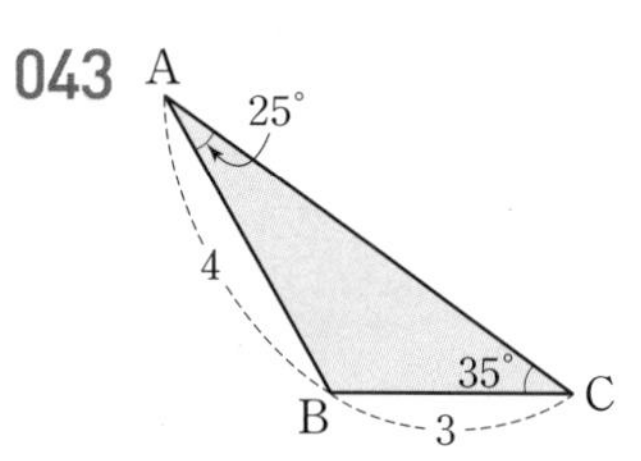

044

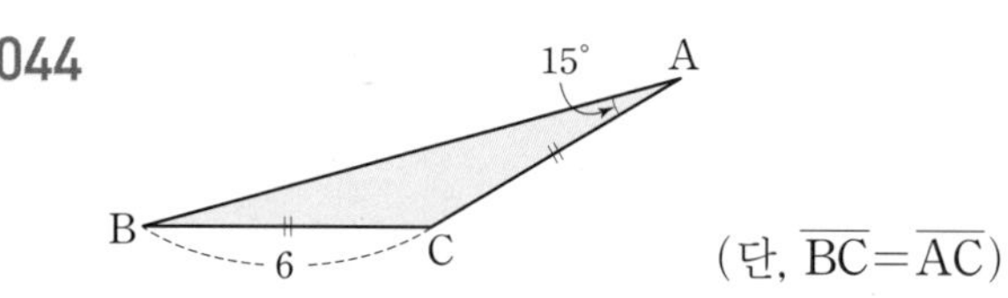

(단, $\overline{BC} = \overline{AC}$)

다각형의 넓이 구하기

045 아래 그림과 같은 $\square ABCD$에서 다음을 구하시오.

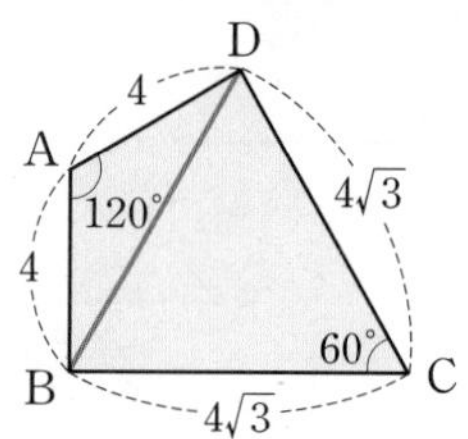

(1) $\triangle ABD$의 넓이

(2) $\triangle BCD$의 넓이

(3) $\square ABCD$의 넓이

[046~047] 다음 그림과 같은 $\square ABCD$의 넓이를 구하시오.

046

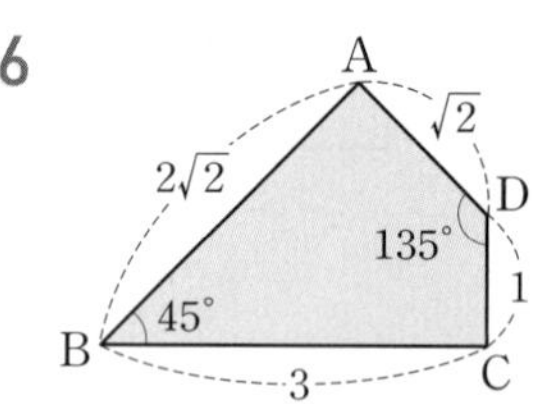

047

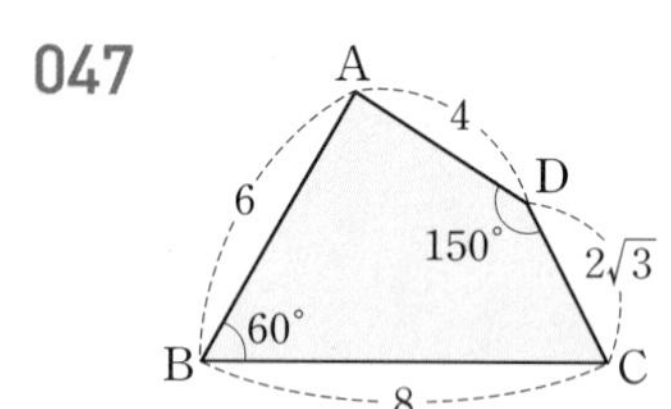

07 평행사변형의 넓이

평행사변형에서 이웃하는 두 변의 길이와 그 끼인각의 크기를 알면 그 넓이를 구할 수 있다.

(1) $\angle x$가 예각인 경우

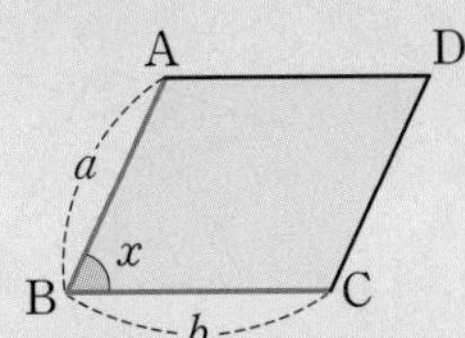

➡ $\square ABCD = ab\sin x$

(2) $\angle x$가 둔각인 경우

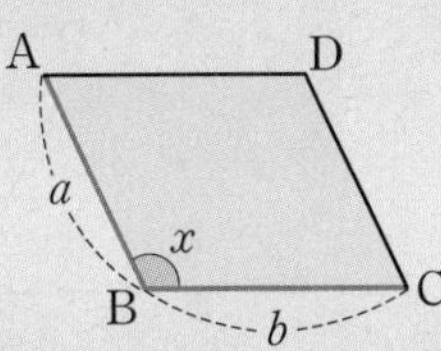

➡ $\square ABCD = ab\sin(180° - x)$

정답과 해설 • 13쪽

● 평행사변형의 넓이 구하기 중요

[048~052] 다음 그림과 같은 평행사변형 ABCD의 넓이를 구하시오.

048

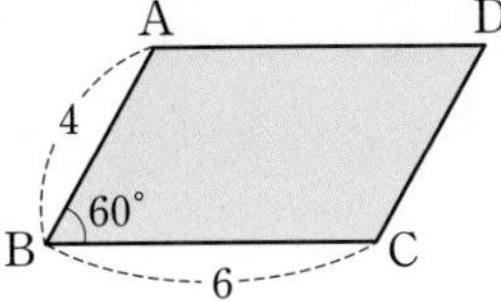

049

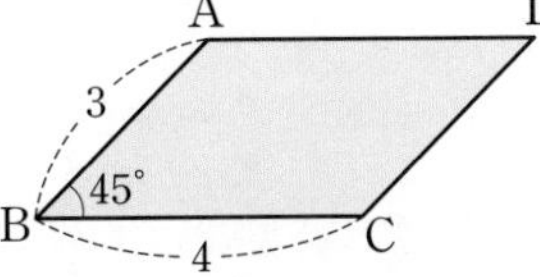

050

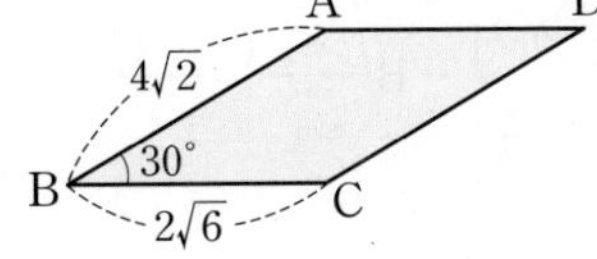

051

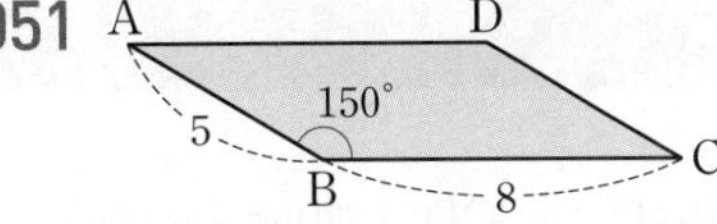

052

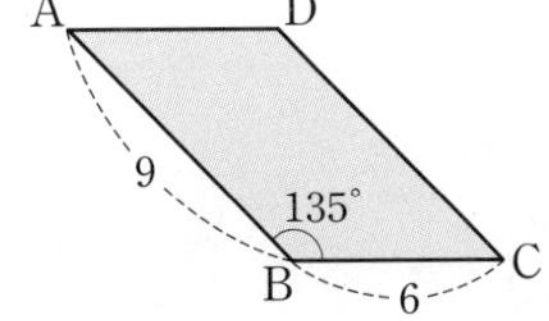

학교 시험 문제는 이렇게

053 오른쪽 그림과 같은 마름모 ABCD에서 $\overline{AB} = 10$, $\angle B = 45°$일 때, $\square ABCD$의 넓이를 구하시오.

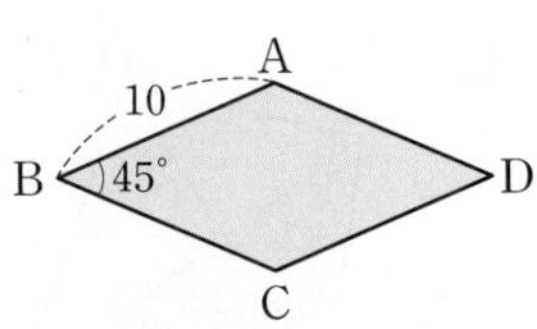

08 사각형의 넓이

사각형에서 두 대각선의 길이와 두 대각선이 이루는 각의 크기를 알면 그 넓이를 구할 수 있다.

(1) $\angle x$가 예각인 경우

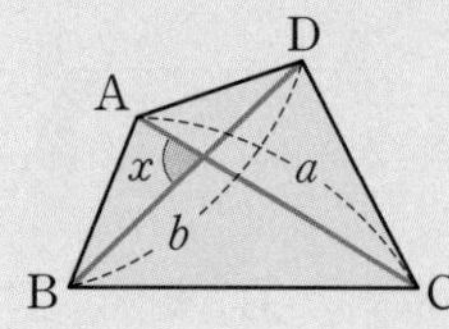

➡ $\square\mathrm{ABCD}=\frac{1}{2}ab\sin x$

(2) $\angle x$가 둔각인 경우

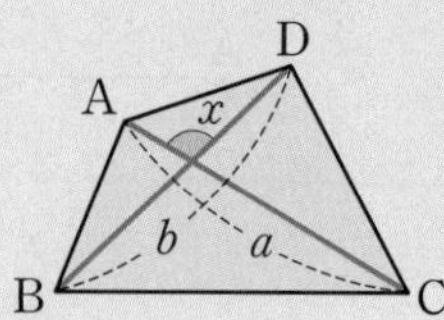

➡ $\square\mathrm{ABCD}=\frac{1}{2}ab\sin(180°-x)$

정답과 해설 • 14쪽

● 사각형의 넓이 구하기 중요

[054~058] 다음 그림과 같은 $\square\mathrm{ABCD}$의 넓이를 구하시오.

054

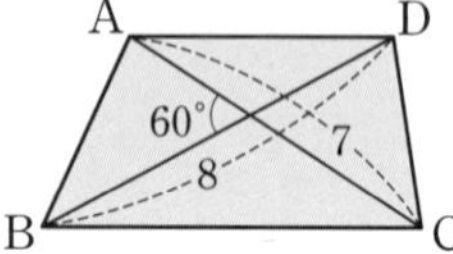

055

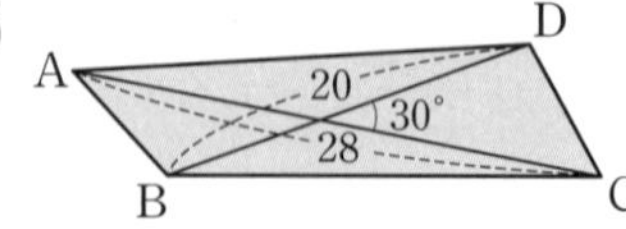

056

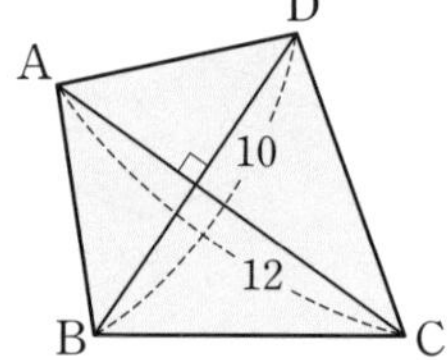

057

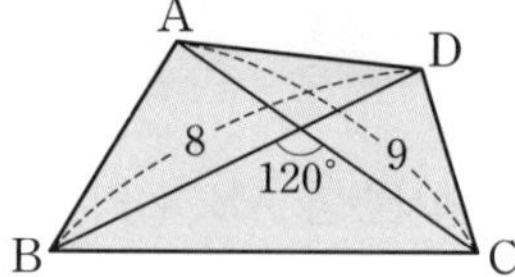

058

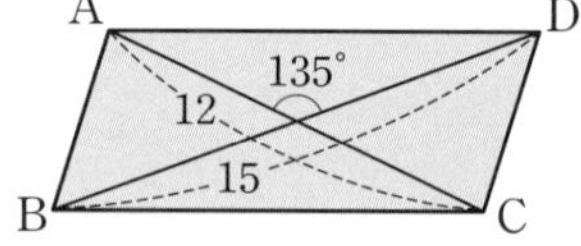

학교 시험 문제는 이렇게

059 오른쪽 그림과 같이 $\overline{\mathrm{AC}}=16$인 $\square\mathrm{ABCD}$의 넓이가 $52\sqrt{3}$일 때, $\overline{\mathrm{BD}}$의 길이를 구하시오.

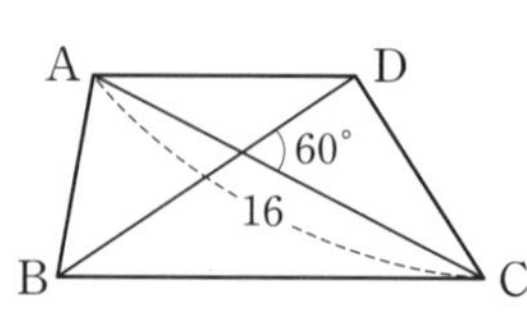

기본 문제 × 확인하기

정답과 해설 • 14쪽

1 다음 그림의 직각삼각형 ABC에서 주어진 삼각비의 값을 이용하여 x의 값을 구하시오.

(1) $\sin 72° = 0.95$

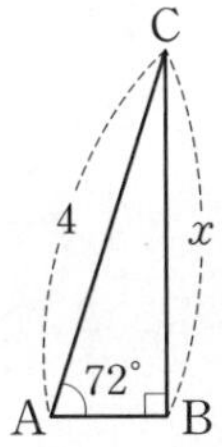

(2) $\cos 58° = 0.53$

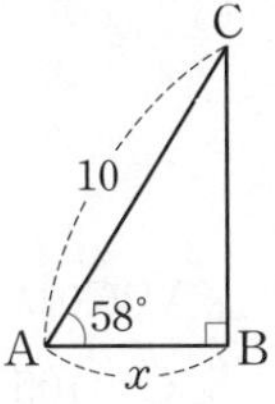

(3) $\tan 24° = 0.45$

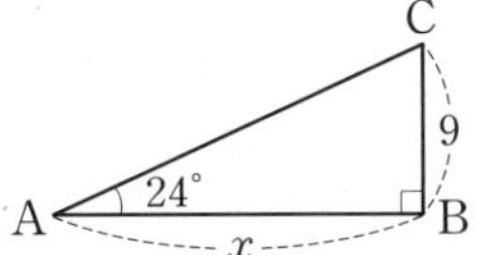

2 다음 그림과 같은 △ABC에서 x의 값을 구하시오.

(1)

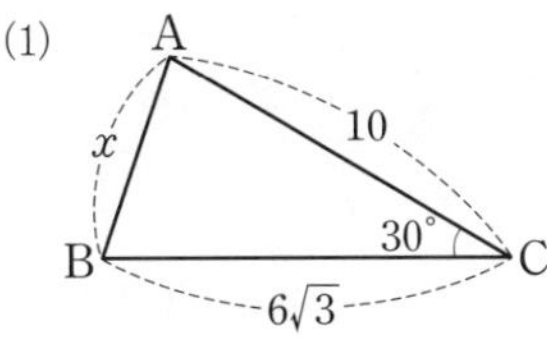

(2)

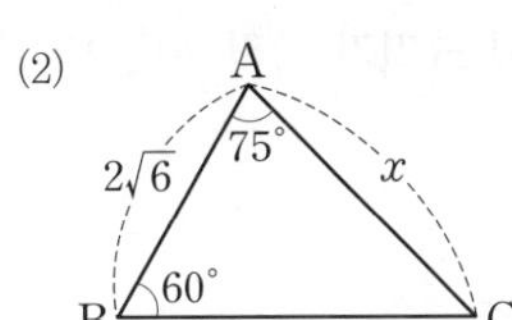

3 다음 그림과 같은 △ABC에서 높이 h를 구하시오.

(1)

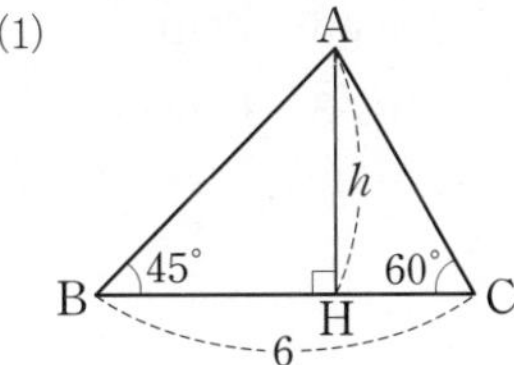

(2)

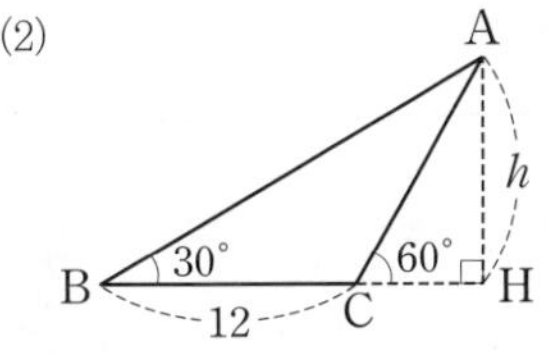

4 다음 그림과 같은 △ABC의 넓이를 구하시오.

(1) (2)

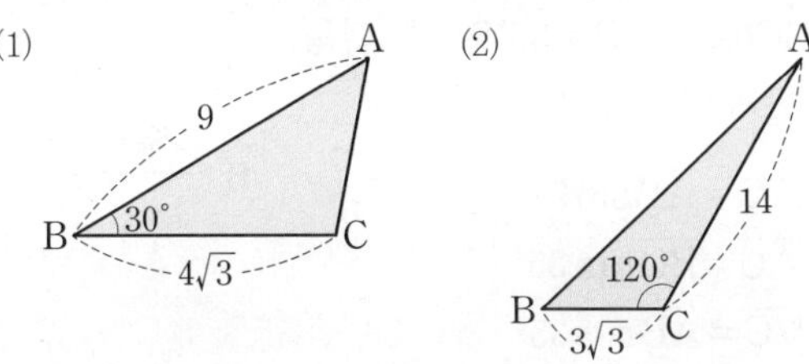

5 다음 그림과 같은 □ABCD의 넓이를 구하시오.

(1)

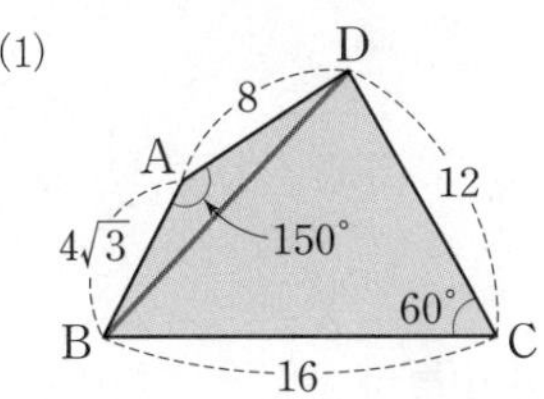

(2)

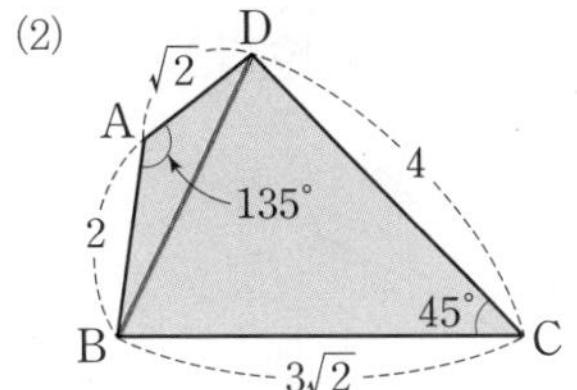

6 다음 그림과 같은 평행사변형 ABCD의 넓이를 구하시오.

(1)

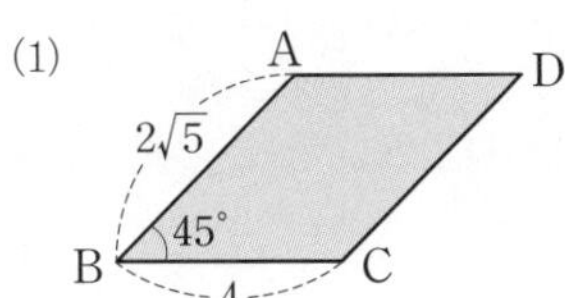

(2)

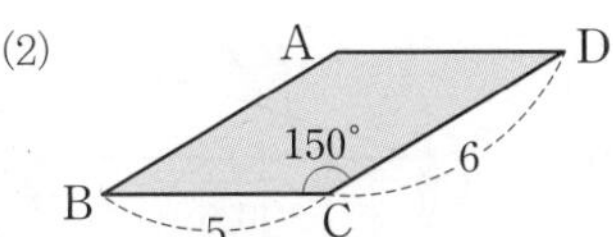

7 다음 그림과 같은 □ABCD의 넓이를 구하시오.

(1) (2)

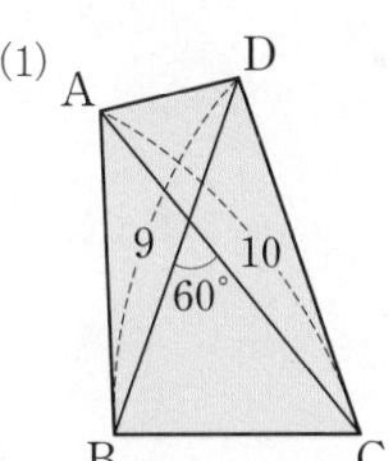

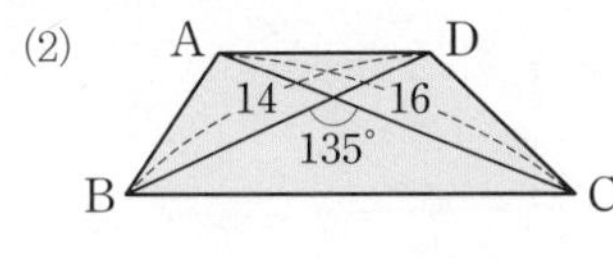

학교 시험 문제 × 확인하기

1 오른쪽 그림과 같은 직각삼각형 ABC에서 $\angle B=35°$일 때, 다음 중 옳지 <u>않은</u> 것은?

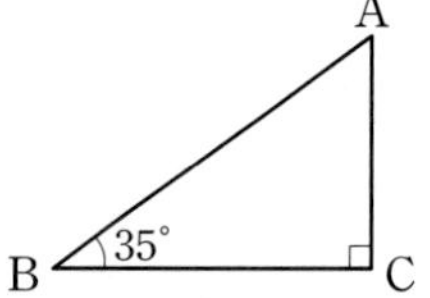

① $\overline{AC}=\overline{AB}\sin 35°$
② $\overline{AC}=\overline{BC}\tan 35°$
③ $\overline{BC}=\overline{AB}\cos 35°$
④ $\overline{BC}=\overline{AB}\cos 55°$
⑤ $\overline{BC}=\overline{AC}\tan 55°$

2 다음 그림과 같이 비행기가 이륙한 후 $27°$의 각도로 $1000\,\text{m}$의 거리를 비행하였다. 이때 지면에서 비행기까지의 높이는? (단, $\sin 27°=0.45$로 계산한다.)

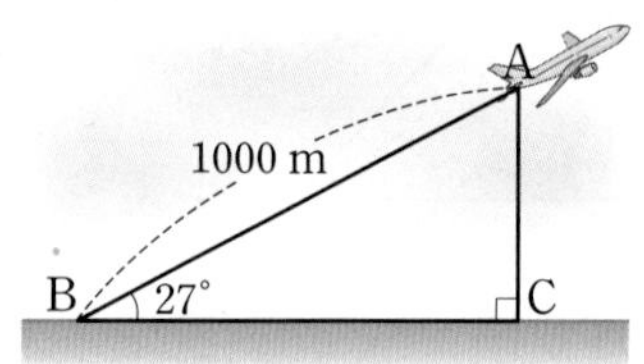

① $410\,\text{m}$ ② $430\,\text{m}$ ③ $450\,\text{m}$
④ $470\,\text{m}$ ⑤ $490\,\text{m}$

3 오른쪽 그림과 같이 나무로부터 $6\,\text{m}$ 떨어진 A 지점에서 진호가 나무의 꼭대기 B 지점을 올려본각의 크기가 $17°$이었다. 진호의 눈높이가 $1.5\,\text{m}$일 때, 이 나무의 높이를 구하시오.

(단, $\tan 17°=0.31$로 계산한다.)

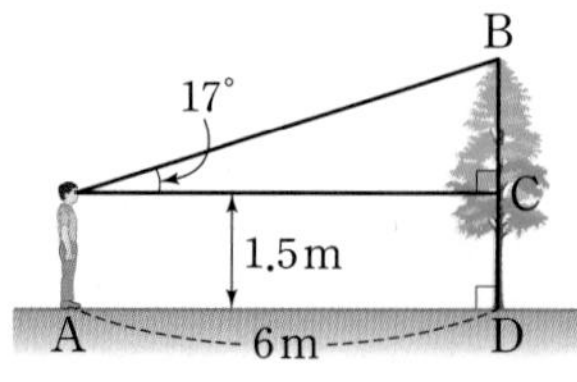

4 오른쪽 그림과 같은 $\triangle ABC$에서 $\overline{AB}=6$, $\overline{BC}=7\sqrt{2}$이고 $\angle B=45°$일 때, $\overline{AC}$의 길이를 구하시오.

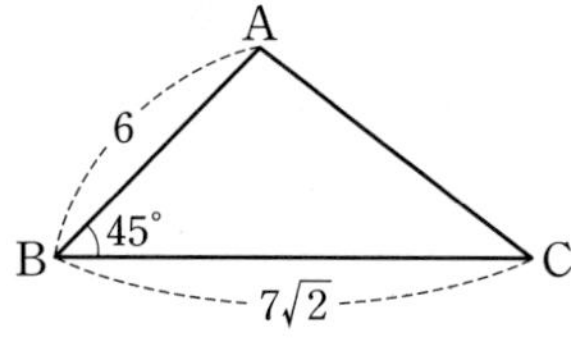

5 오른쪽 그림과 같은 $\triangle ABC$에서 $\overline{BC}=8$, $\angle B=30°$, $\angle C=105°$일 때, $\overline{AC}$의 길이는?

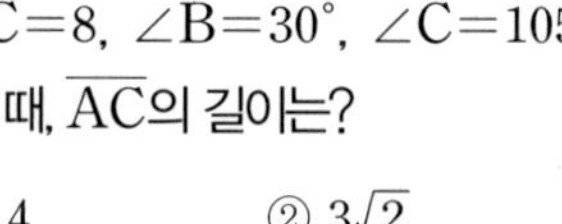

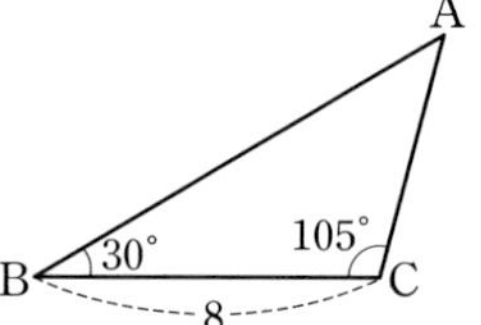

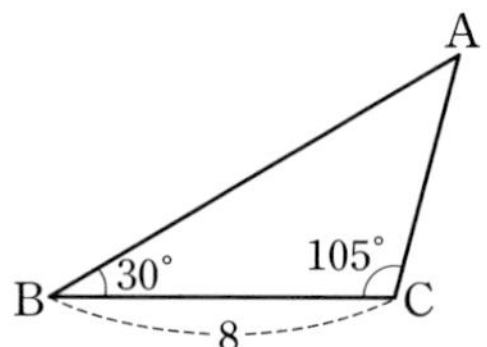

① 4 ② $3\sqrt{2}$
③ 5 ④ $3\sqrt{3}$
⑤ $4\sqrt{2}$

6 다음 그림과 같이 $10\,\text{m}$ 떨어진 두 지점 B, C에서 나무의 꼭대기 A 지점을 올려본각의 크기가 각각 $30°$, $45°$일 때, 이 나무의 높이는?

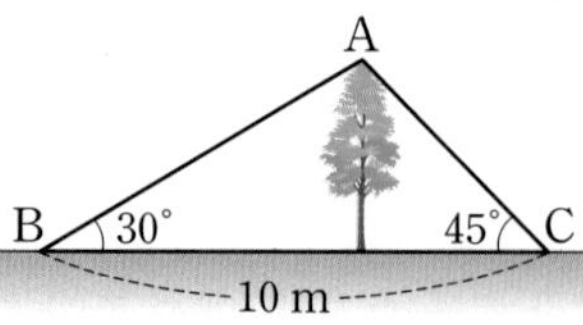

① $5(\sqrt{2}-1)\,\text{m}$ ② $5(\sqrt{3}-1)\,\text{m}$
③ $4(\sqrt{2}+1)\,\text{m}$ ④ $5(\sqrt{3}+1)\,\text{m}$
⑤ $8(\sqrt{2}-1)\,\text{m}$

7 오른쪽 그림과 같은 $\triangle ABC$에서 $\overline{BC}=6$이고 $\angle A=15^\circ$, $\angle B=45^\circ$ 일 때, $\triangle ABC$의 높이 $\overline{AH}$는?

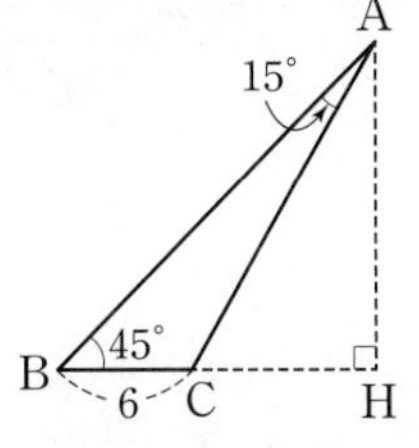

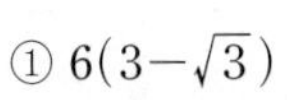

① $6(3-\sqrt{3})$　② $9(3-\sqrt{3})$
③ $3(3+\sqrt{3})$　④ $6(3+\sqrt{3})$
⑤ $9(3+\sqrt{3})$

8 오른쪽 그림과 같이 $\overline{AB}=4\,\text{cm}$, $\overline{BC}=7\,\text{cm}$인 $\triangle ABC$의 넓이가 $7\sqrt{3}\,\text{cm}^2$ 일 때, $\angle B$의 크기를 구하시오. (단, $\angle B$는 예각)

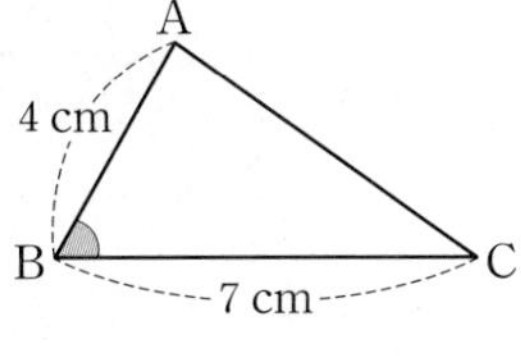

9 오른쪽 그림과 같이 $\overline{AC}=8$, $\angle C=135^\circ$인 $\triangle ABC$의 넓이가 $10\sqrt{2}$일 때, $\overline{BC}$의 길이는?

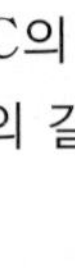

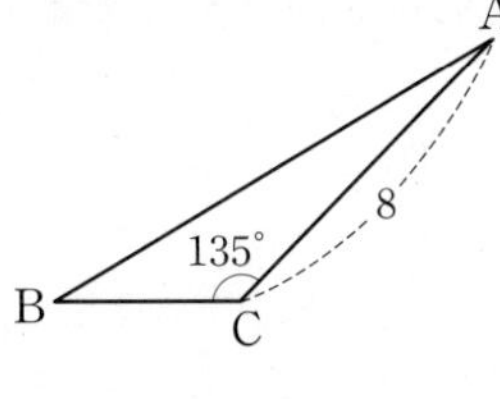

① 2　② 3
③ $3\sqrt{2}$　④ 5
⑤ $4\sqrt{2}$

10 다음 그림과 같은 $\square ABCD$의 넓이는?

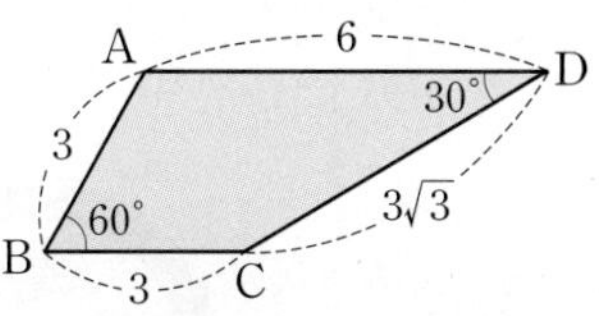

① $\frac{23}{4}$　② $6\sqrt{2}$　③ $\frac{25\sqrt{3}}{4}$
④ $8\sqrt{2}$　⑤ $\frac{27\sqrt{3}}{4}$

11 오른쪽 그림과 같은 $\square ABCD$에서 다음 물음에 답하시오.

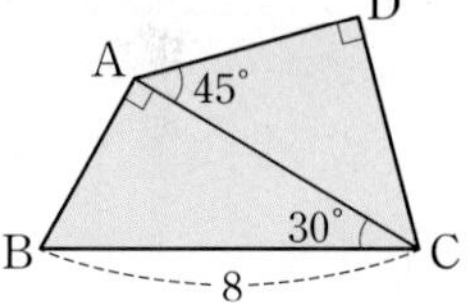

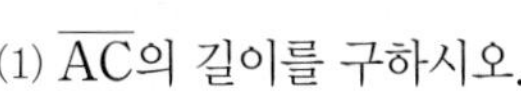

(1) $\overline{AC}$의 길이를 구하시오.

(2) $\overline{AD}$의 길이를 구하시오.

(3) $\triangle ABC$와 $\triangle ACD$의 넓이를 차례로 구하시오.

(4) $\square ABCD$의 넓이를 구하시오.

12 오른쪽 그림과 같이 $\overline{AB}=6$, $\overline{BC}=8$이고 $\angle B$가 예각인 평행사변형 ABCD의 넓이가 $24\sqrt{2}$일 때, $\angle B$의 크기는?

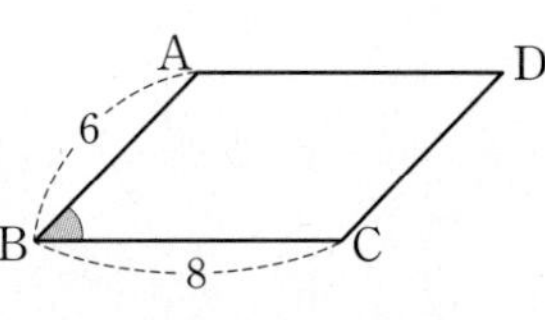

① 15°　② 30°　③ 45°
④ 60°　⑤ 75°

3

원과 직선

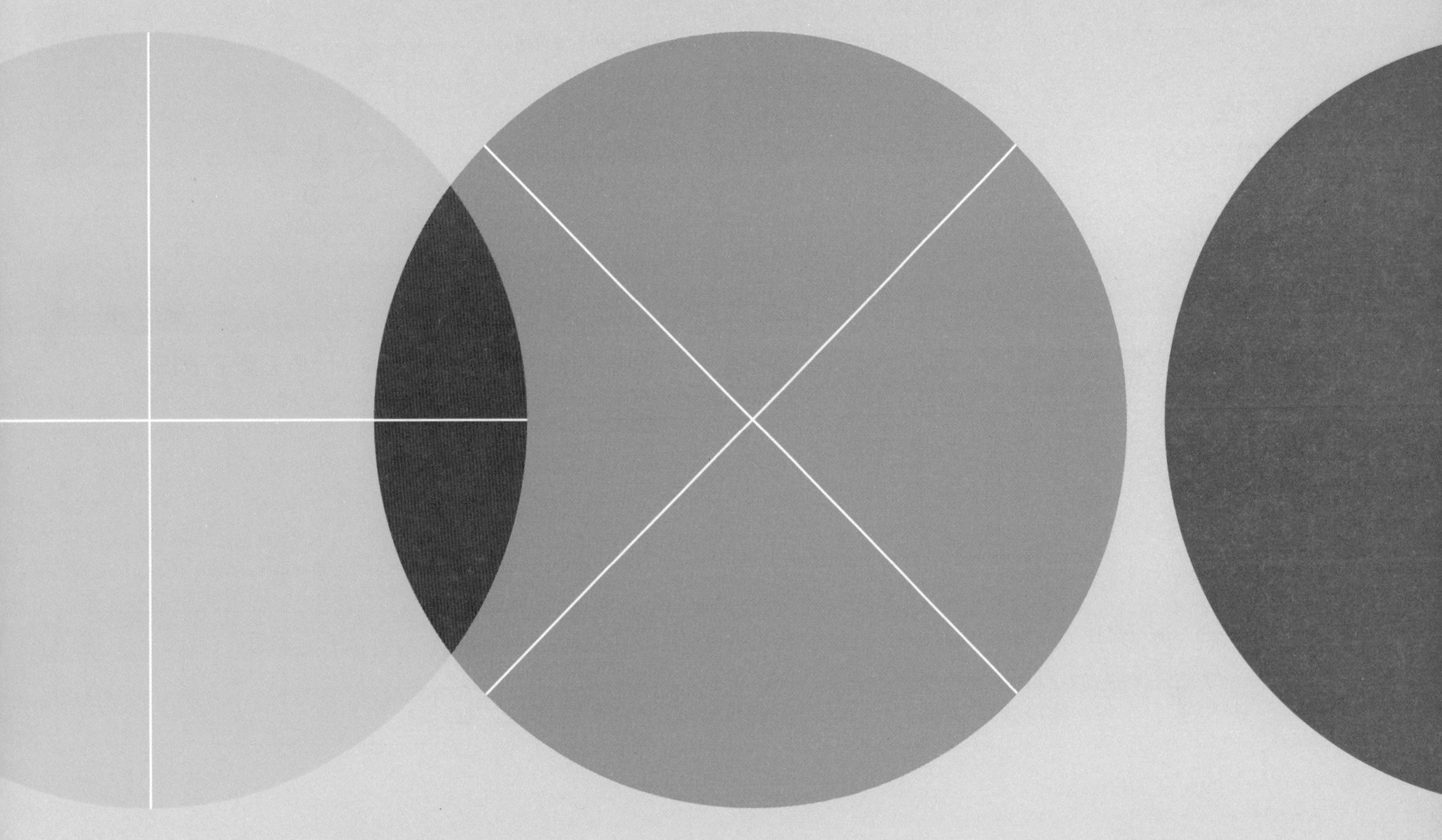

- 현의 수직이등분선
- 원의 일부분이 주어질 때, 원의 중심과 현의 수직이등분선
- 원의 일부분을 접었을 때, 원의 중심과 현의 수직이등분선
- 원의 중심과 현의 길이
- 길이가 같은 두 현이 만드는 삼각형
- 원의 접선의 성질 (1)
- 원의 접선의 성질 (2)
- 원의 접선의 성질의 응용
- 삼각형의 내접원
- 직각삼각형의 내접원
- 원에 외접하는 사각형의 성질

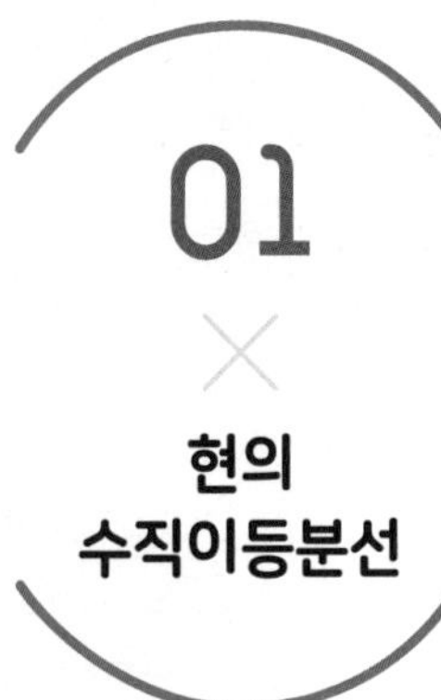

(1) 원에서 현의 수직이등분선은 그 원의 중심을 지난다.
(2) 원의 중심에서 현에 내린 수선은 그 현을 수직이등분한다.
➡ $\overline{AB}\perp\overline{OM}$이면 $\overline{AM}=\overline{BM}$

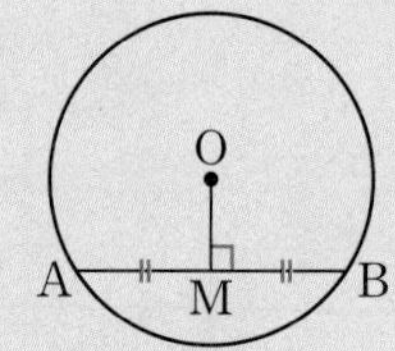

정답과 해설 • 17쪽

● 현의 수직이등분선 중요

[001~004] 다음 그림의 원 O에서 x의 값을 구하시오.

001

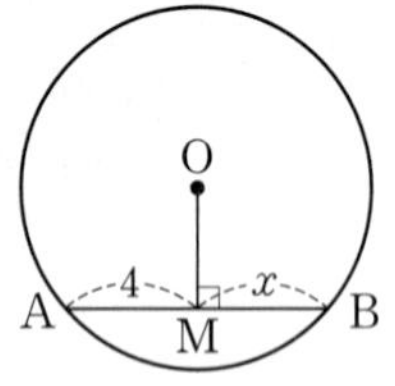

002

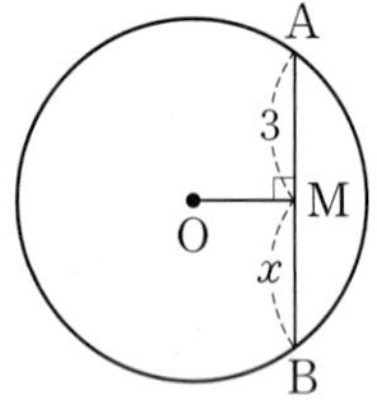

003

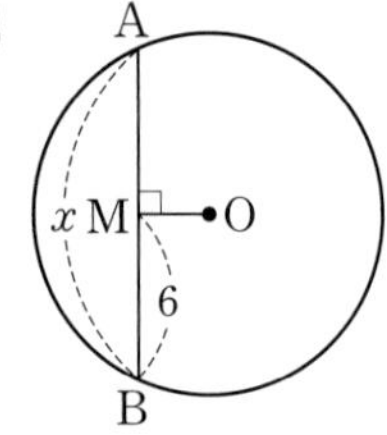

004

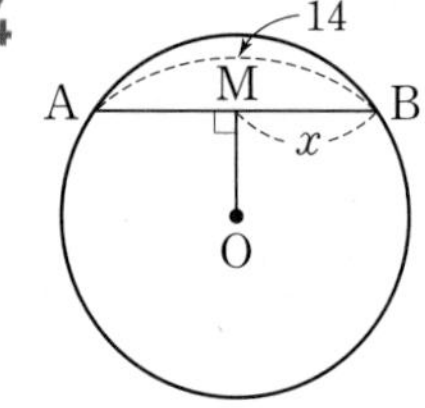

[005~008] 다음 그림의 원 O에서 x의 값을 구하시오.

005

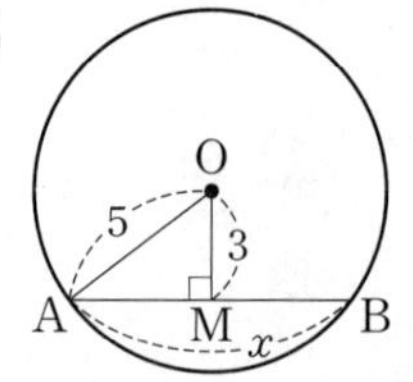

직각삼각형 OAM에서 $\overline{AM}=\sqrt{5^2-\square^2}=\square$

$\therefore x=2\times\square=\square$

006

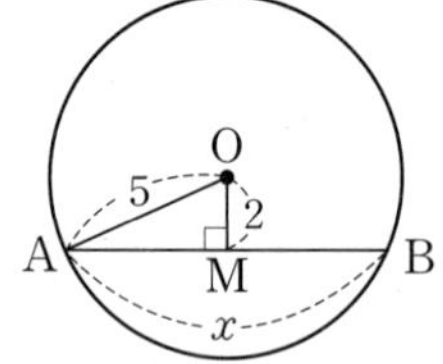

007

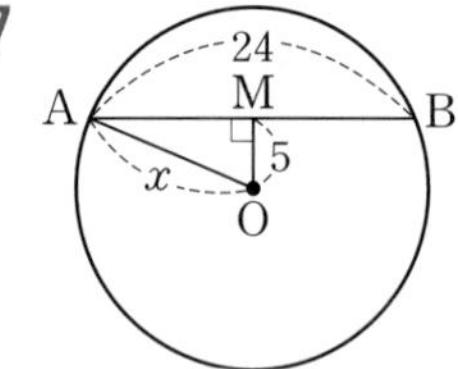

008

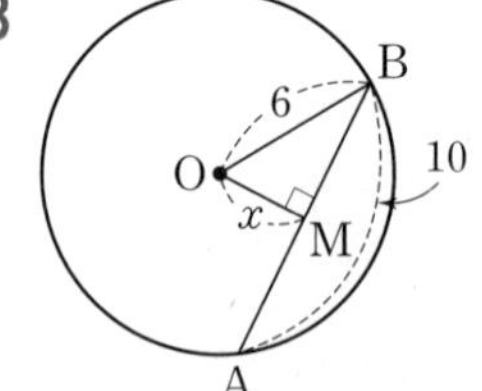

[009~012] 다음 그림의 원 O에서 x의 값을 구하시오.

009

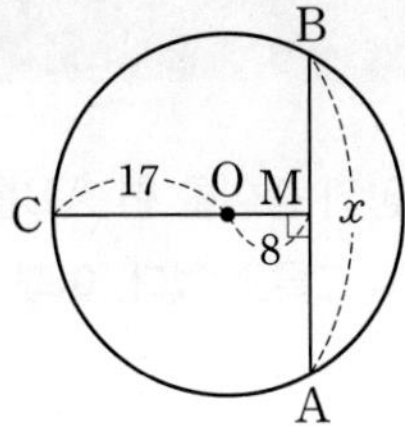

$\overline{OA}$를 그으면

$\overline{OA}=\overline{OC}=$ □

직각삼각형 OAM에서

$\overline{AM}=\sqrt{\square^2-8^2}=$ □

$\therefore\ x=2\times\square=\square$

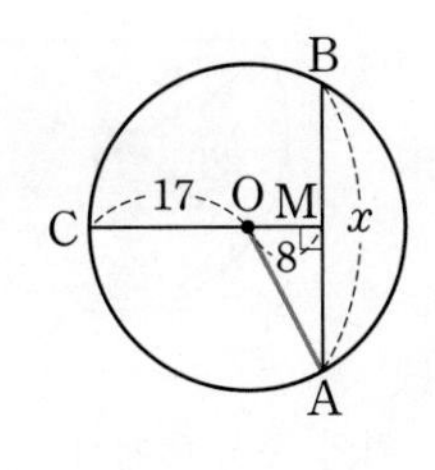

010

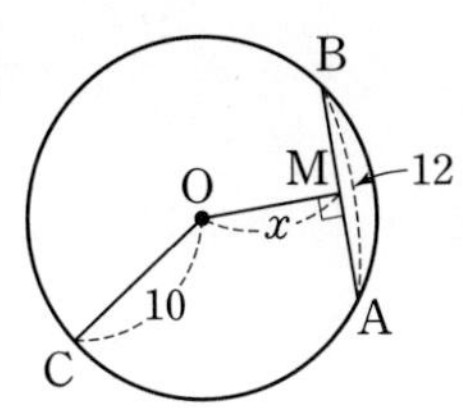

011

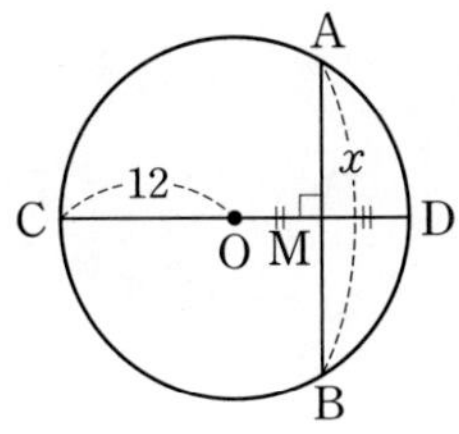

012

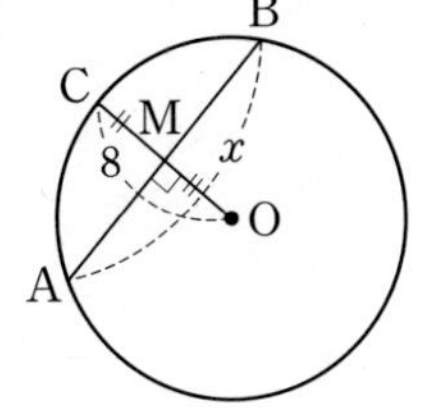

[013~016] 다음 그림의 원 O에서 x의 값을 구하시오.

013

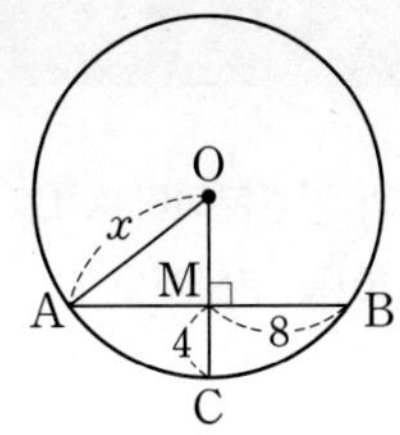

$\overline{OM}=\overline{OC}-\overline{MC}=$ □, $\overline{AM}=\overline{BM}=$ □이므로

직각삼각형 OAM에서

$\square^2+(\square)^2=x^2 \qquad \therefore\ x=\square$

014

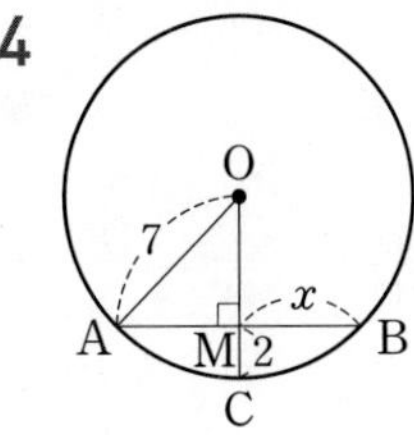

015

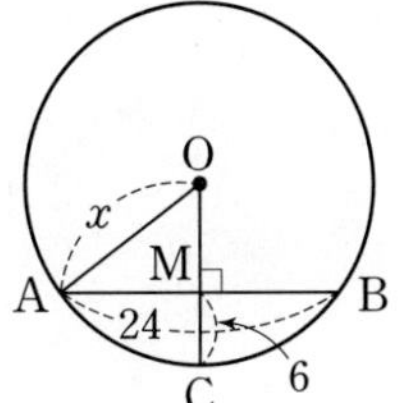

016

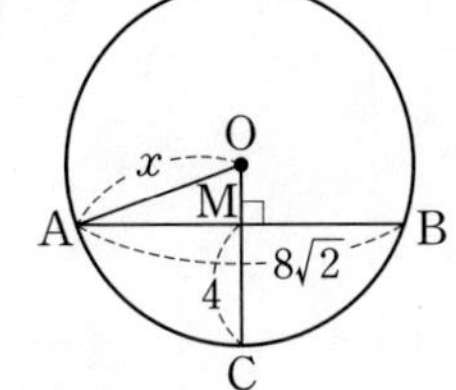

● 원의 일부분이 주어질 때, 원의 중심과 현의 수직이등분선 중요

[017~020] 다음 그림에서 $\widehat{AB}$는 원의 일부분이다. $\overline{CD}$가 $\overline{AB}$의 수직이등분선일 때, 원의 반지름의 길이를 구하시오.

017

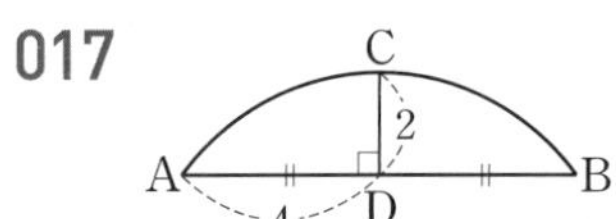

원에서 현의 수직이등분선은 그 원의 중심을 지나므로

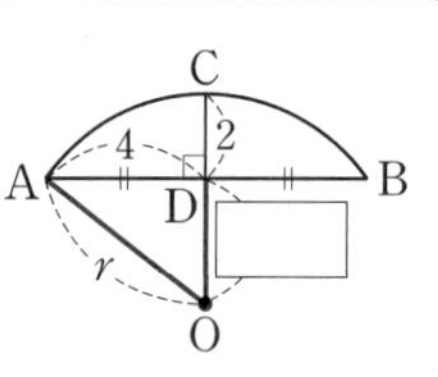

원의 중심을 O라 하면 □의 연장선은 점 O를 지난다.

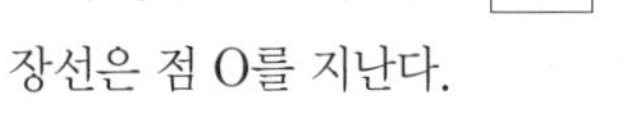

원 O의 반지름의 길이를 r라 하면

직각삼각형 OAD에서

$4^2+(\square)^2=r^2 \quad \therefore r=\square$

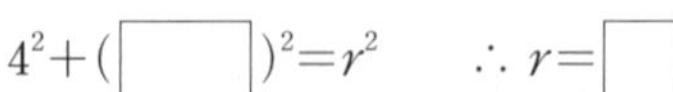

따라서 원의 반지름의 길이는 □이다.

018

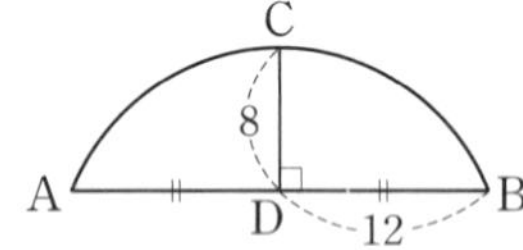

019

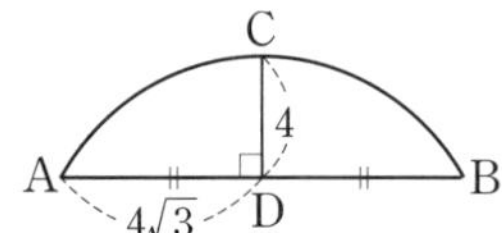

020

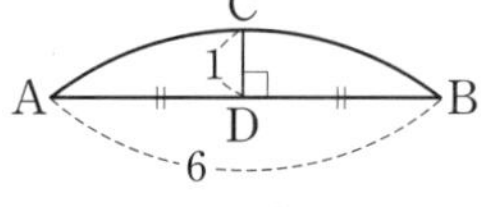

● 원의 일부분을 접었을 때, 원의 중심과 현의 수직이등분선

[021~024] 다음 그림과 같은 원 모양의 종이를 현 AB를 접는 선으로 하여 $\widehat{AB}$가 원의 중심 O를 지나도록 접었다. 이때 $\overline{AB}$의 길이를 구하시오.

021

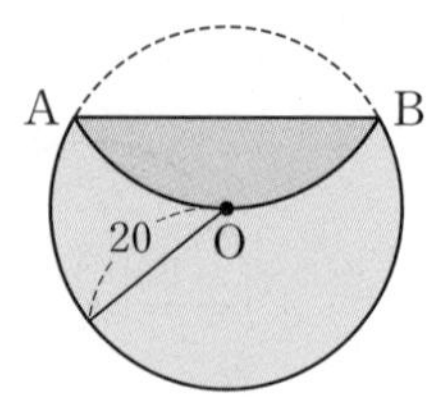

원의 중심 O에서 현 AB에 내린 수선의 발을 M이라 하면

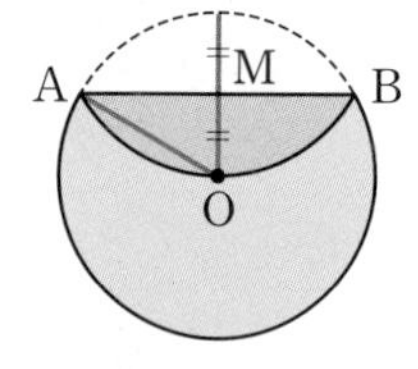

$\overline{OA}=\square$,

$\overline{OM}=\frac{1}{2}\times\square=\square$

직각삼각형 OAM에서

$\overline{AM}=\sqrt{\square^2-\square^2}=\square$

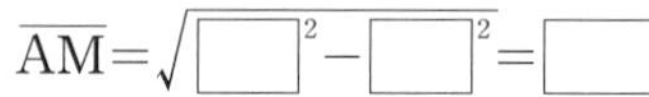

$\therefore \overline{AB}=2\times\square=\square$

022

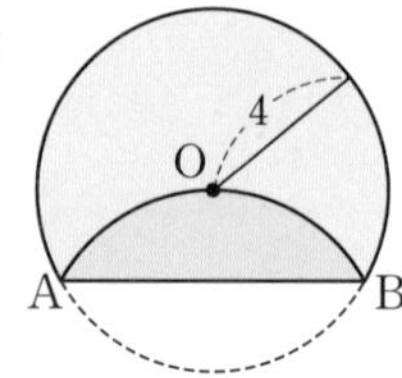

023

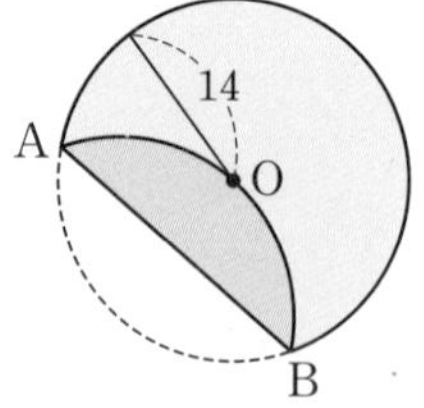

024

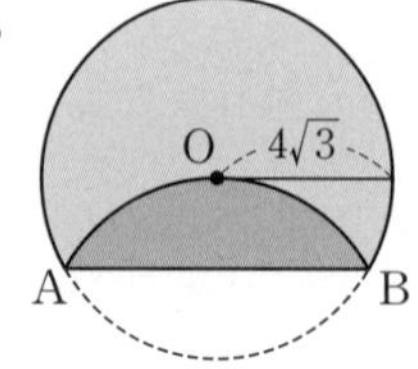

02 원의 중심과 현의 길이

한 원에서

(1) 중심으로부터 같은 거리에 있는 두 현의 길이는 같다.

➡ $\overline{OM}=\overline{ON}$이면 $\overline{AB}=\overline{CD}$

(2) 길이가 같은 두 현은 원의 중심으로부터 같은 거리에 있다.

➡ $\overline{AB}=\overline{CD}$이면 $\overline{OM}=\overline{ON}$

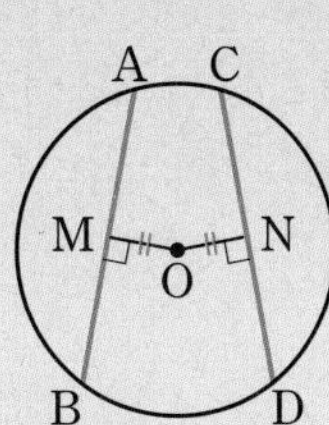

• 원의 중심으로부터 같은 거리에 있는 두 현이 다음 그림과 같이 만날 때, $\triangle ABC$는 $\overline{AB}=\overline{AC}$인 이등변삼각형이다.

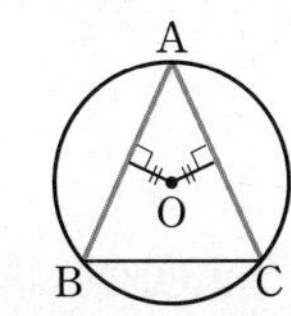

정답과 해설 • 18쪽

● 원의 중심과 현의 길이

[025~030] 다음 그림의 원 O에서 x의 값을 구하시오.

025

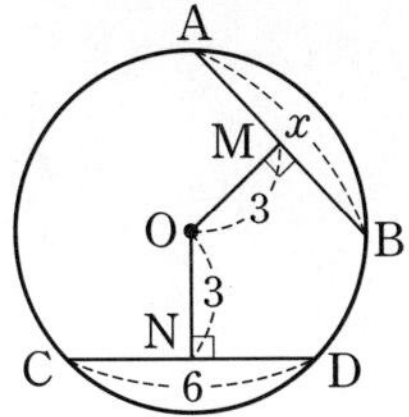

026

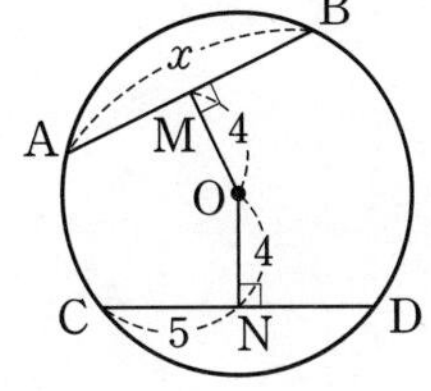

027

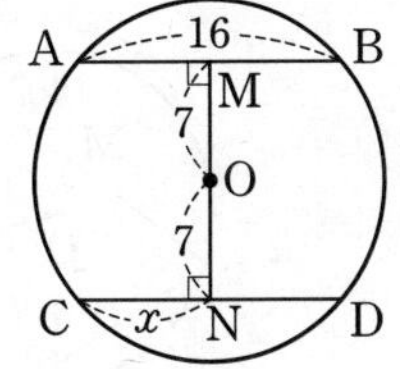

028

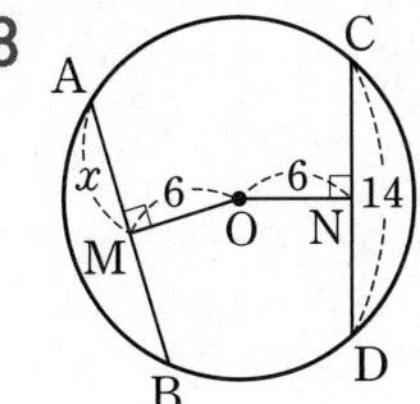

029

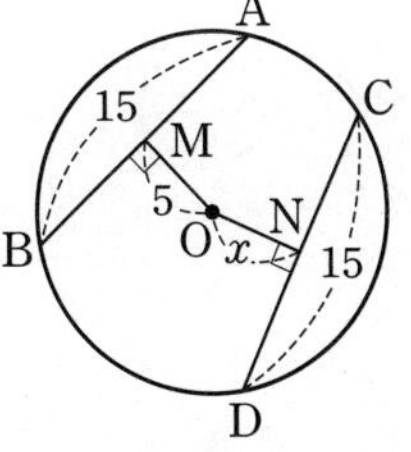

030

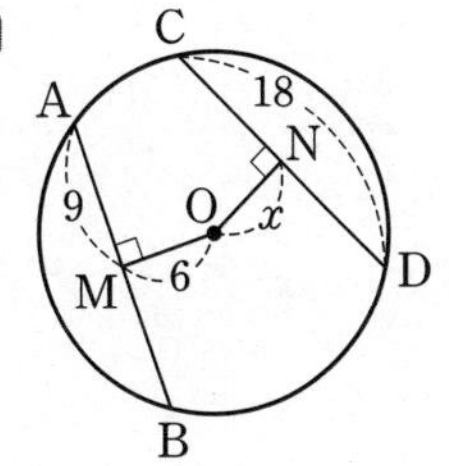

[031~034] 다음 그림의 원 O에서 x의 값을 구하시오.

031

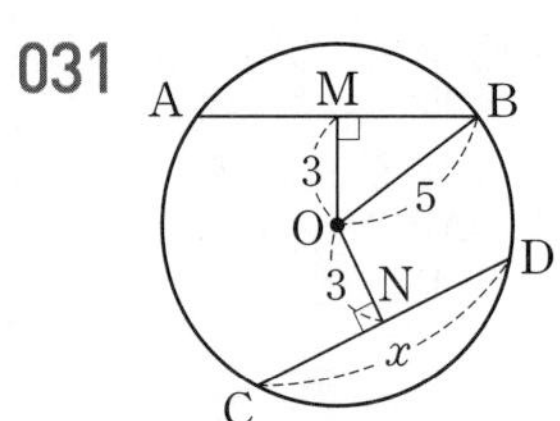

직각삼각형 OBM에서 $\overline{BM}=\sqrt{5^2-\square^2}=\square$이므로

$\overline{AB}=2\times\square=\square$

이때 $\overline{OM}=\overline{ON}$이므로 $x=\overline{AB}=\square$

032

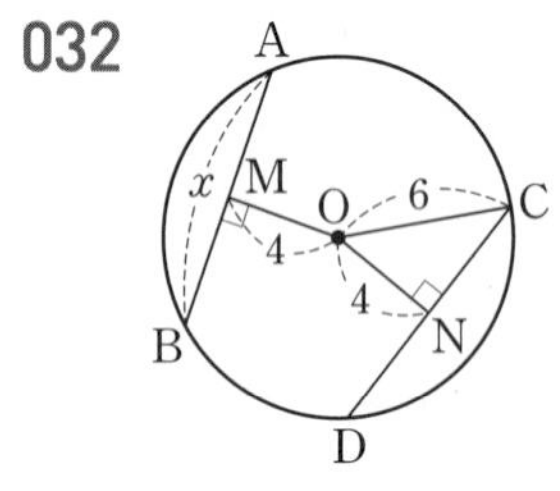

033

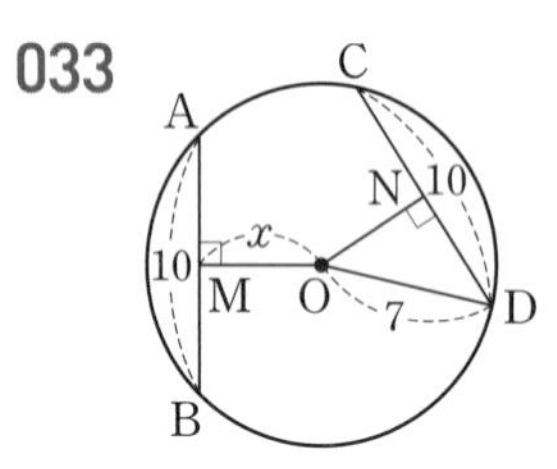

034

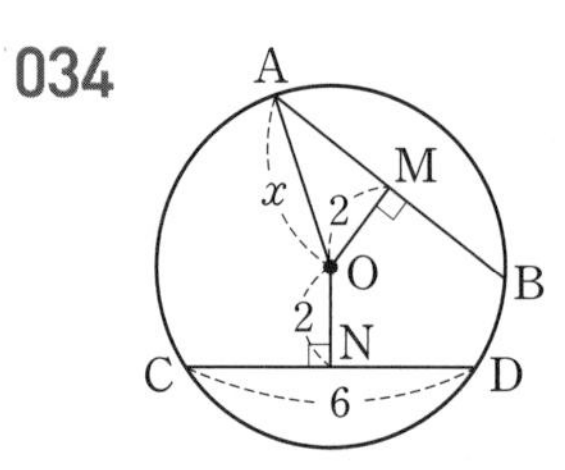

● 길이가 같은 두 현이 만드는 삼각형

[035~037] 다음 그림의 원 O에서 $\overline{OM}=\overline{ON}$일 때, $\angle x$의 크기를 구하시오.

035

➡ $\triangle ABC$는 $\overline{AB}=\overline{AC}$인 $\square$ 삼각형이므로

$\angle x=\square$

036

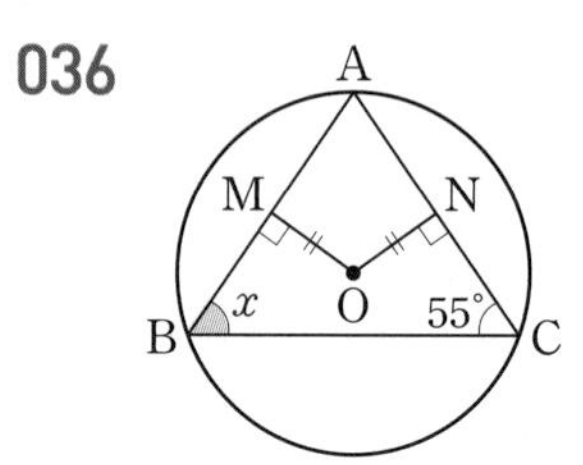

037

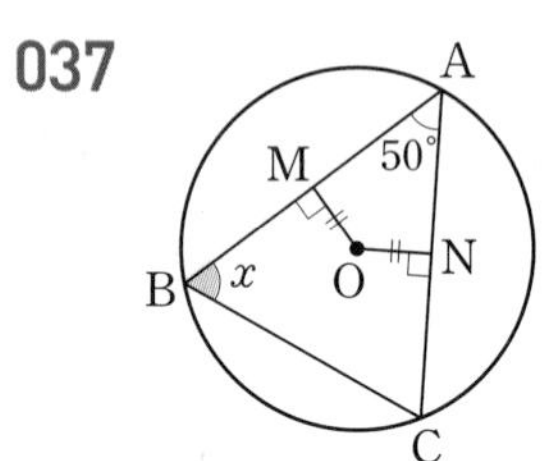

학교 시험 문제는 이렇게

038 오른쪽 그림의 원 O에서 $\overline{AB}\perp\overline{OM}$, $\overline{AC}\perp\overline{ON}$이고 $\overline{OM}=\overline{ON}$이다. $\angle MON=140°$일 때, $\angle x$의 크기를 구하시오.

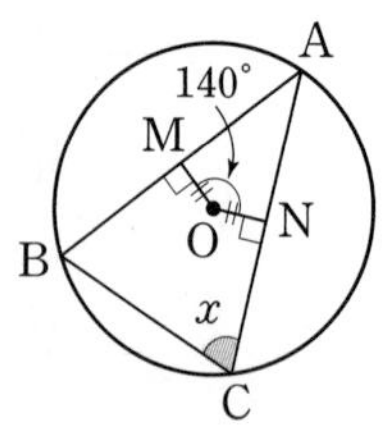

03 원의 접선

원 O 밖의 한 점 P에서 원 O에 그은 두 접선의 접점을 각각 A, B라 하면

(1) 원의 접선은 그 접점을 지나는 반지름에 수직이다.

➡ $\angle PAO = \angle PBO = 90°$

(2) 원 밖의 한 점에서 그 원에 그은 두 접선의 길이는 같다.

➡ $\overline{PA} = \overline{PB}$

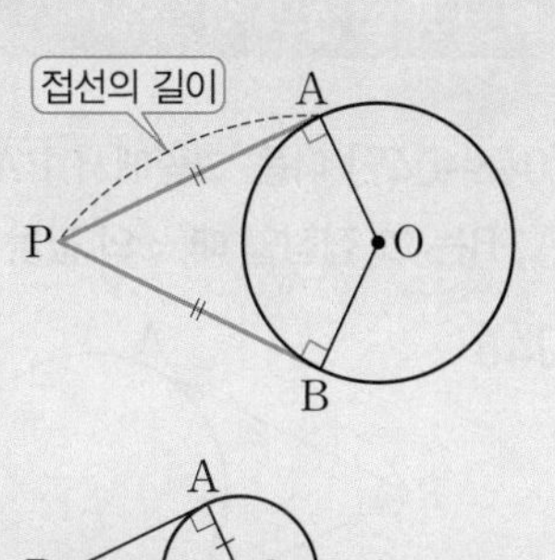

참고 $\triangle PAO$와 $\triangle PBO$에서

$\angle PAO = \angle PBO = 90°$, $\overline{PO}$는 공통, $\overline{OA} = \overline{OB}$(반지름)이므로

$\triangle PAO \equiv \triangle PBO$(RHS 합동)

$\therefore \overline{PA} = \overline{PB}$

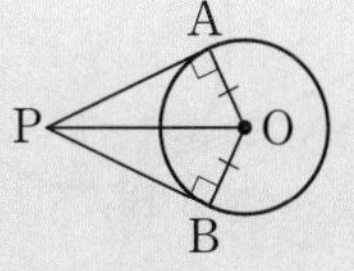

정답과 해설 • 19쪽

● 원의 접선의 성질 (1)

[039~041] 다음 그림에서 $\overline{PA}$, $\overline{PB}$는 원 O의 접선이고 두 점 A, B는 그 접점일 때, $\angle x$의 크기를 구하시오.

039

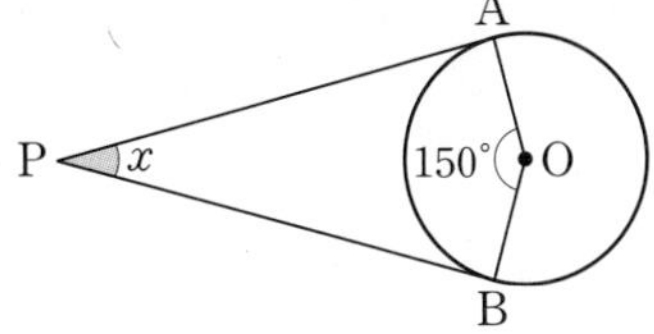

040

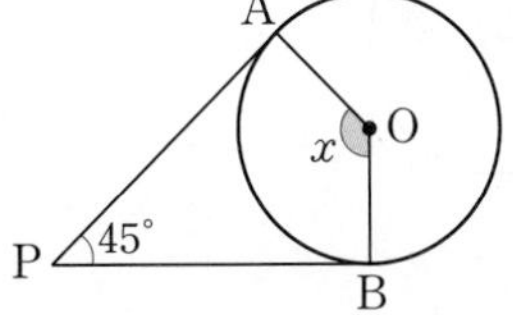

041

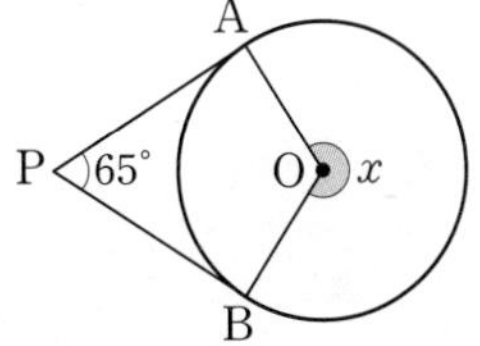

학교 시험 문제는 이렇게

042 오른쪽 그림에서 $\overline{PA}$, $\overline{PB}$는 원 O의 접선이고 두 점 A, B는 그 접점일 때, 색칠한 부분의 넓이를 구하시오.

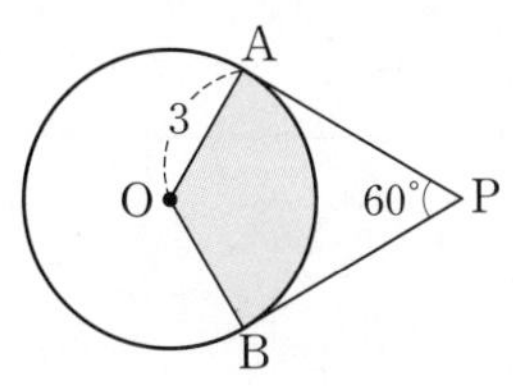

[043~045] 다음 그림에서 $\overline{PA}$는 원 O의 접선이고 점 A는 그 접점일 때, x의 값을 구하시오.

043

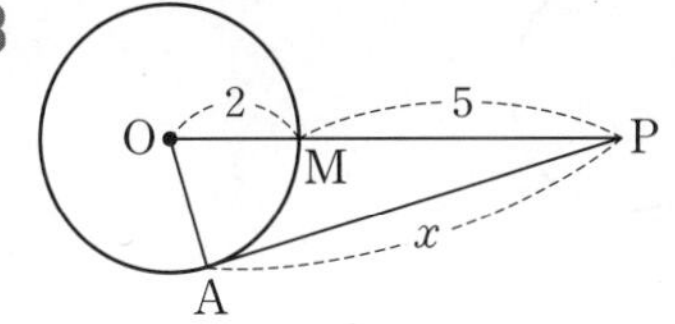

044

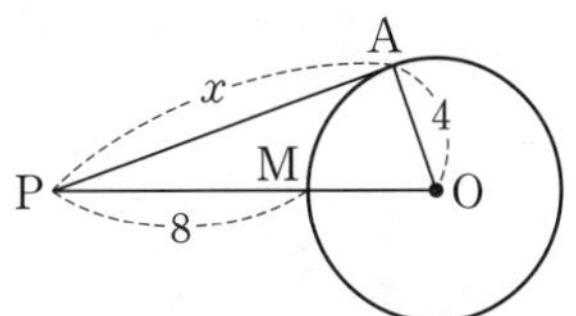

045

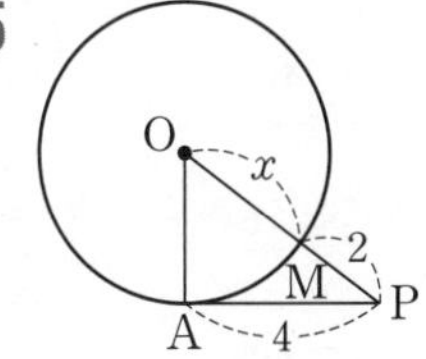

● 원의 접선의 성질 (2)

[046~049] 다음 그림에서 $\overline{PA}$, $\overline{PB}$는 원 O의 접선이고 두 점 A, B는 그 접점일 때, x의 값을 구하시오.

046

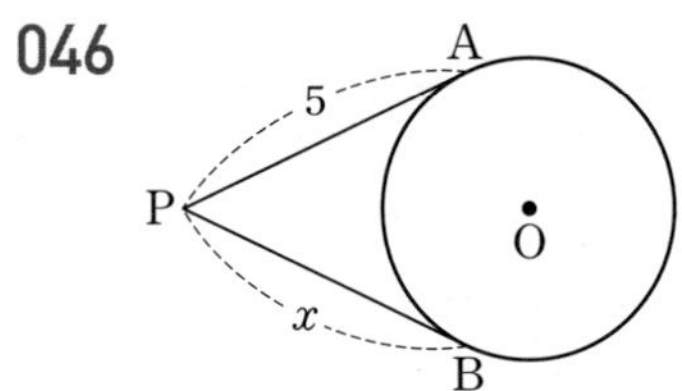

047

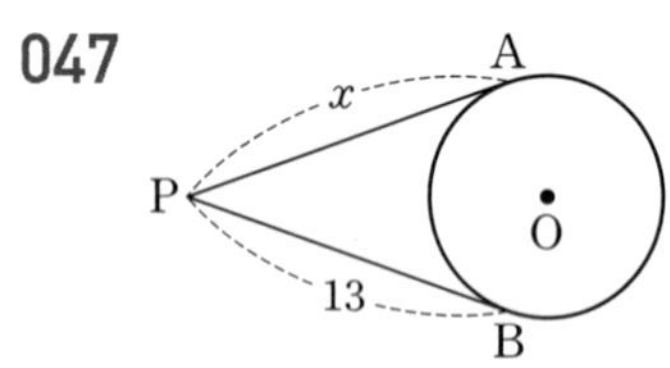

048

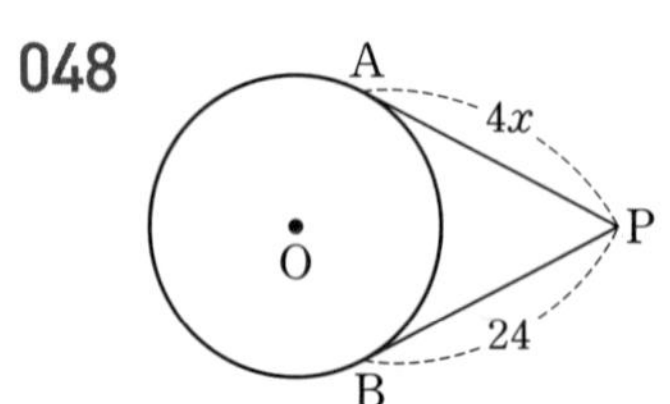

049

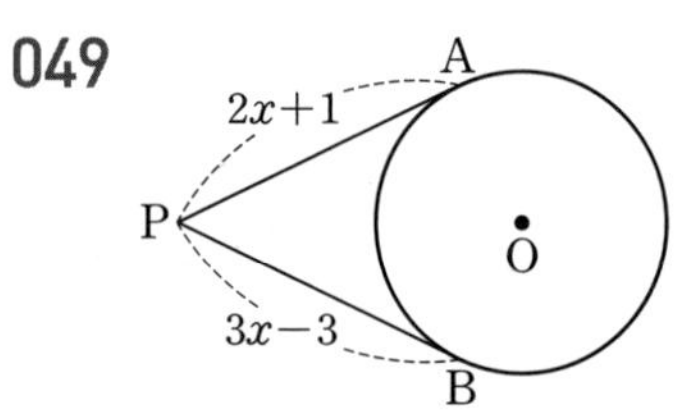

[050~053] 다음 그림에서 $\overline{PA}$, $\overline{PB}$는 원 O의 접선이고 두 점 A, B는 그 접점일 때, x의 값을 구하시오.

050

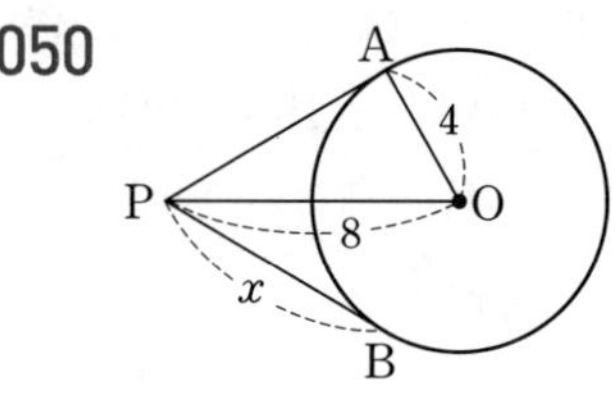

051

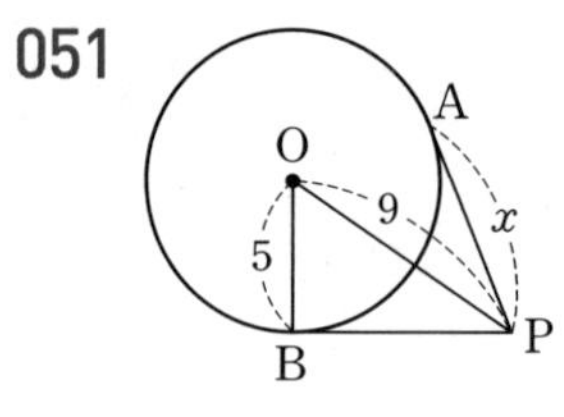

052

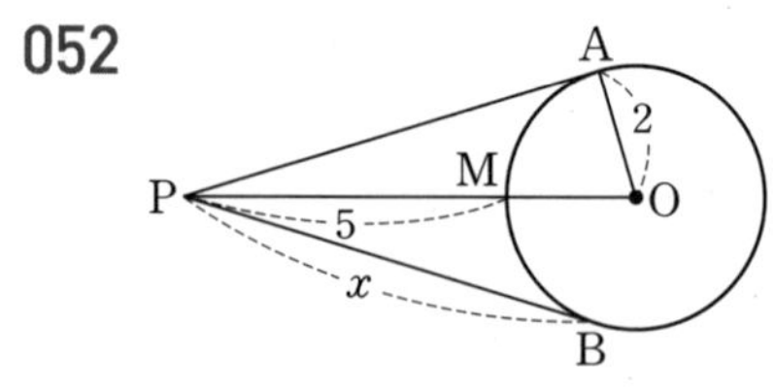

053

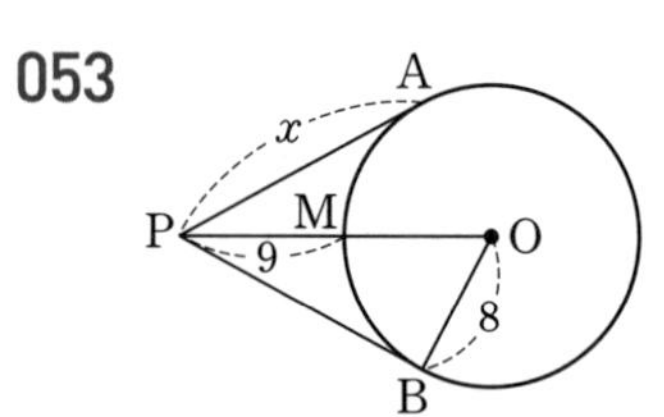

[054~057] 다음 그림에서 $\overline{PA}$, $\overline{PB}$는 원 O의 접선이고 두 점 A, B는 그 접점일 때, $\angle x$의 크기를 구하시오.

054

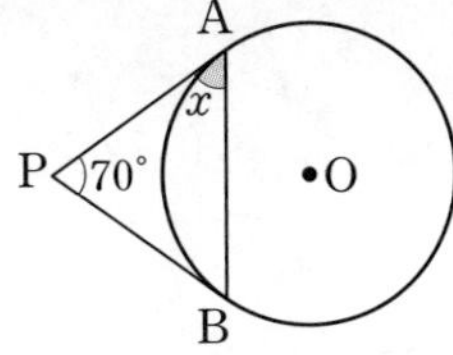

$\overline{PA}=$ ☐ 이므로 $\triangle PAB$는 ☐ 삼각형이다.

$\therefore \angle x=\frac{1}{2}\times(180°-$ ☐ $)=$ ☐

055

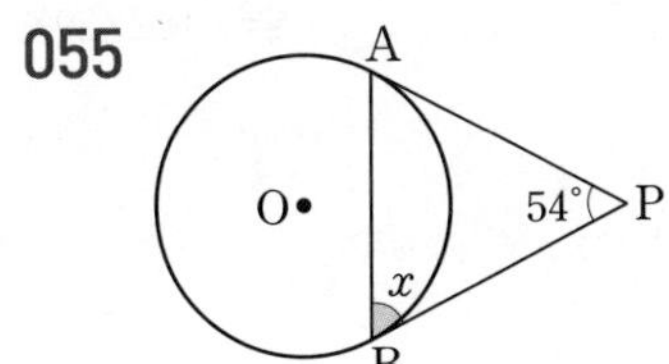

056

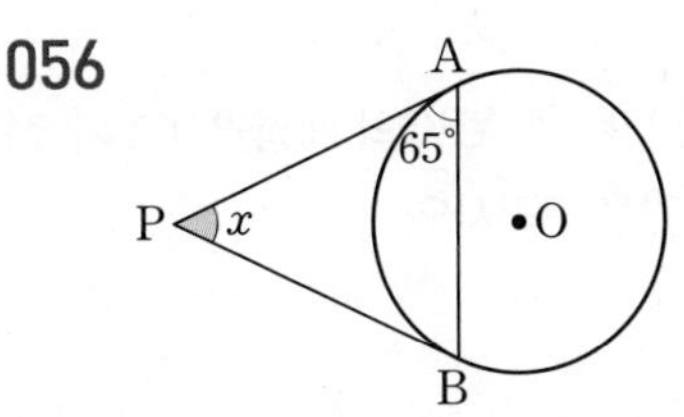

057

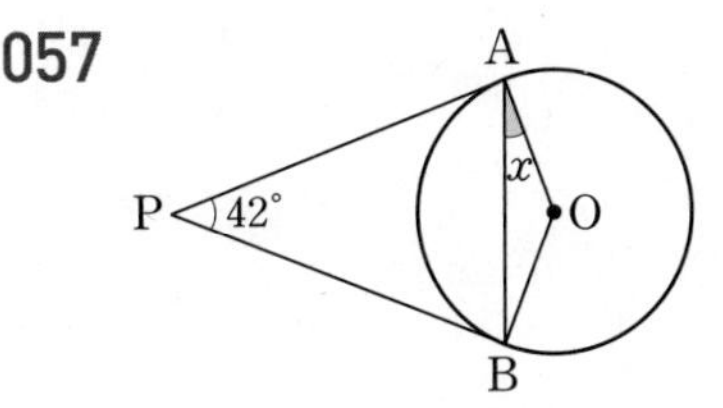

● 원의 접선의 성질의 응용

[058~061] 다음 그림에서 $\overrightarrow{PT}$, $\overrightarrow{PT'}$, $\overline{AB}$는 원 O의 접선이고 세 점 T, T′, C는 그 접점일 때, x의 값을 구하시오.

058

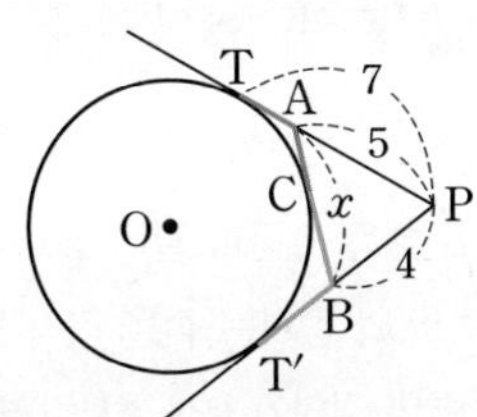

$\overline{PT'}=\overline{PT}=$ ☐ 이므로

$\overline{AC}=\overline{AT}=\overline{PT}-\overline{PA}=7-5=2$

$\overline{BC}=\overline{BT'}=\overline{PT'}-\overline{PB}=$ ☐ $-4=$ ☐

$\therefore x=\overline{AC}+\overline{BC}=2+$ ☐ $=$ ☐

059

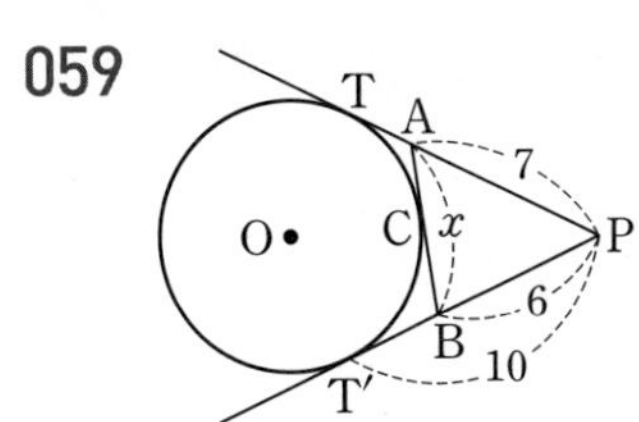

060

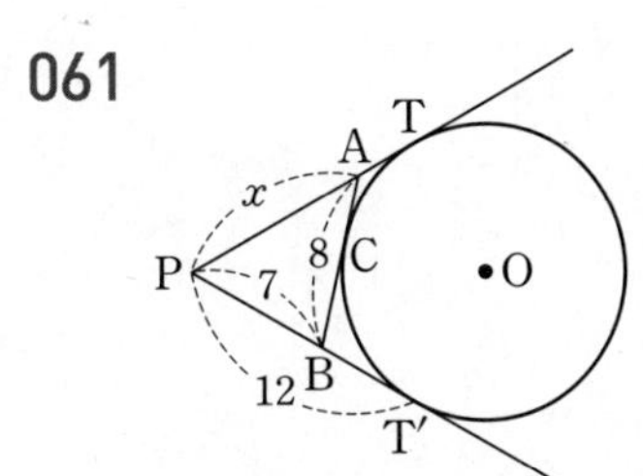

061

04 삼각형의 내접원

$\triangle ABC$의 내접원 O가 세 변 AB, BC, CA와 접하는 점을 각각 D, E, F라 하고, 원 O의 반지름의 길이를 r라 하면

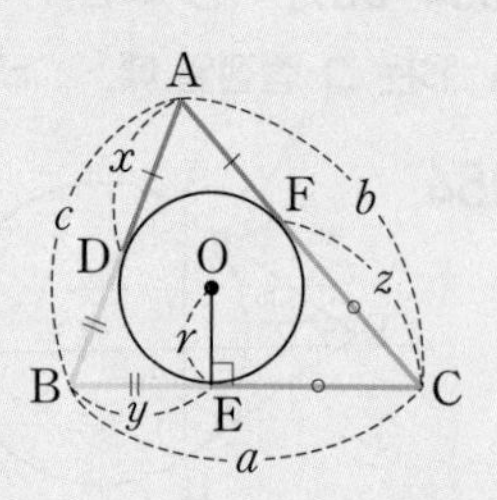

(1) $\overline{AD}=\overline{AF}$, $\overline{BD}=\overline{BE}$, $\overline{CE}=\overline{CF}$

(2) ($\triangle ABC$의 둘레의 길이)$=a+b+c=2(x+y+z)$

(3) $\triangle ABC=\triangle OAB+\triangle OBC+\triangle OCA=\frac{1}{2}r(a+b+c)$

참고 오른쪽 그림과 같이 $\angle C=90°$인 직각삼각형 ABC의 내접원 O가 세 변 AB, BC, CA와 접하는 점을 각각 D, E, F라 하고 반지름의 길이를 r라 하면 □OECF는 한 변의 길이가 r인 정사각형이다.

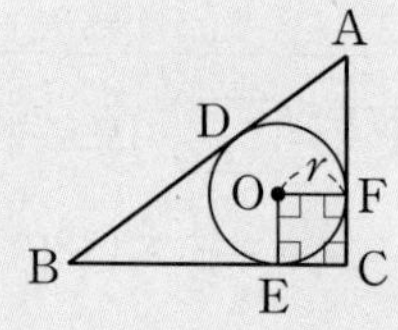

정답과 해설 • 20쪽

• 삼각형의 내접원 중요

[062~065] 다음 그림에서 원 O는 $\triangle ABC$의 내접원이고 세 점 D, E, F는 그 접점일 때, 다음을 구하시오.

062

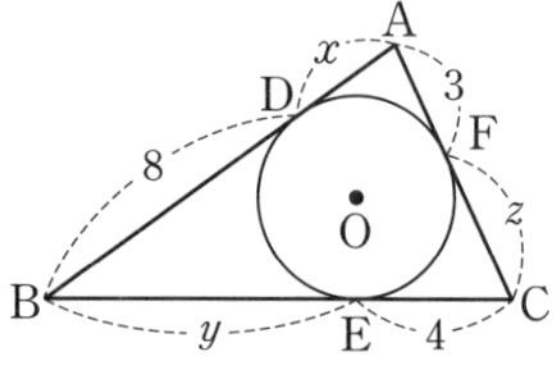

$x=$□, $y=$□, $z=$□

063

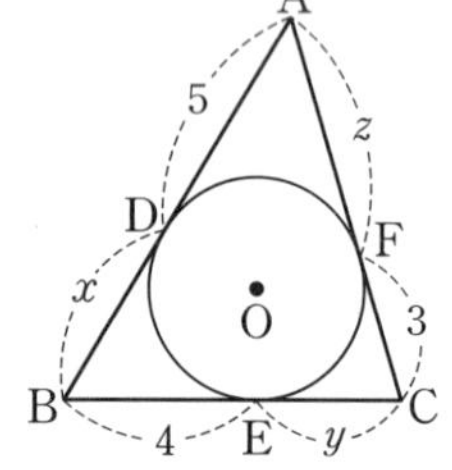

$x=$□, $y=$□, $z=$□

064

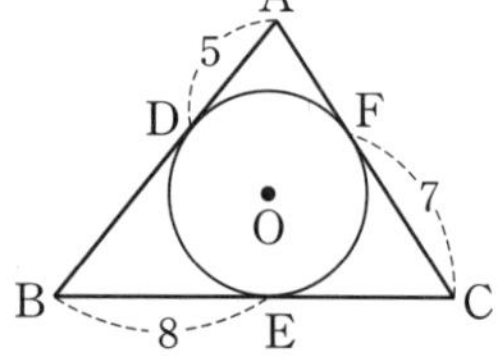

($\triangle ABC$의 둘레의 길이)$=$□

065

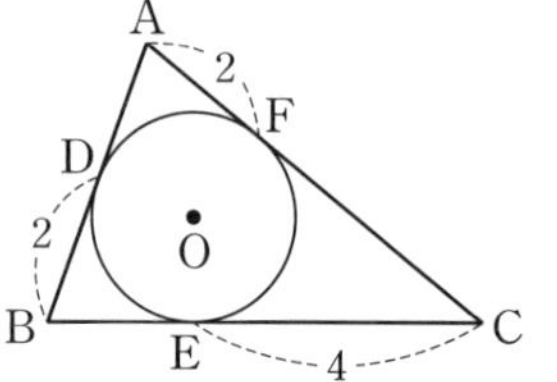

($\triangle ABC$의 둘레의 길이)$=$□

[066~067] 다음 그림에서 원 O는 $\triangle ABC$의 내접원이고 세 점 D, E, F는 그 접점일 때, x의 값을 구하시오.

066

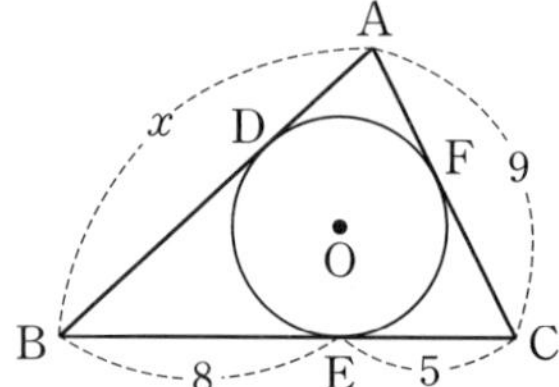

067

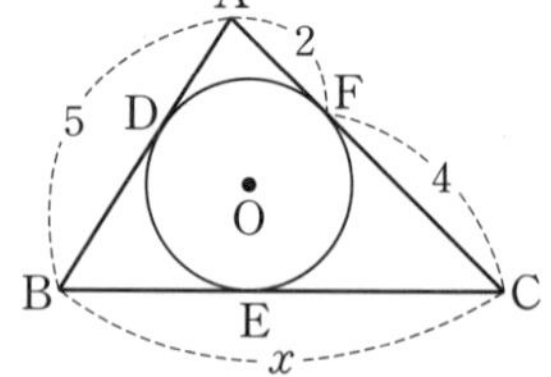

[068~071] 다음 그림에서 원 O는 $\triangle ABC$의 내접원이고 세 점 D, E, F는 그 접점일 때, x의 값을 구하시오.

068

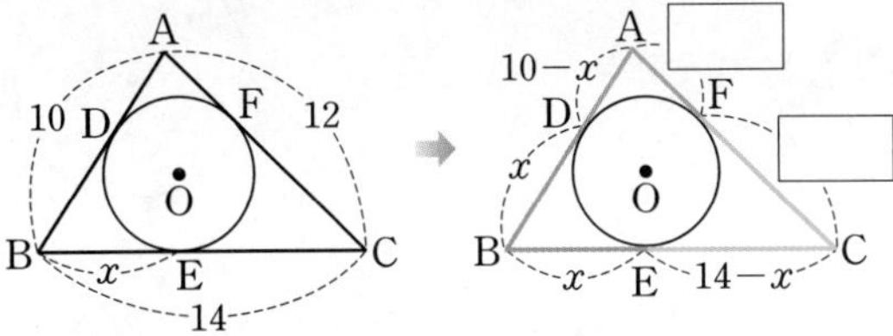

➡ $\overline{AC}=\overline{AF}+\overline{CF}$이므로

$12=(10-x)+(\square)$　　$\therefore x=\square$

069

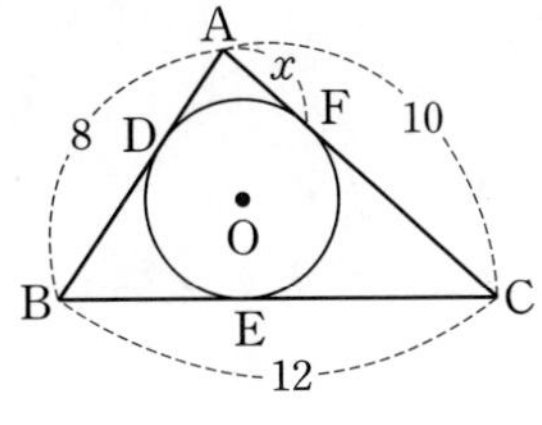

070

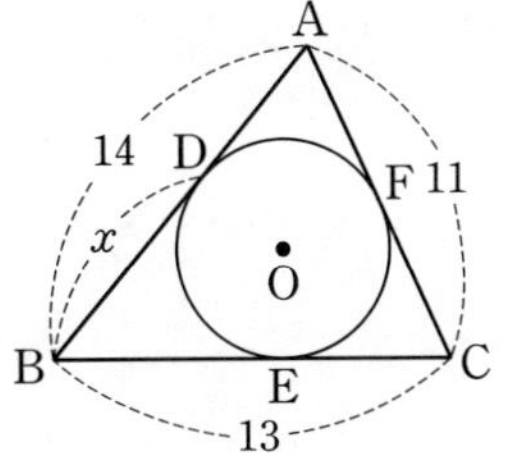

071

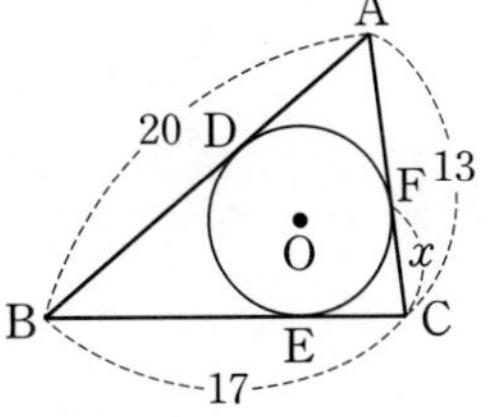

● 직각삼각형의 내접원 중요

[072~074] 다음 그림에서 원 O는 직각삼각형 ABC의 내접원이고 세 점 D, E, F는 그 접점일 때, r의 값을 구하시오.

072

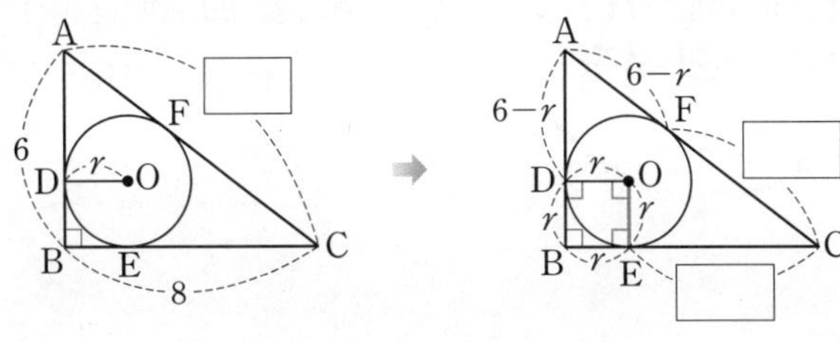

➡ $\overline{AC}=\overline{AF}+\overline{CF}$이므로

$\square=(6-r)+(\square)$　　$\therefore r=\square$

073

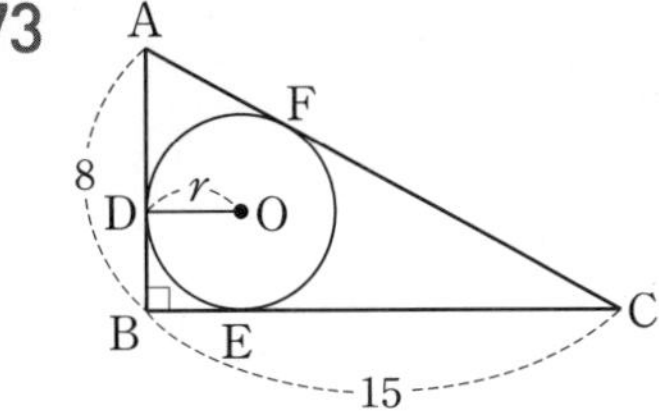

074

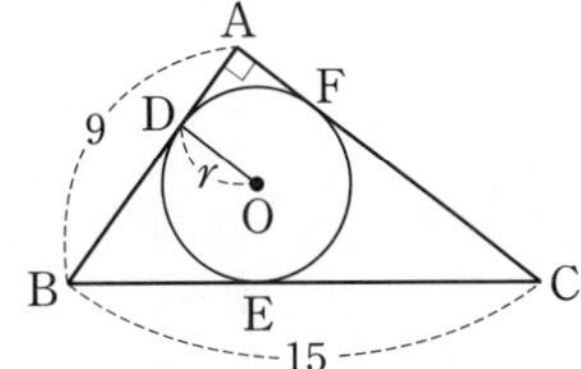

학교 시험 문제는 이렇게

075 오른쪽 그림에서 원 O는 직각삼각형 ABC의 내접원이고 세 점 D, E, F는 그 접점이다. $\overline{AD}=3$, $\overline{BD}=10$일 때, 원 O의 반지름의 길이를 구하시오.

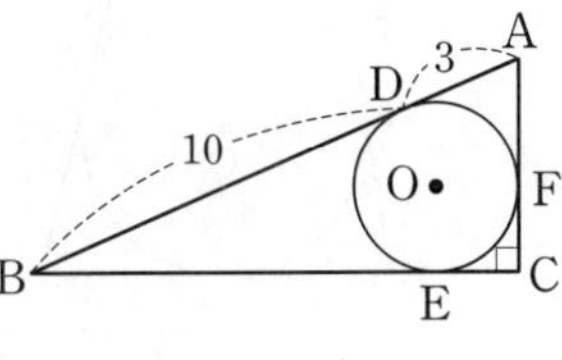

05 원에 외접하는 사각형의 성질

원에 외접하는 사각형에서 두 쌍의 대변의 길이의 합은 같다.

➡ $\overline{AB}+\overline{CD}=\overline{AD}+\overline{BC}$

주의 원에 외접하는 사각형의 성질에서 '대변의 길이의 합'을 '이웃하는 변의 길이의 합'으로 혼동하지 않도록 한다.

➡ $\overline{AB}+\overline{BC}\neq\overline{AD}+\overline{CD}$, $\overline{AB}+\overline{AD}\neq\overline{BC}+\overline{CD}$

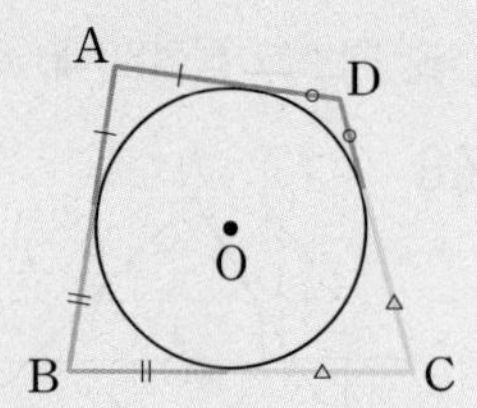

정답과 해설 • 21쪽

● 원에 외접하는 사각형의 성질 중요

[076~078] 다음 그림에서 □ABCD가 원 O에 외접할 때, x의 값을 구하시오.

076

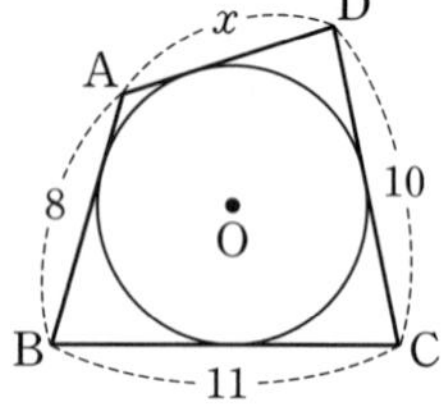

077

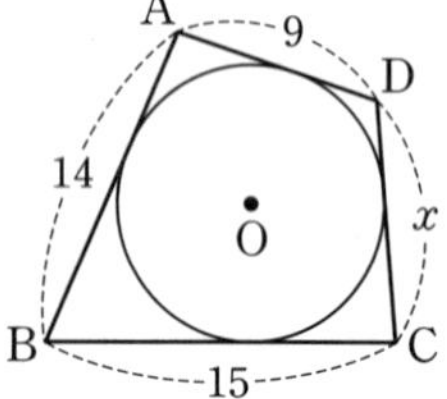

078

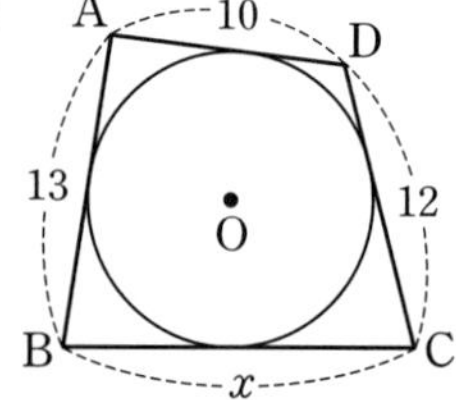

[079~081] 다음 그림에서 □ABCD가 원 O에 외접하고 네 점 P, Q, R, S는 그 접점일 때, x, y의 값을 각각 구하시오.

079

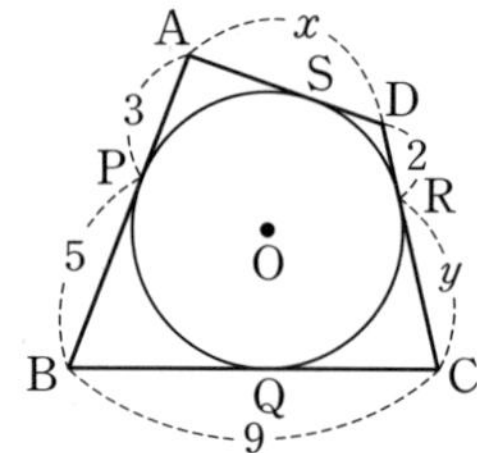

080

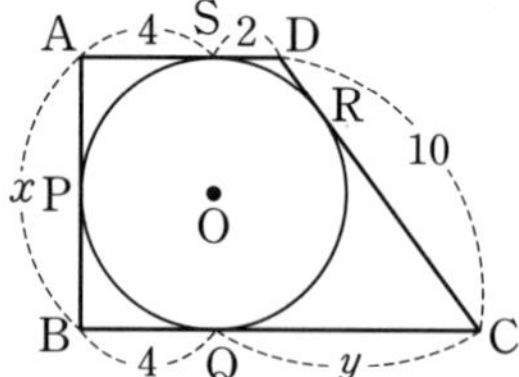

081

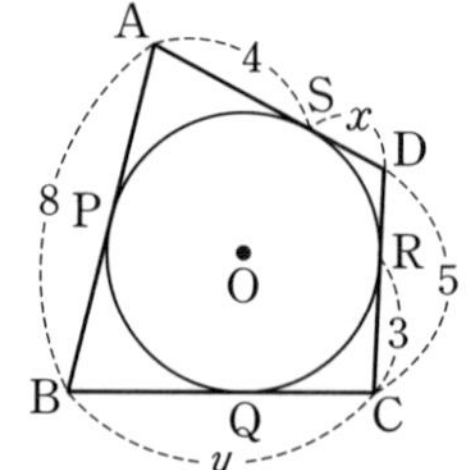

[082~084] 다음 그림에서 □ABCD가 원 O에 외접할 때, □ABCD의 둘레의 길이를 구하시오.

082

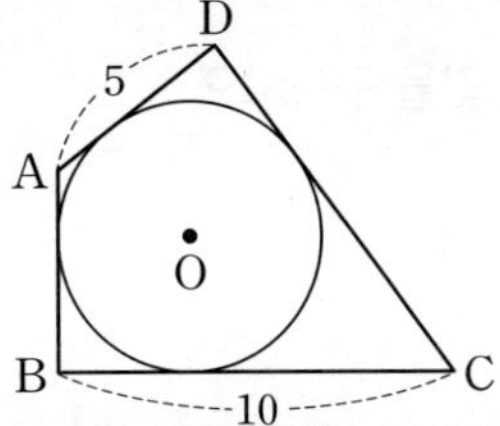

➡ $\overline{AB}+\overline{CD}=5+$ □ $=$ □ 이므로

(□ABCD의 둘레의 길이)$=2\times$ □ $=$ □

083

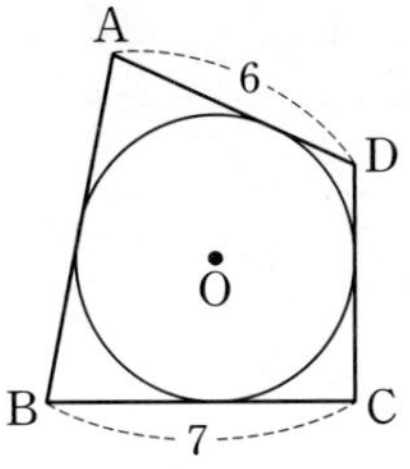

084

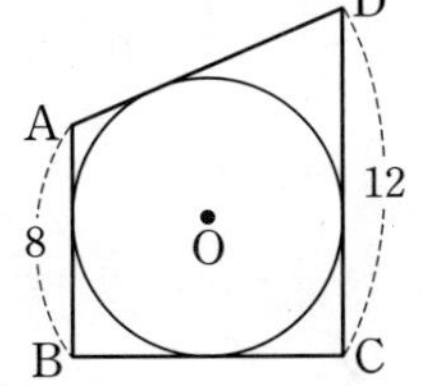

학교 시험 문제는 이렇게

085 오른쪽 그림의 □ABCD는 원 O에 외접하고 네 점 P, Q, R, S는 그 접점이다. $\overline{AD}=9$ cm이고 □ABCD의 둘레의 길이가 32 cm일 때, $\overline{BC}$의 길이를 구하시오.

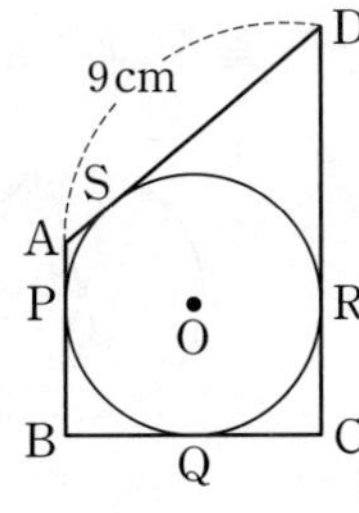

[086~089] 다음 그림에서 □ABCD가 원 O에 외접하고 네 점 P, Q, R, S는 그 접점일 때, x의 값을 구하시오.

086

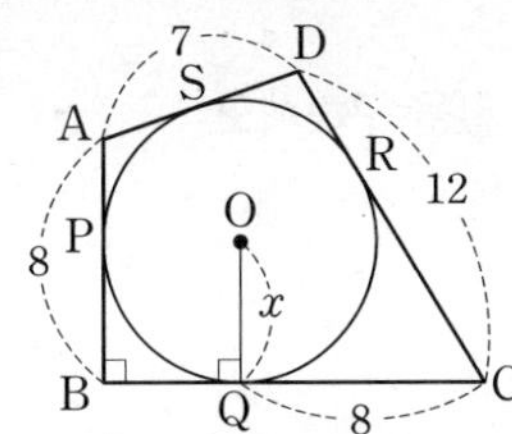

$\overline{PO}$를 그으면

□PBQO는 정사각형이므로

$\overline{BQ}=\overline{OQ}=$ □

$\overline{AB}+\overline{CD}=\overline{AD}+\overline{BC}$이므로

$8+12=7+(x+$ □ $)$

$\therefore x=$ □

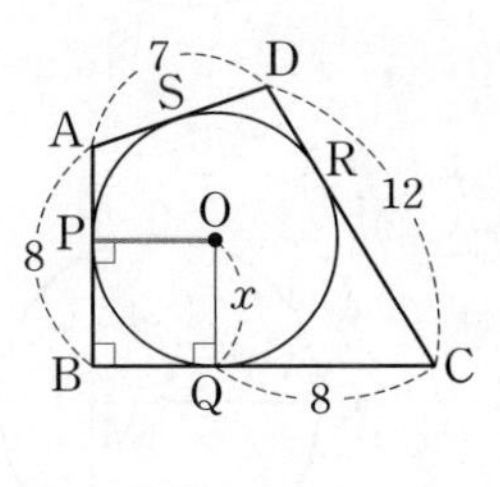

087

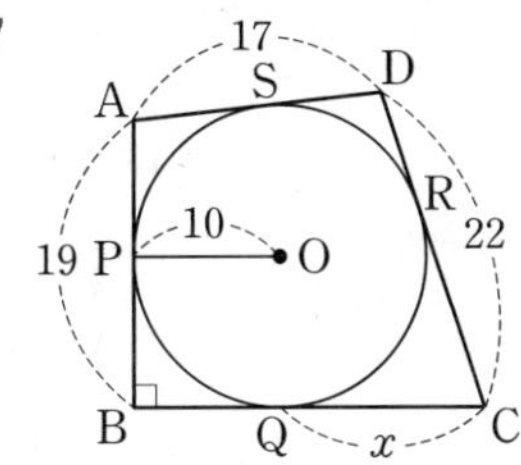

088

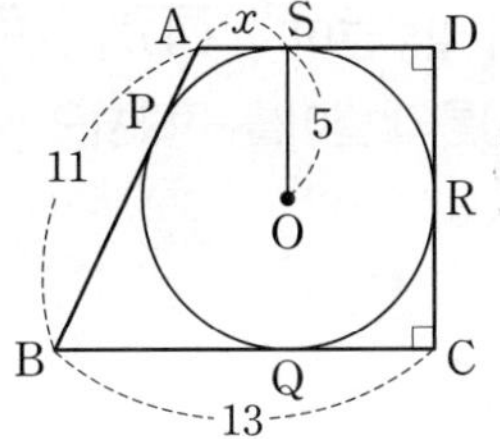

089

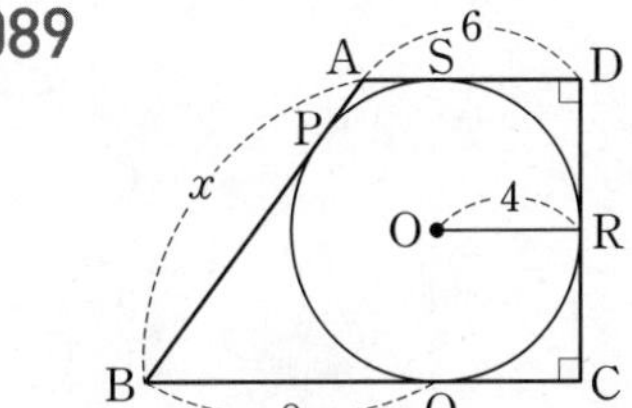

기본 문제 × 확인하기

1 다음 그림의 원 O에서 x의 값을 구하시오.

(1)

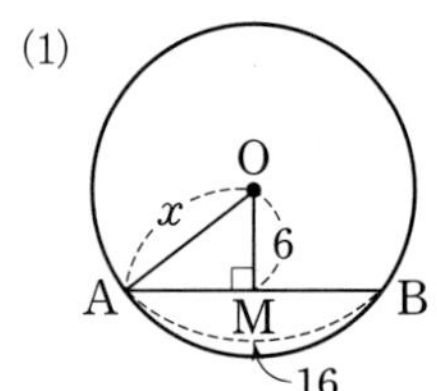

(2)

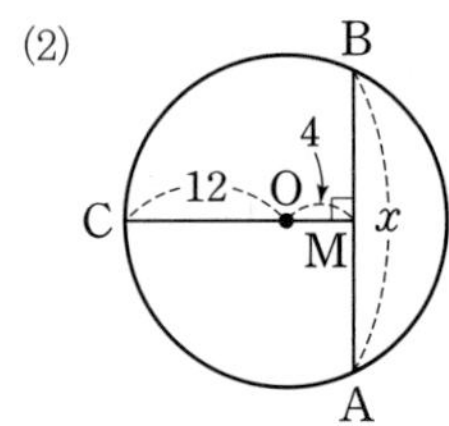

(3)

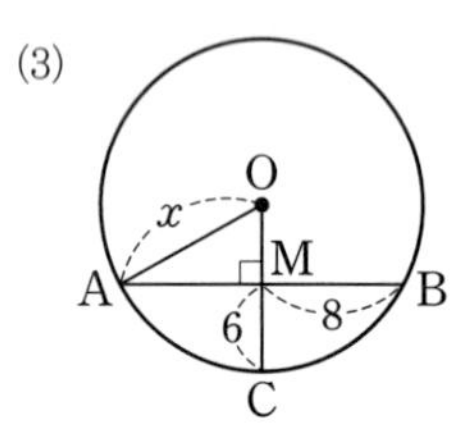

2 다음 그림에서 $\overset{\frown}{AB}$는 원의 일부분이다. $\overline{CD}$가 $\overline{AB}$의 수직이등분선일 때, 원의 반지름의 길이를 구하시오.

(1)

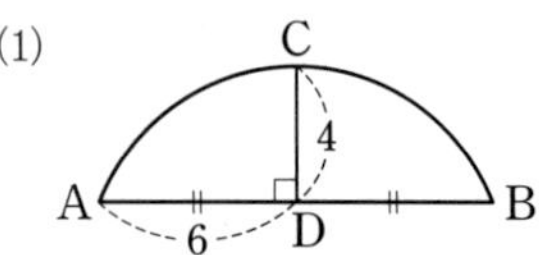

(2)

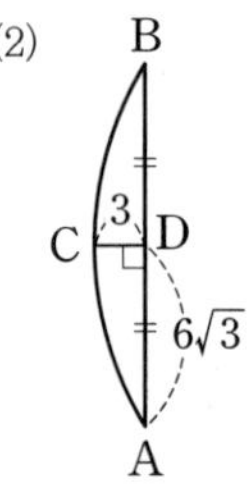

3 다음 그림의 원 O에서 x의 값을 구하시오.

(1)

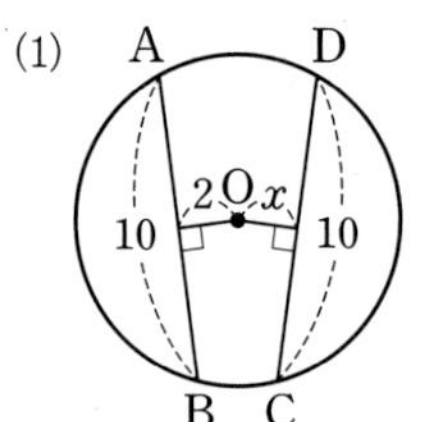

(2)

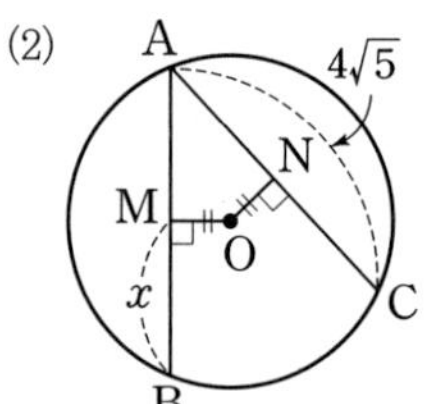

(3)

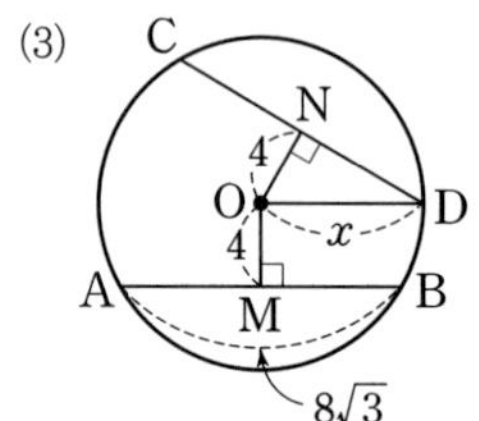

4 다음 그림에서 $\overline{PA}$, $\overline{PB}$는 원 O의 접선이고 두 점 A, B는 그 접점일 때, $\angle x$의 크기를 구하시오.

(1)

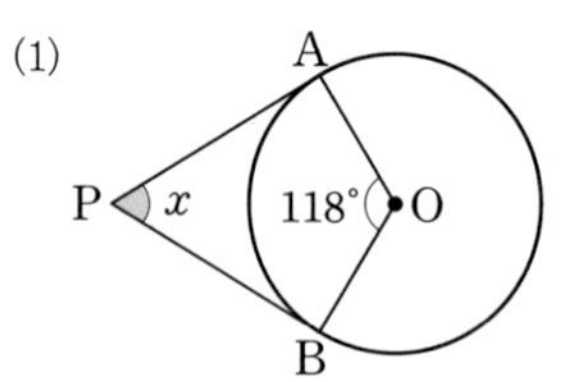

(2)

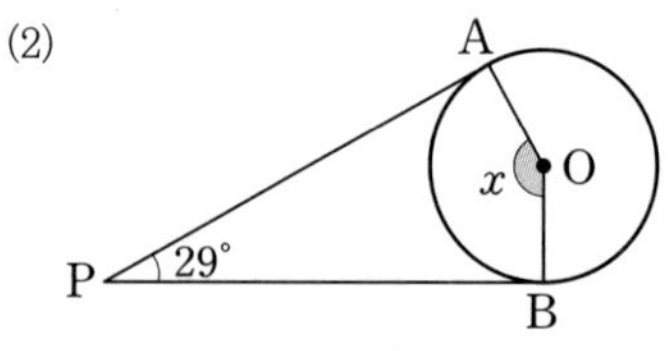

5 다음 그림에서 $\overline{PA}$는 원 O의 접선이고 점 A는 그 접점일 때, x의 값을 구하시오.

(1)

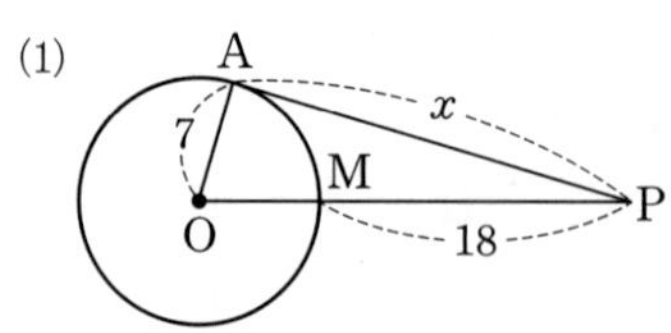

(2)

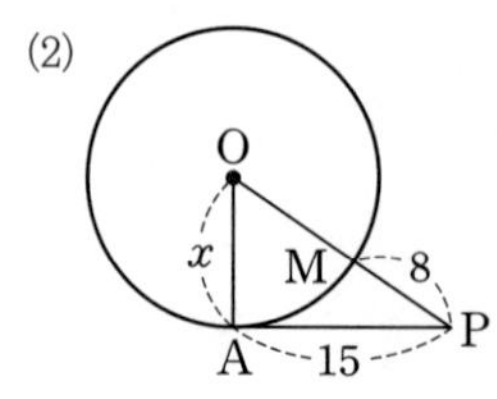

6 다음 그림에서 $\overline{PA}$, $\overline{PB}$는 원 O의 접선이고 두 점 A, B는 그 접점일 때, x의 값을 구하시오.

(1)
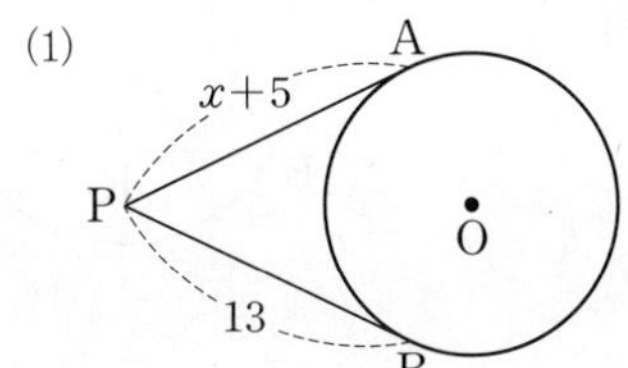

(2)
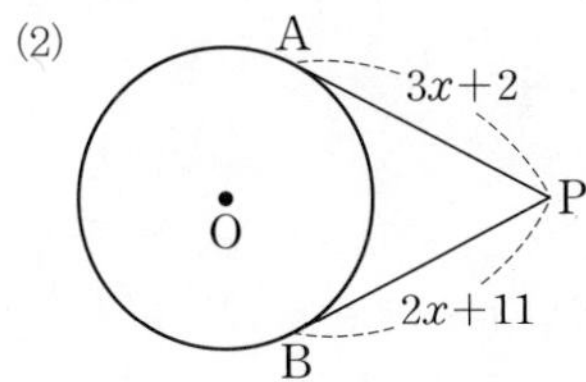

(3)
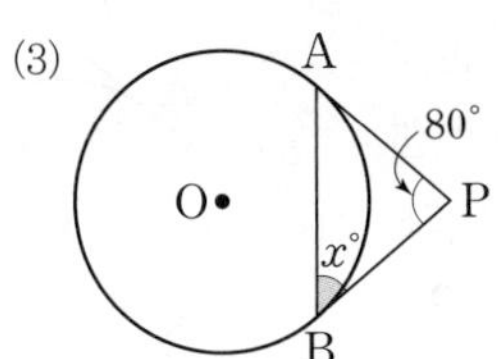

(4)
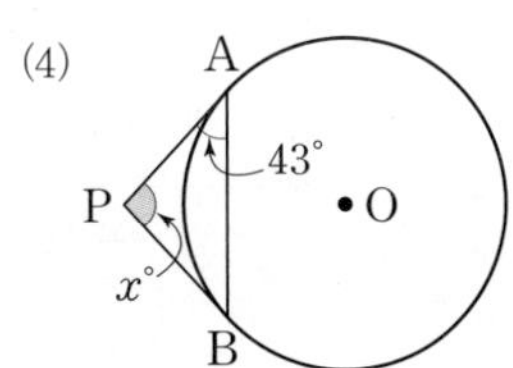

7 다음 그림에서 $\overrightarrow{PT}$, $\overrightarrow{PT'}$, $\overline{AB}$는 원 O의 접선이고 세 점 T, T′, C는 그 접점일 때, x의 값을 구하시오.

(1)
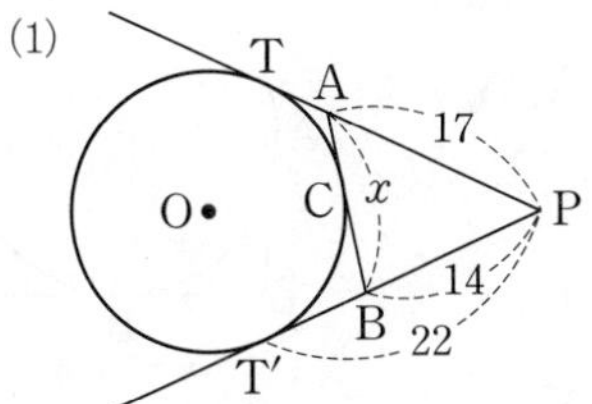

(2)
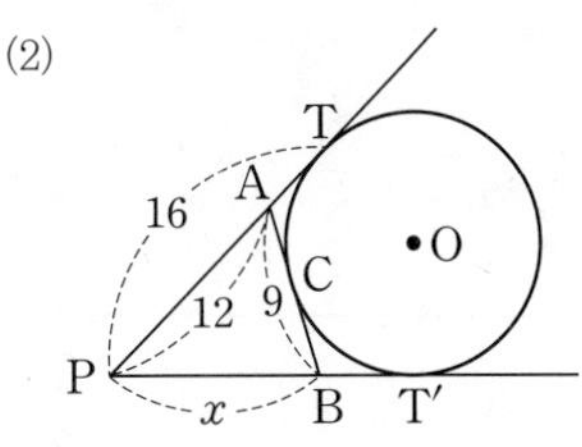

8 다음 그림에서 원 O는 △ABC의 내접원이고 세 점 D, E, F는 그 접점일 때, △ABC의 둘레의 길이를 구하시오.

(1) (2)
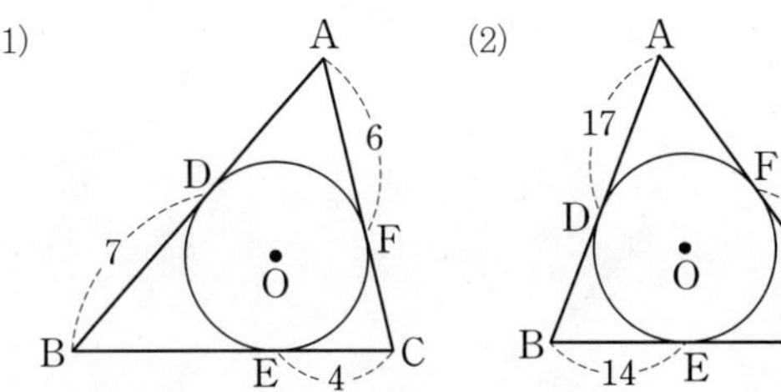

9 다음 그림에서 원 O는 △ABC의 내접원이고 세 점 D, E, F는 그 접점일 때, x의 값을 구하시오.

(1)
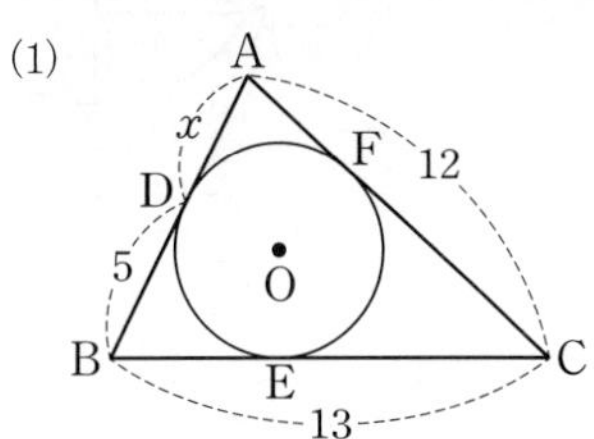

(2)
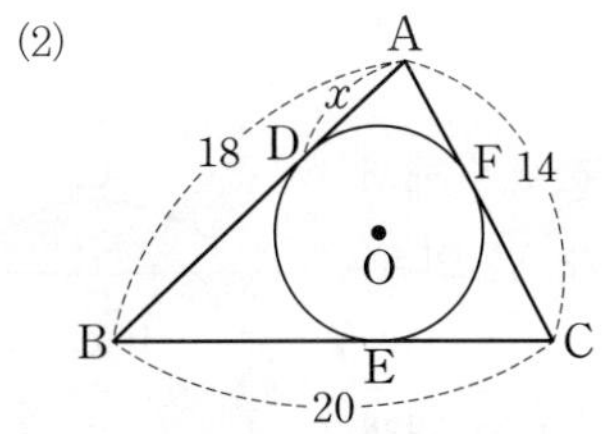

(3)
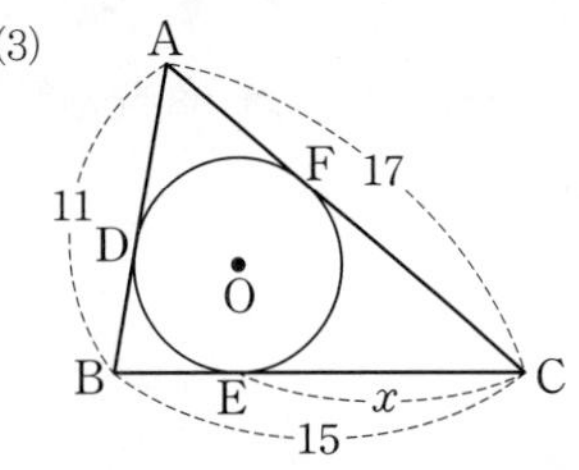

10 다음 그림에서 □ABCD가 원 O에 외접할 때, x의 값을 구하시오.

(1)
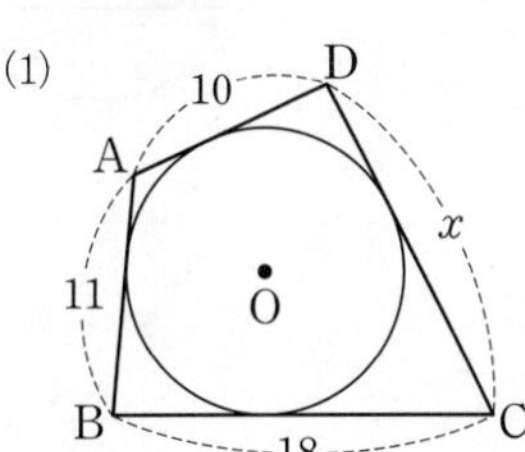

(2)
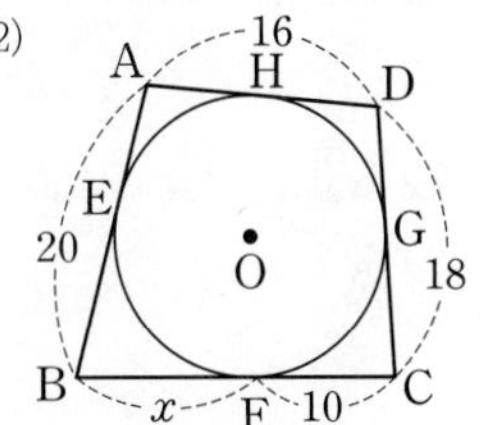

학교 시험 문제 × 확인하기

1 오른쪽 그림의 원 O에서 $\overline{AB}\perp\overline{OM}$이고 $\overline{AB}=6\sqrt{2}$, $\overline{OM}=3$일 때, 원 O의 둘레의 길이를 구하시오.

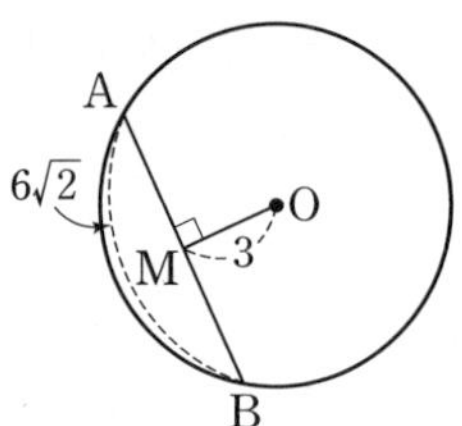

2 오른쪽 그림의 원 O에서 $\overline{AB}\perp\overline{OC}$이고 $\overline{BM}=3\sqrt{3}$, $\overline{CM}=3$일 때, x의 값은?

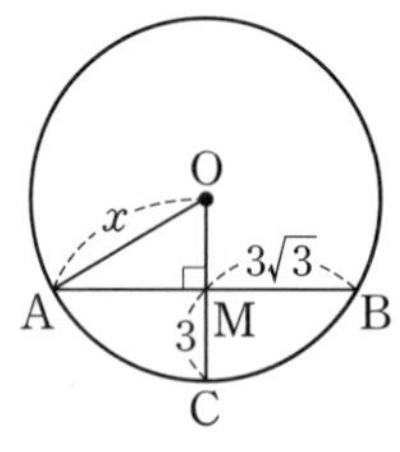

① 5　② 6
③ 7　④ 8
⑤ 9

3 오른쪽 그림은 원 모양 접시가 깨지고 남은 부분이다. $\overline{CD}$가 $\overline{AB}$의 수직이등분선이고 $\overline{AB}=16\,\text{cm}$, $\overline{CD}=4\,\text{cm}$일 때, 깨지기 전 원래 접시의 넓이는?

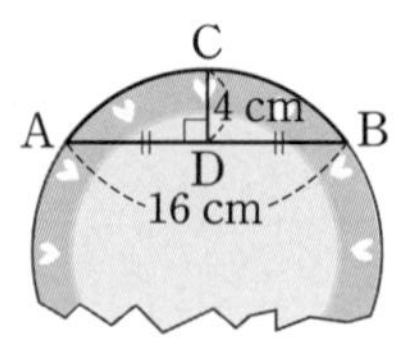

① $72\pi\,\text{cm}^2$　② $80\pi\,\text{cm}^2$　③ $88\pi\,\text{cm}^2$
④ $96\pi\,\text{cm}^2$　⑤ $100\pi\,\text{cm}^2$

4 오른쪽 그림과 같은 원 모양의 종이를 현 AB를 접는 선으로 하여 $\widehat{AB}$가 원의 중심 O를 지나도록 접었을 때, $\overline{AB}$의 길이는?

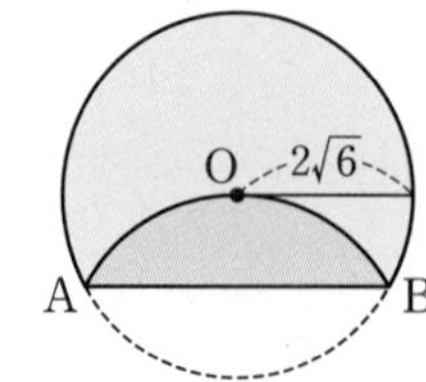

① $3\sqrt{2}$　② 6
③ $4\sqrt{3}$　④ 8
⑤ $6\sqrt{2}$

5 오른쪽 그림의 원 O에서 $\overline{AB}\perp\overline{OD}$, $\overline{BC}\perp\overline{OE}$, $\overline{CA}\perp\overline{OF}$이고 $\overline{OD}=\overline{OE}=\overline{OF}$일 때, $\angle x$의 크기는?

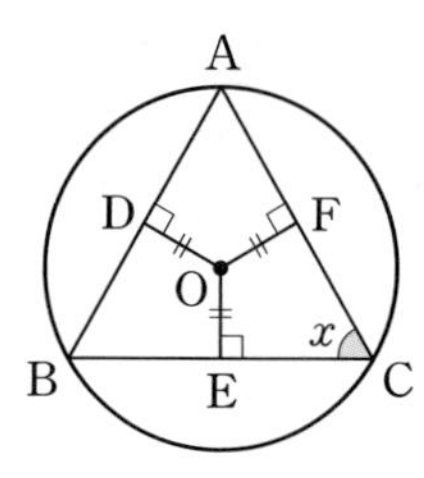

① 50°　② 55°
③ 58°　④ 60°
⑤ 65°

6 오른쪽 그림에서 $\overrightarrow{PA}$, $\overrightarrow{PB}$는 반지름의 길이가 $3\,\text{cm}$인 원 O의 접선이고 두 점 A, B는 그 접점이다. $\angle P=80^\circ$일 때, $\widehat{AB}$의 길이는?

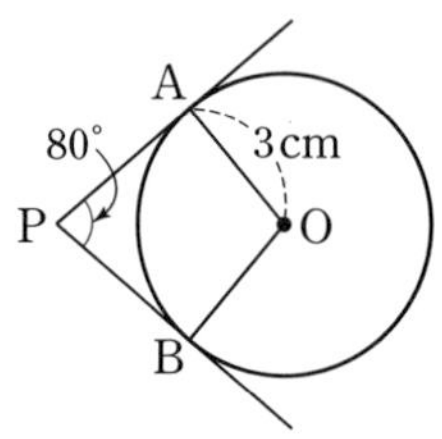

① $\pi\,\text{cm}$　② $\frac{3}{2}\pi\,\text{cm}$
③ $\frac{5}{3}\pi\,\text{cm}$　④ $2\pi\,\text{cm}$
⑤ $\frac{5}{2}\pi\,\text{cm}$

7 오른쪽 그림에서 $\overline{PA}$, $\overline{PQ}$, $\overline{QC}$는 원 O의 접선이고 세 점 A, B, C는 그 접점일 때, x의 값은?

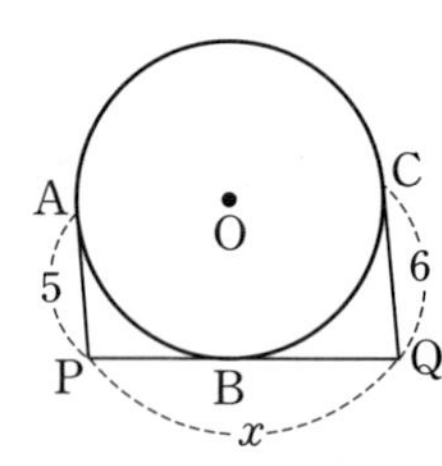

① 11　② 12
③ 13　④ 14
⑤ 15

8 오른쪽 그림에서 $\overline{PA}$, $\overline{PB}$는 원 O의 접선이고 두 점 A, B는 그 접점이다. $\overline{PA}=6$, $\angle APB=60°$일 때, $\overline{AB}$의 길이를 구하시오.

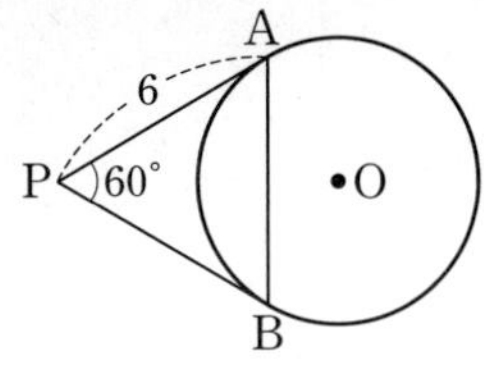

9 오른쪽 그림에서 $\overline{PA}$, $\overline{PB}$는 원 O의 접선이고 두 점 A, B는 그 접점이다. $\overline{OB}=7$, $\overline{PM}=2$일 때, $\overline{PA}$의 길이는?

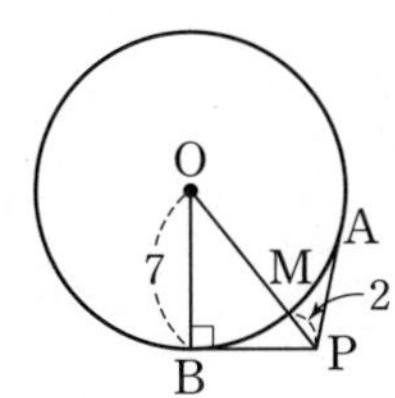

① $2\sqrt{3}$　② $2\sqrt{6}$　③ $3\sqrt{3}$　④ $4\sqrt{2}$　⑤ 6

10 오른쪽 그림에서 $\overrightarrow{PT}$, $\overrightarrow{PT'}$, $\overline{AB}$는 원 O의 접선이고 세 점 T, T′, C는 그 접점일 때, x의 값은?

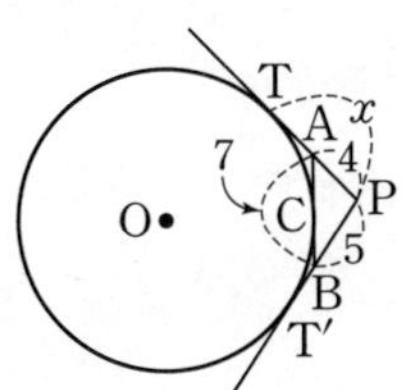
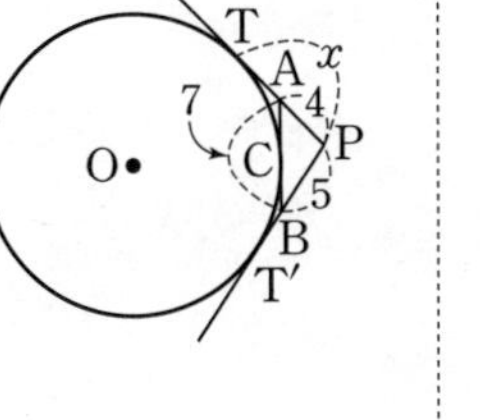

① 8　② $\frac{17}{2}$　③ 9　④ $\frac{19}{2}$　⑤ 10

11 오른쪽 그림에서 원 O는 △ABC의 내접원이고 세 점 D, E, F는 그 접점이다. $\overline{AB}=9$, $\overline{AD}=5$, $\overline{BC}=7$일 때, $\overline{AC}$의 길이를 구하시오.

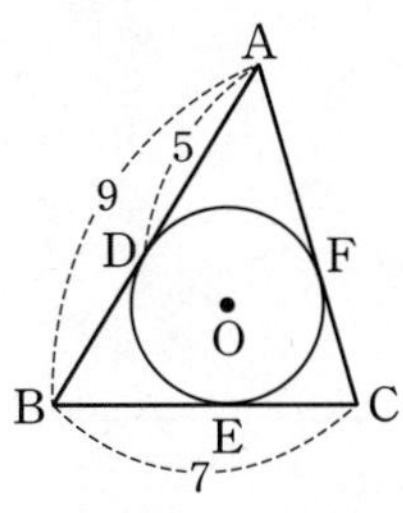

12 오른쪽 그림에서 원 O는 직각삼각형 ABC의 내접원이고 세 점 D, E, F는 그 접점이다. $\overline{AB}=3$, $\overline{BC}=5$일 때, 원 O의 반지름의 길이를 구하시오.

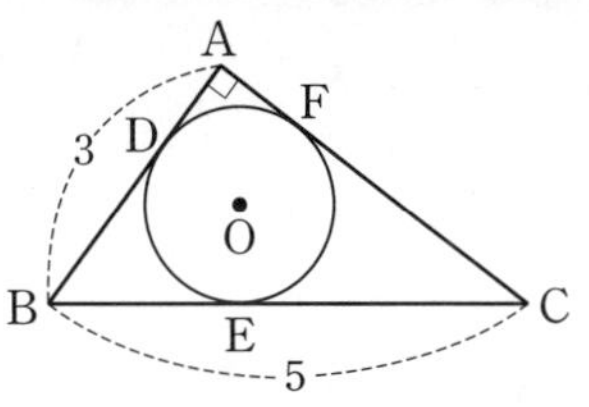

13 오른쪽 그림에서 □ABCD가 원 O에 외접하고 네 점 E, F, G, H는 그 접점일 때, x의 값은?

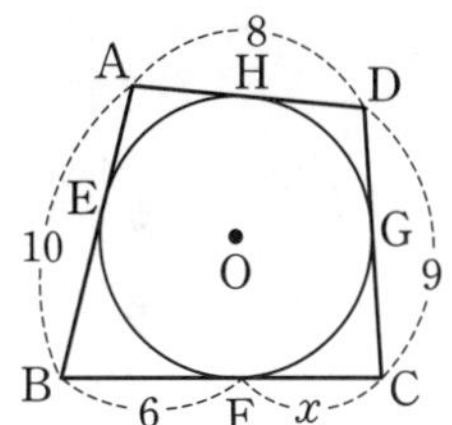

① 4　② $\frac{17}{4}$　③ $\frac{9}{2}$　④ $\frac{19}{4}$　⑤ 5

14 오른쪽 그림과 같이 $\angle A=\angle B=90°$이고 $\overline{CD}=12\,\text{cm}$인 사다리꼴 ABCD가 반지름의 길이가 4 cm인 원 O에 외접할 때, $\overline{AD}+\overline{BC}$의 길이는?

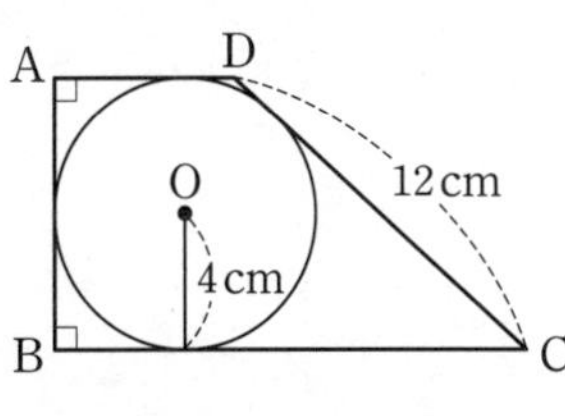

① 18 cm　② 19 cm　③ 20 cm　④ 21 cm　⑤ 22 cm

4

원주각

01 원주각과 중심각의 크기

(1) 원주각

원 O에서 $\widehat{AB}$ 위에 있지 않은 원 위의 점 P에 대하여 $\angle APB$를 $\widehat{AB}$에 대한 원주각이라 하고, $\widehat{AB}$를 원주각 $\angle APB$에 대한 호라고 한다.

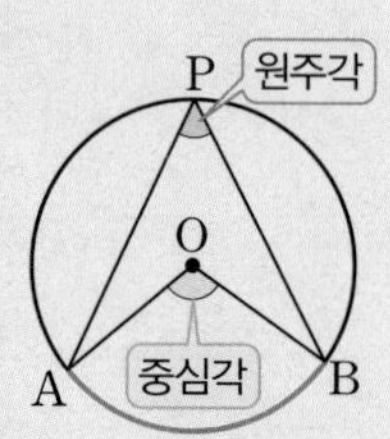

(2) 원주각과 중심각의 크기

원에서 한 호에 대한 원주각의 크기는 그 호에 대한 중심각의 크기의 $\frac{1}{2}$이다.

➡ $\angle APB=\frac{1}{2}\angle AOB$

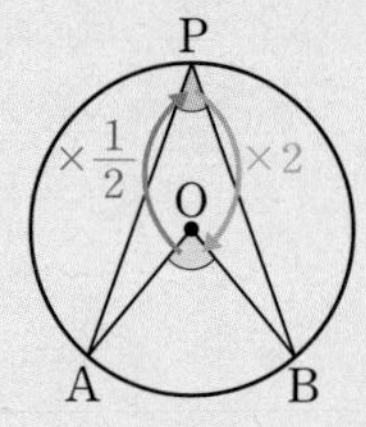

정답과 해설 • 24쪽

● 원주각과 중심각의 크기 (1) 중요

[001~008] 다음 그림의 원 O에서 $\angle x$의 크기를 구하시오.

001

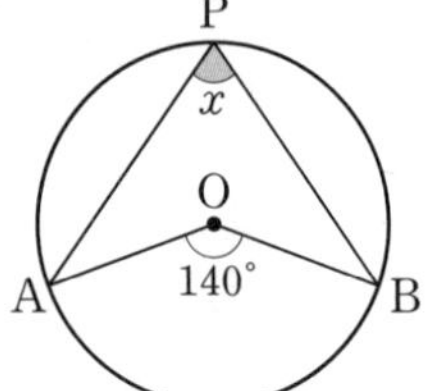

➡ $\angle x=$ ☐ $\angle AOB=$ ☐ $\times 140°=$ ☐

002

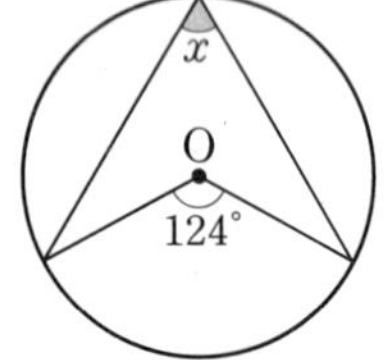

003

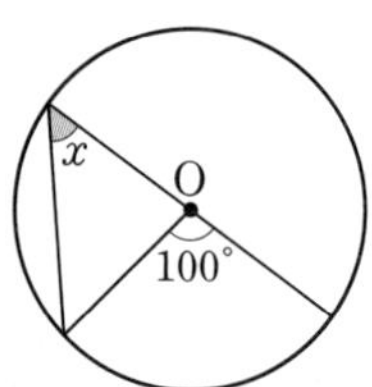

004

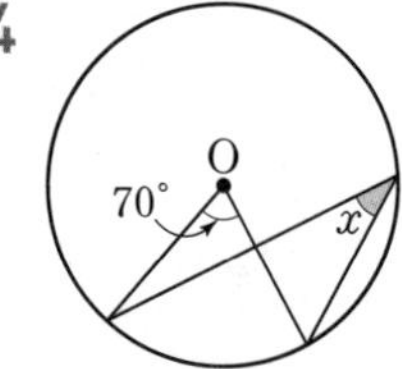

005

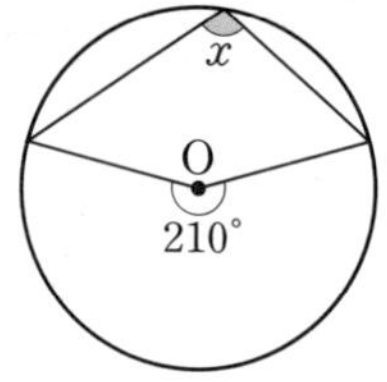

006

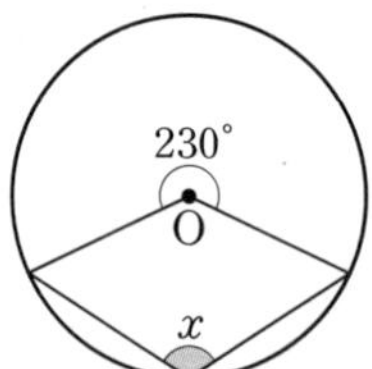

007

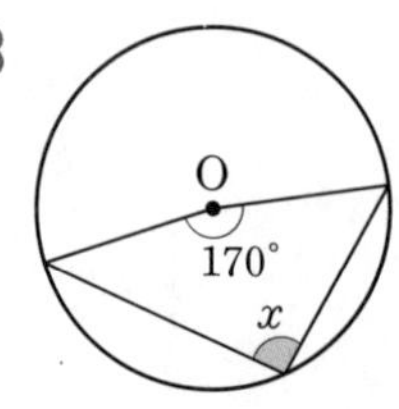

008

[009~012] 다음 그림의 원 O에서 $\angle x$의 크기를 구하시오.

009

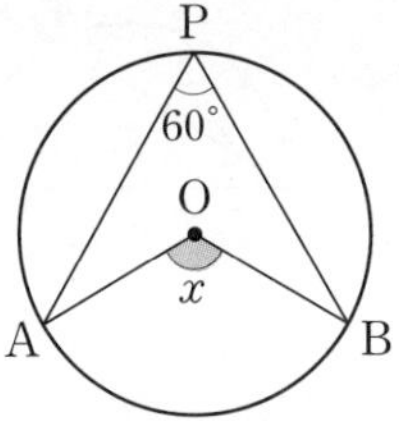

➡ $\angle x=\square\angle APB=\square\times 60^\circ=\square$

010

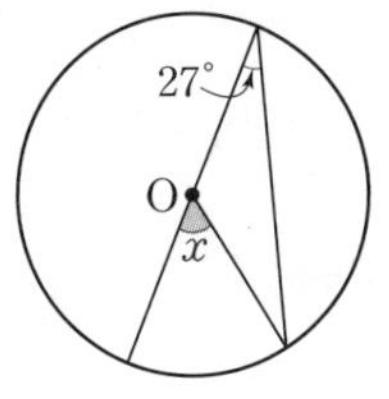

011

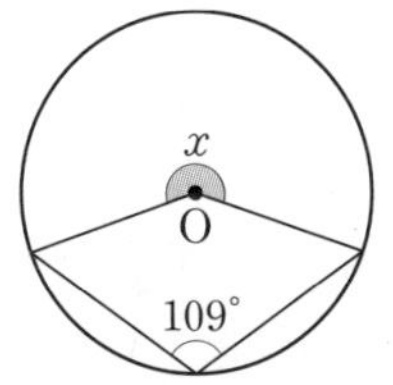

012

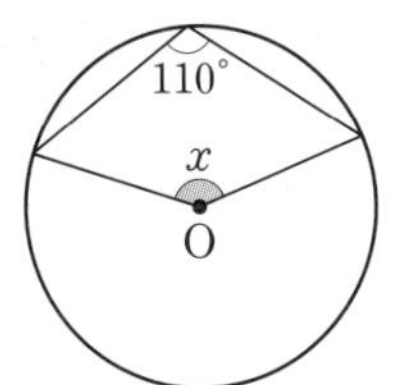

학교 시험 문제는 이렇게

013 오른쪽 그림과 같이 반지름의 길이가 6인 원 O에서 $\angle BAC=75^\circ$일 때, 색칠한 부분의 넓이를 구하시오.

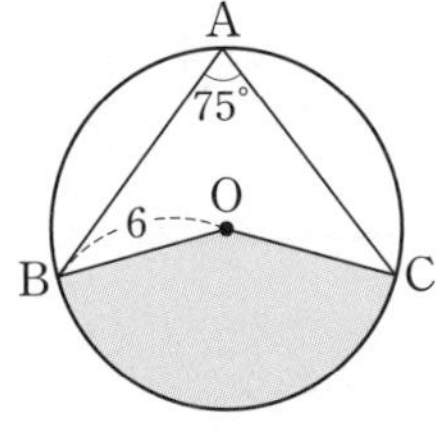

● 원주각과 중심각의 크기 (2)

[014~017] 다음 그림에서 $\overline{PA}$, $\overline{PB}$는 원 O의 접선이고 두 점 A, B는 그 접점일 때, $\angle x$의 크기를 구하시오.

014

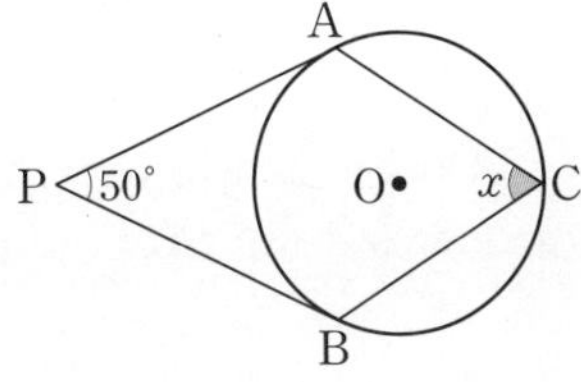

$\overline{OA}$, $\overline{OB}$를 그으면
$\angle PAO=\angle PBO=90^\circ$이므로
□APBO에서
$\angle AOB$
$=360^\circ-(90^\circ+\square+90^\circ)=\square$

$\therefore\ \angle x=\frac{1}{2}\angle AOB=\frac{1}{2}\times\square=\square$

015

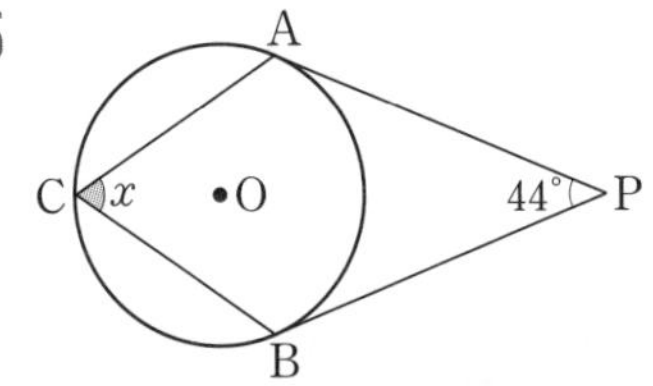

016

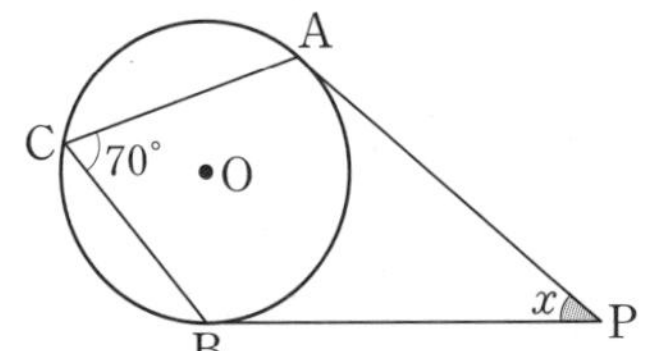

017

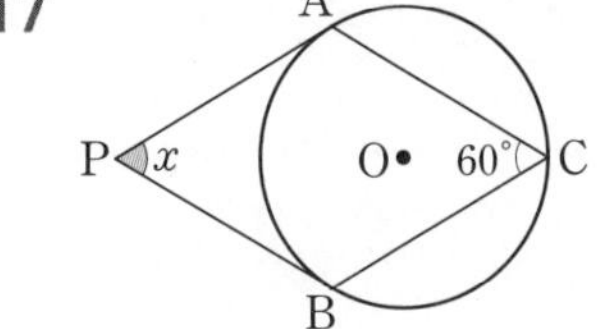

02 원주각의 성질

(1) 원에서 한 호에 대한 원주각의 크기는 모두 같다.
➡ $\angle APB=\angle AQB$
$=\angle ARB$

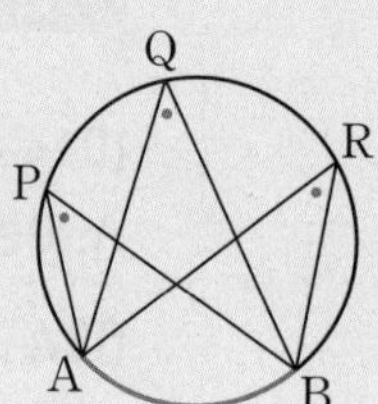

(2) 반원에 대한 원주각의 크기는 90°이다.
➡ $\overline{AB}$가 원 O의 지름이면 $\angle APB=90^{\circ}$

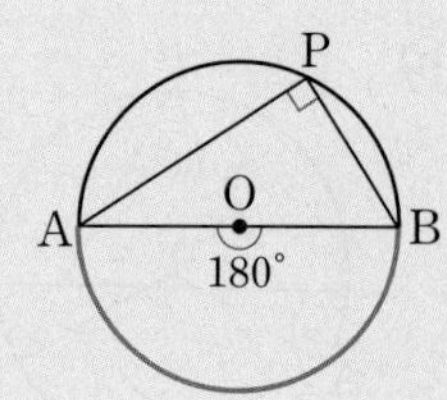

정답과 해설 • 25쪽

● 한 호에 대한 원주각의 크기 중요

[018~020] 다음 그림의 원에서 $\angle x$, $\angle y$의 크기를 각각 구하시오.

018

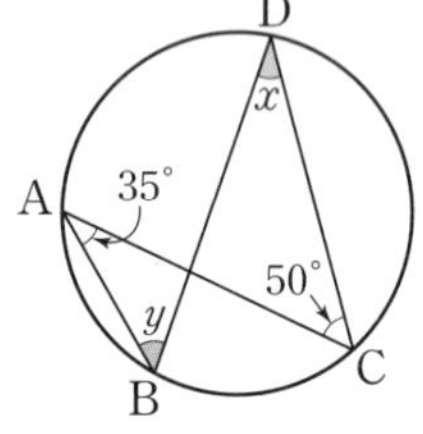

019

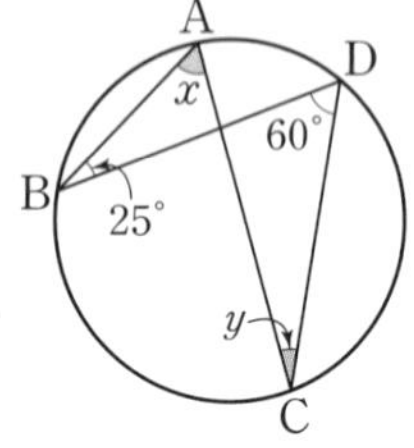

020

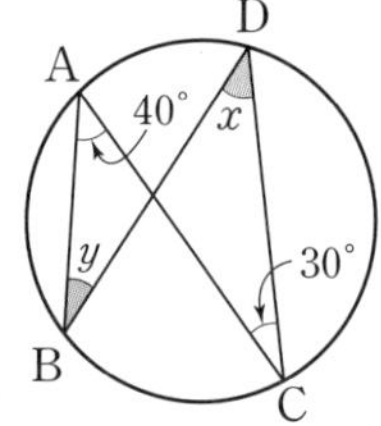

[021~023] 다음 그림의 원 O에서 $\angle x$, $\angle y$의 크기를 각각 구하시오.

021

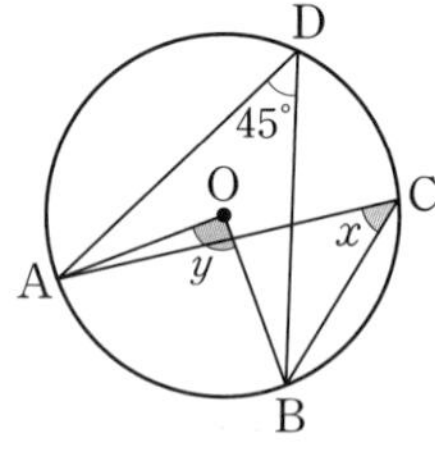

022

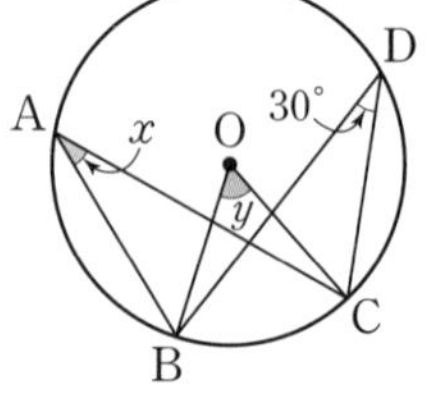

023

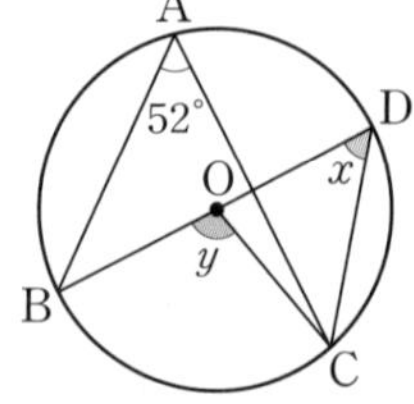

[024~027] 다음 그림의 원에서 $\angle x$, $\angle y$의 크기를 각각 구하시오.

024

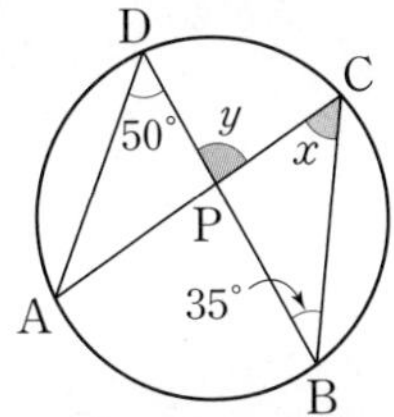

$\angle x = \angle ADB = \square$

$\triangle BCP$에서 $\angle y = 35^\circ + \square = \square$

025

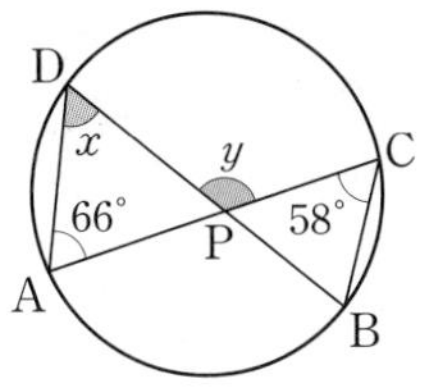

026

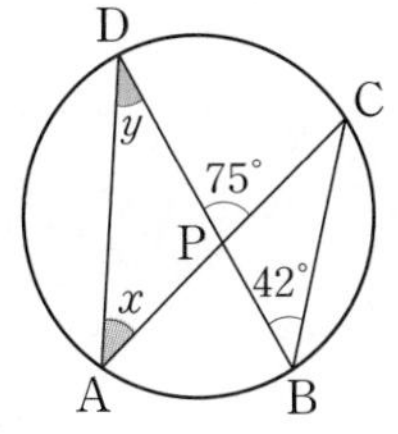

027

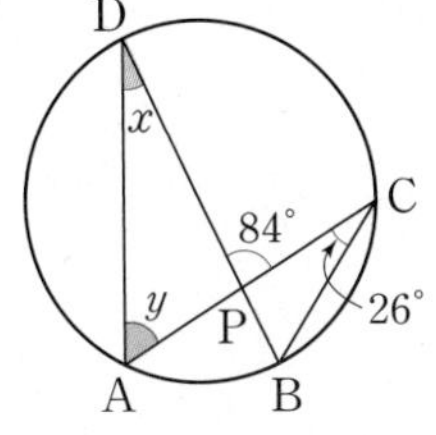

[028~032] 다음 그림의 원 O에서 $\angle x$의 크기를 구하시오.

028

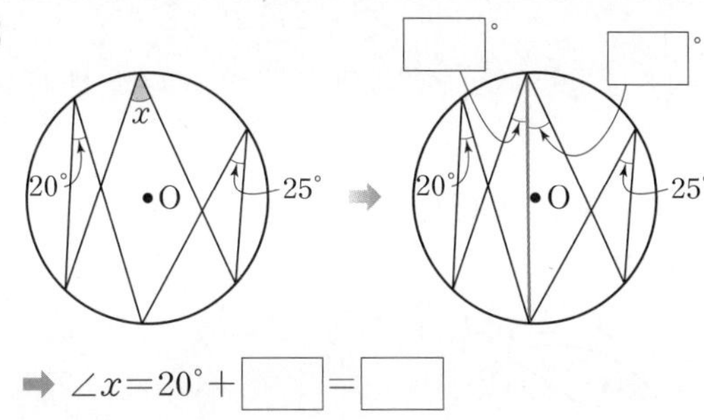

➡ $\angle x = 20^\circ + \square = \square$

029

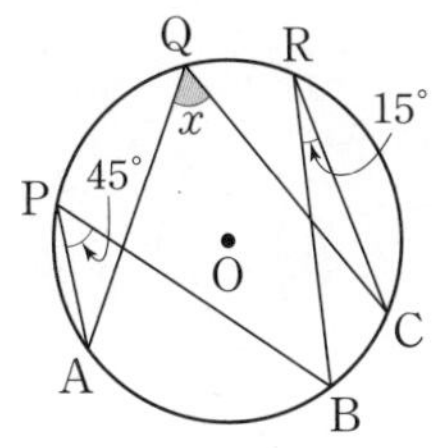

030

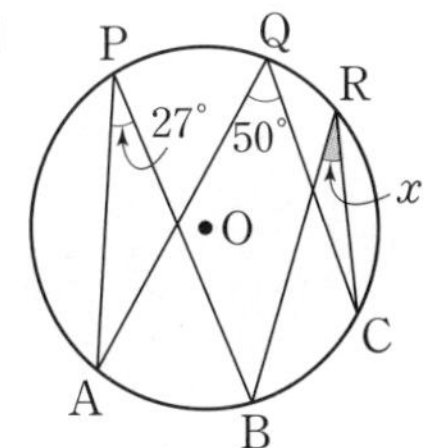

031

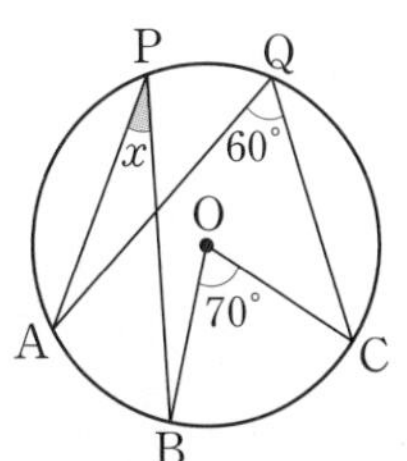

032

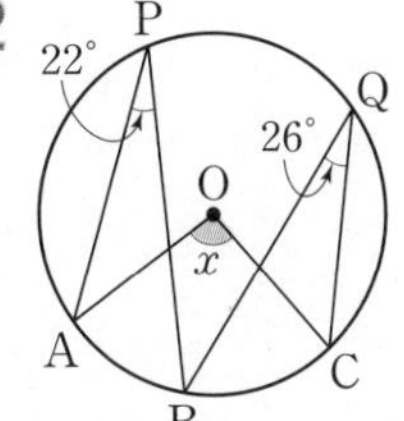

● 반원에 대한 원주각의 크기 중요

• 원에서 지름이 주어지면 반원에 대한 원주각의 크기를 생각한다.

[033~037] 다음 그림에서 $\overline{AB}$는 원 O의 지름일 때, $\angle x$의 크기를 구하시오.

033

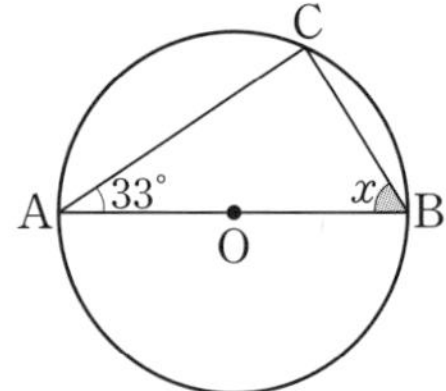

034

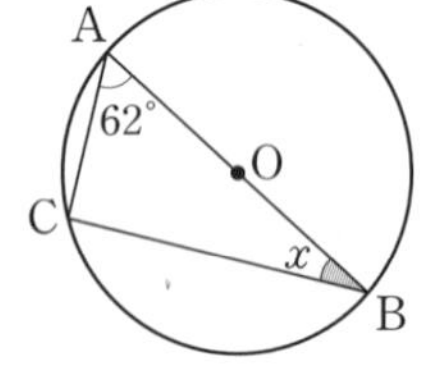

035

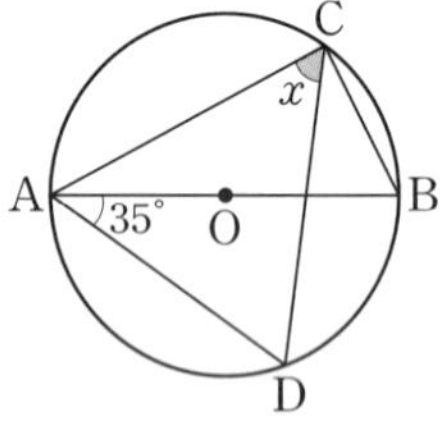

$\angle ACB=$ ☐, $\angle BCD=\angle BAD=$ ☐ 이므로
$\angle x=$ ☐ $-35°=$ ☐

036

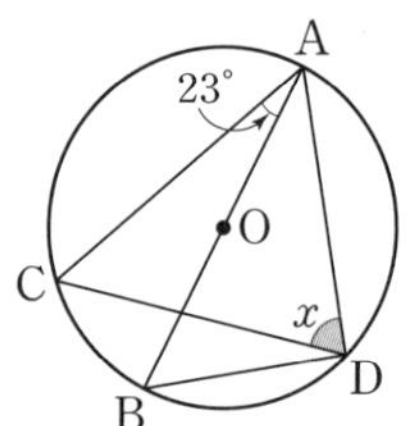

037

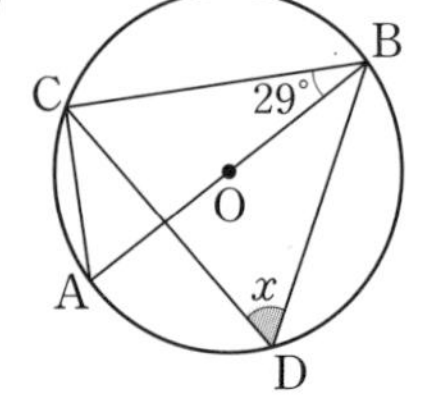

[038~041] 다음 그림에서 $\overline{AB}$는 원 O의 지름일 때, $\angle x$의 크기를 구하시오.

038

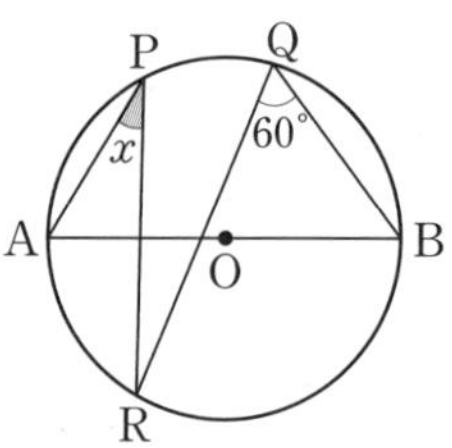

$\overline{PB}$를 그으면 $\angle APB=$ ☐
이때 $\angle RPB=\angle RQB=$ ☐ 이므로
$\angle x=\angle APB-\angle RPB$
$=$ ☐ $-$ ☐ $=$ ☐

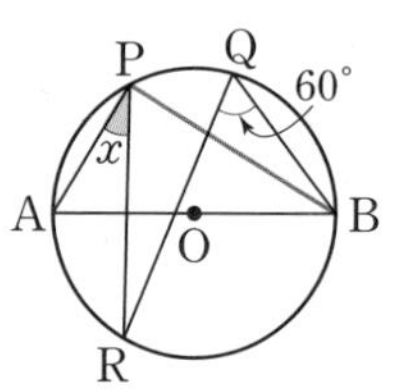

039

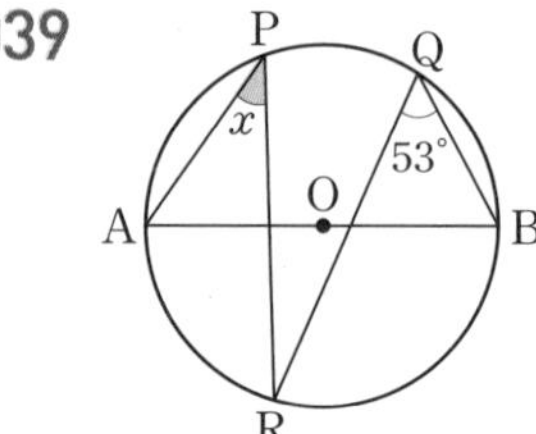

040

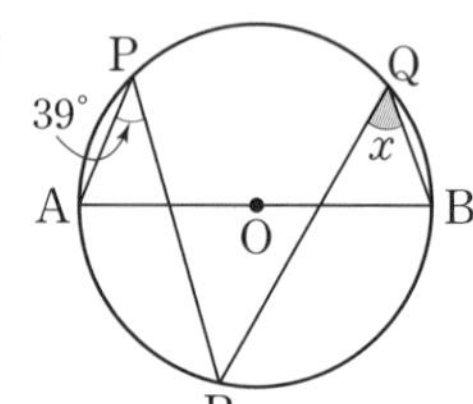

041

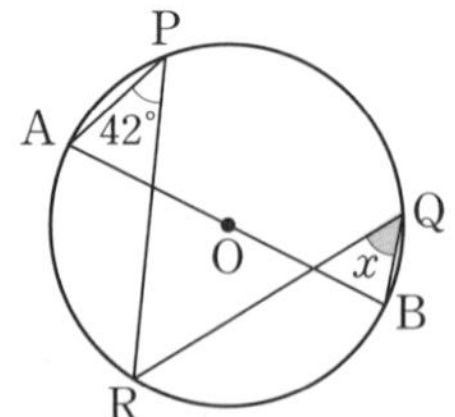

03 원주각의 크기와 호의 길이

한 원 또는 합동인 두 원에서

(1) 길이가 같은 호에 대한 원주각의 크기는 같다.

➡ $\widehat{AB}=\widehat{CD}$이면 $\angle APB=\angle CQD$

(2) 크기가 같은 원주각에 대한 호의 길이는 같다.

➡ $\angle APB=\angle CQD$이면 $\widehat{AB}=\widehat{CD}$

(3) 호의 길이와 그 호에 대한 원주각의 크기는 정비례한다.

참고 호의 길이와 그 호에 대한 중심각의 크기는 정비례한다.

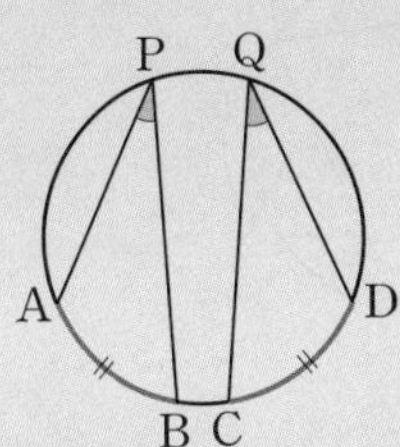

정답과 해설 • 26쪽

● 원주각의 크기와 호의 길이 (1)

[042~045] 다음 그림의 원 O에서 x의 값을 구하시오.

042

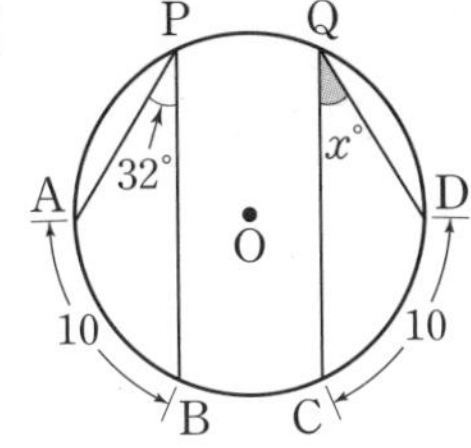

043

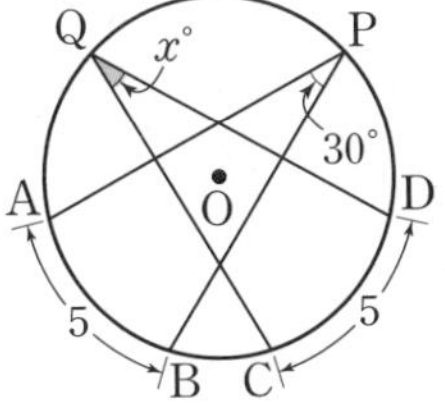

044

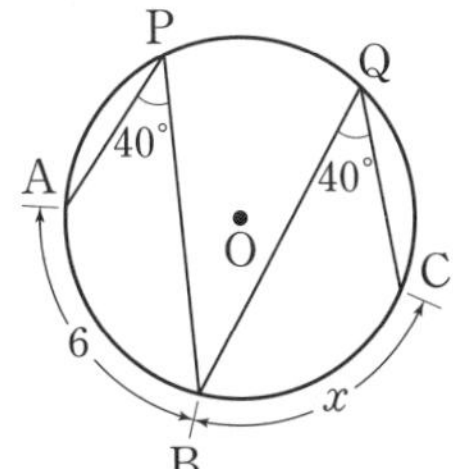

045

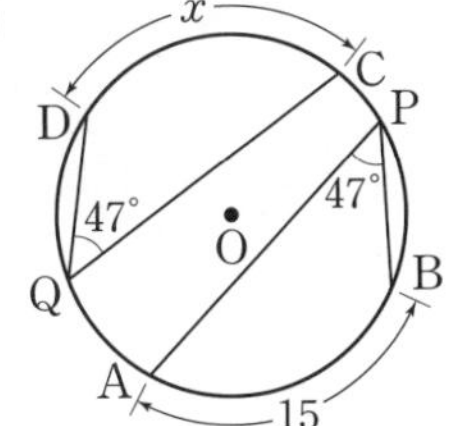

[046~047] 다음 그림의 원 O에서 x의 값을 구하시오.

046

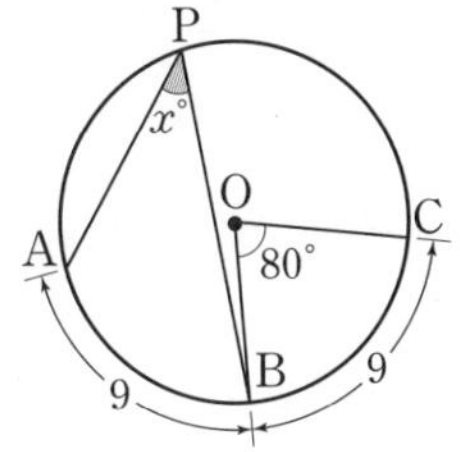

047

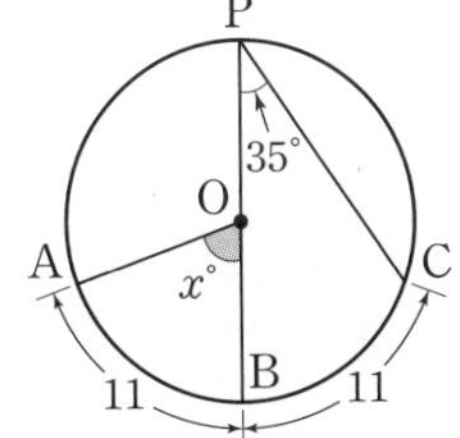

● 원주각의 크기와 호의 길이 (2)

[048~053] 다음 그림의 원 O에서 x의 값을 구하시오.

048

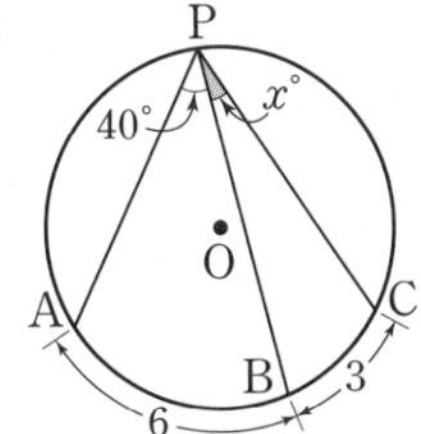

049

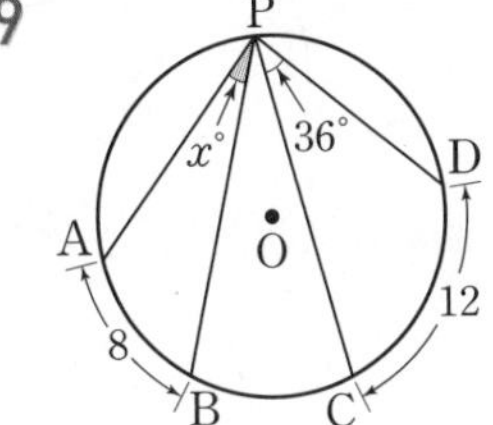

050

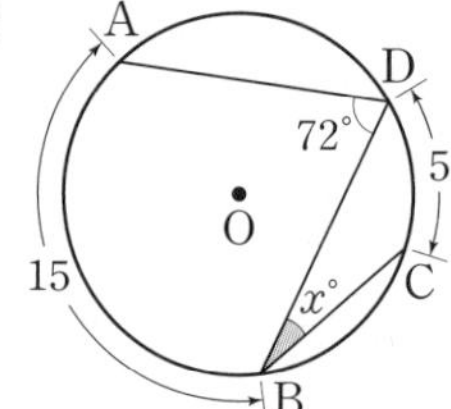

051

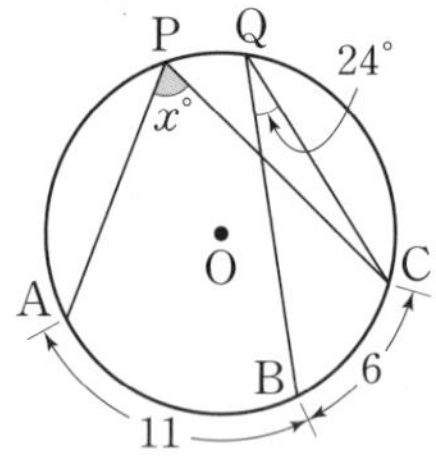

052

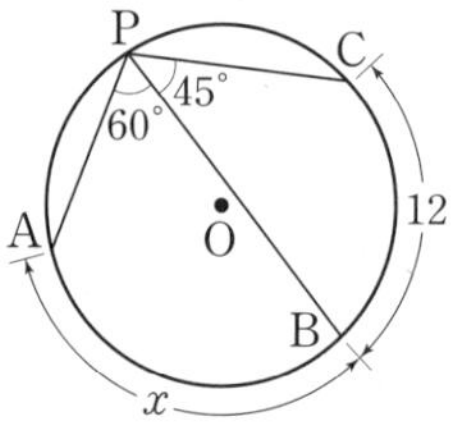

053

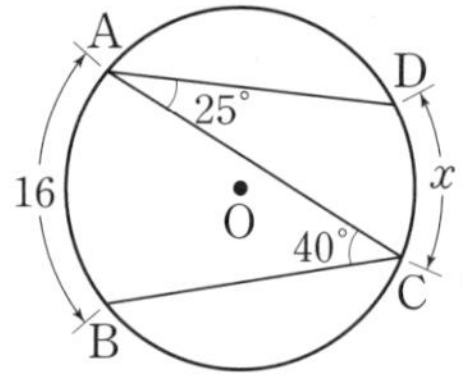

학교 시험 문제는 이렇게

054 오른쪽 그림에서 $\overline{AB}$는 원 O의 지름이고 $\angle BAC=30^\circ$, $\widehat{BC}=7$일 때, x의 값을 구하시오.

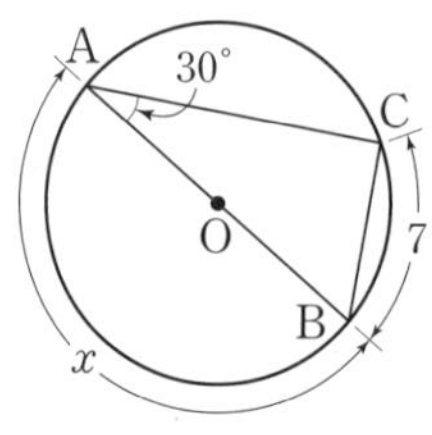

● 원주각의 크기와 호의 길이 (3)

[055~057] 아래 그림에서 원 O는 $\triangle ABC$의 외접원이다. $\widehat{AB}$, $\widehat{BC}$, $\widehat{CA}$의 길이의 비가 다음과 같을 때, $\angle x$, $\angle y$, $\angle z$의 크기를 각각 구하시오.

055 $\widehat{AB} : \widehat{BC} : \widehat{CA}=2:3:4$

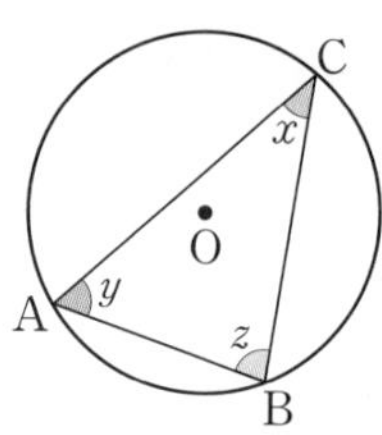

$\angle x : \angle y : \angle z=\widehat{AB} : \widehat{BC} : \widehat{CA}=2 : \square : \square$

$\therefore\ \angle x=180^\circ\times\frac{2}{2+3+4}=\square$

$\angle y=180^\circ\times\frac{\square}{2+3+4}=\square$

$\angle z=180^\circ\times\frac{\square}{2+3+4}=\square$

056 $\widehat{AB} : \widehat{BC} : \widehat{CA}=3:4:5$

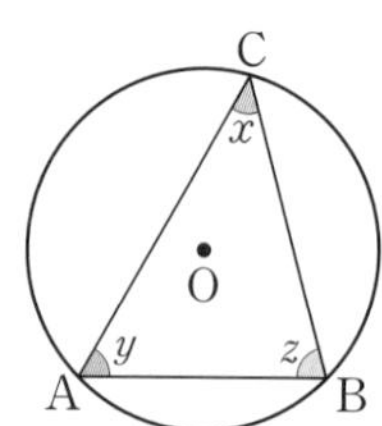

057 $\widehat{AB} : \widehat{BC} : \widehat{CA}=2:1:3$

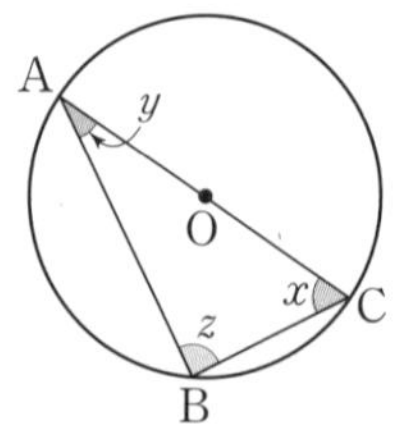

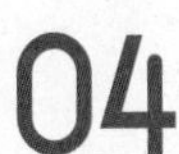

04 네 점이 한 원 위에 있을 조건

두 점 C, D가 직선 AB에 대하여 같은 쪽에 있을 때,

$\angle ACB = \angle ADB$

이면 네 점 A, B, C, D는 한 원 위에 있다.

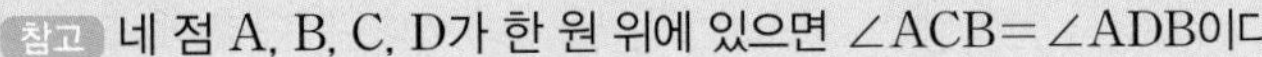

참고 네 점 A, B, C, D가 한 원 위에 있으면 $\angle ACB = \angle ADB$이다.

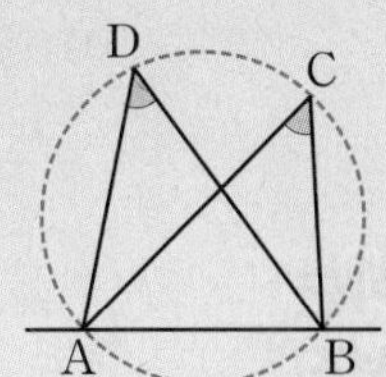

정답과 해설 • 27쪽

● 네 점이 한 원 위에 있을 조건

[058~061] 다음 그림에서 네 점 A, B, C, D가 항상 한 원 위에 있으면 ○표, 한 원 위에 있지 않거나 알 수 없으면 ×표를 ( ) 안에 쓰시오.

058

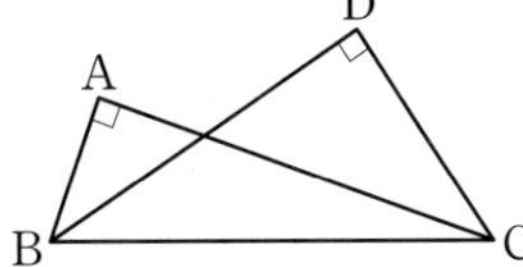

( )

059

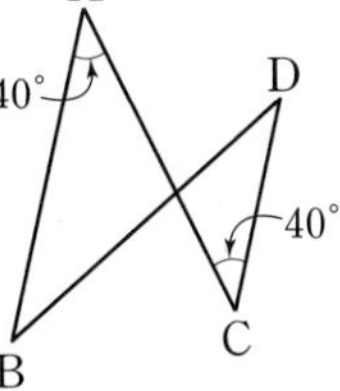

( )

060

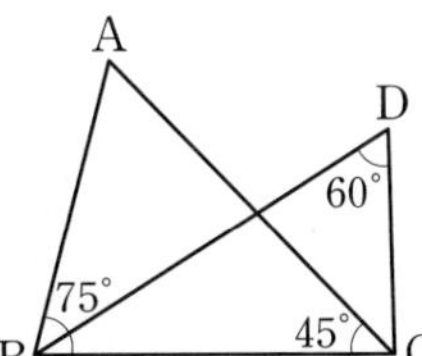

( )

061

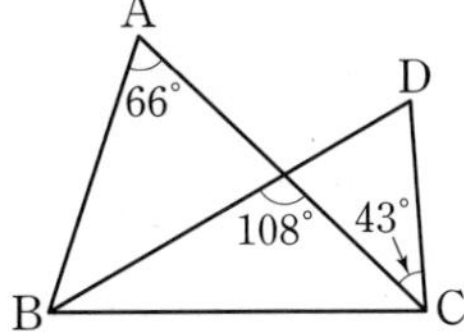

( )

[062~065] 다음 그림에서 네 점 A, B, C, D가 한 원 위에 있도록 하는 $\angle x$의 크기를 구하시오.

062

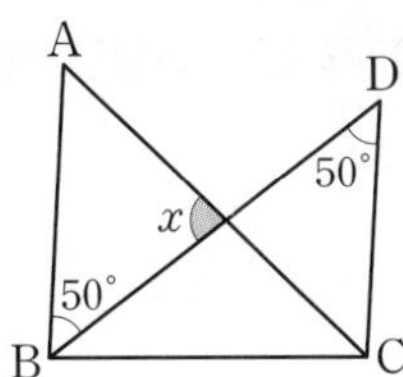

063

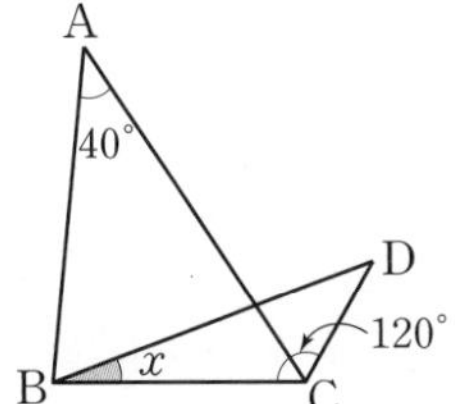

064

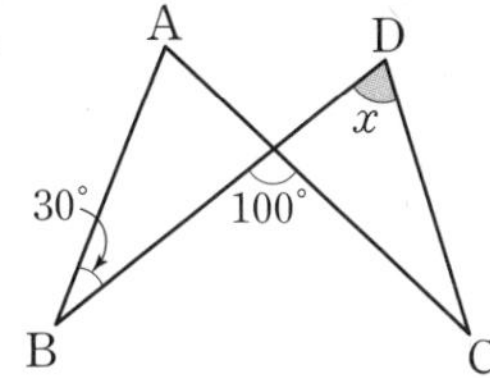

065

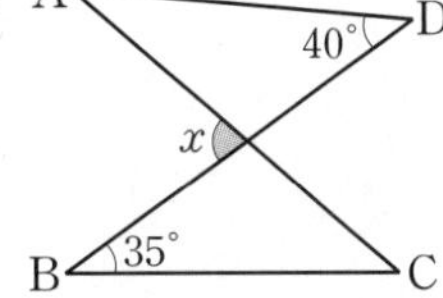

05 원에 내접하는 사각형의 성질

(1) 원에 내접하는 사각형에서 마주 보는 두 각의 크기의 합은 180°이다. (한 쌍의 대각)

➡ $\angle A+\angle C=180^\circ$, $\angle B+\angle D=180^\circ$

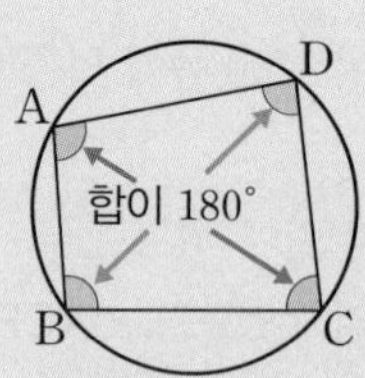

(2) 원에 내접하는 사각형에서 한 외각의 크기는 그와 이웃한 내각에 대한 대각의 크기와 같다.

➡ $\angle DCE=\angle A$

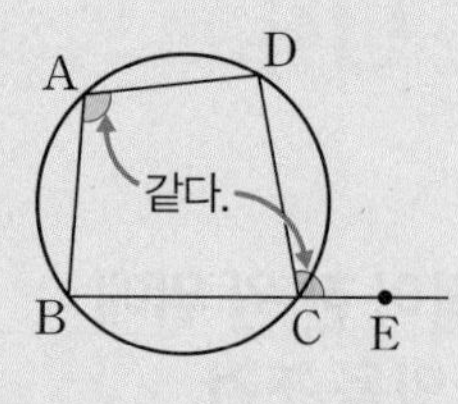

정답과 해설 • 27쪽

● 원에 내접하는 사각형의 성질 (1)

[066~068] 다음 그림에서 □ABCD가 원에 내접할 때, $\angle x$, $\angle y$의 크기를 각각 구하시오.

066

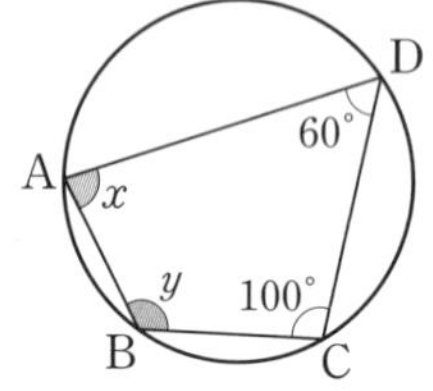

067

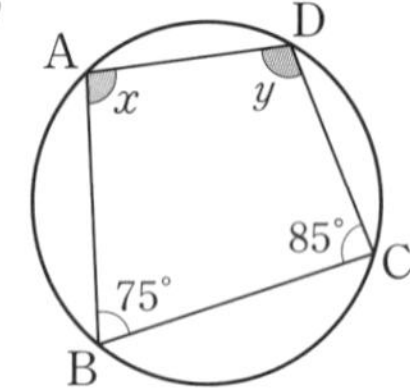

068

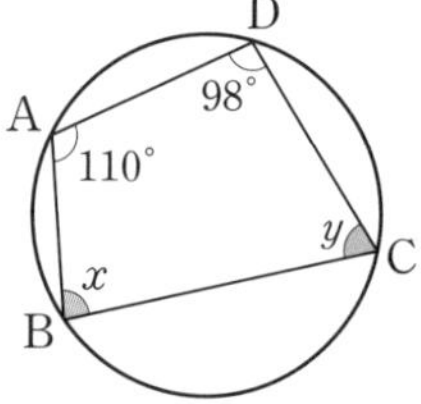

[069~072] 다음 그림에서 □ABCD가 원에 내접할 때, $\angle x$의 크기를 구하시오.

069

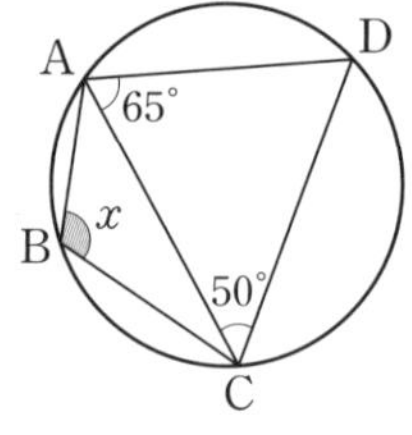

△ACD에서 $\angle ADC=$ ☐ $-(65^\circ+50^\circ)=$ ☐

□ABCD가 원에 내접하므로

$\angle x+$ ☐ $=180^\circ$ $\therefore \angle x=$ ☐

070

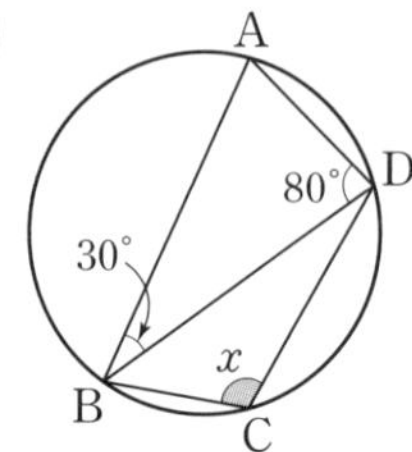

071

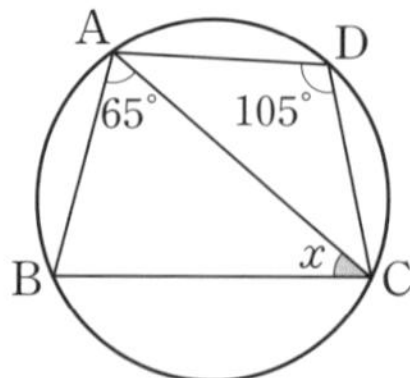

072

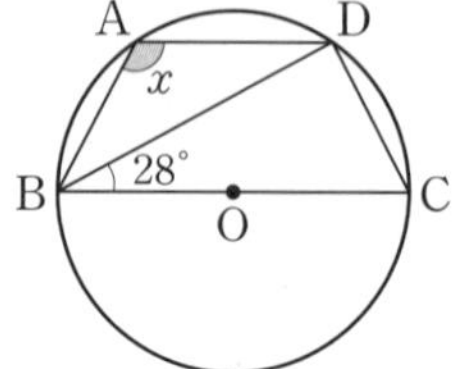

[073~074] 다음 그림에서 □ABCD가 원 O에 내접할 때, $\angle x$, $\angle y$의 크기를 각각 구하시오.

073

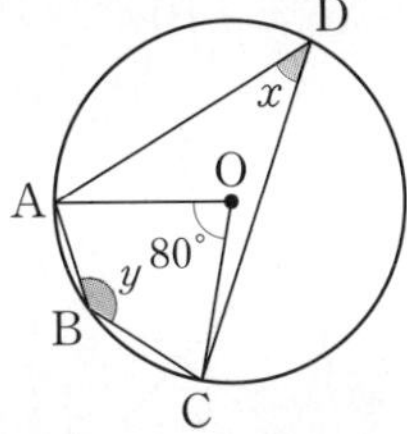

$\angle x=\square$ $\angle AOC=\square\times 80^\circ=\square$

□ABCD가 원 O에 내접하므로

$\angle y+\square=180^\circ$ $\therefore \angle y=\square$

074

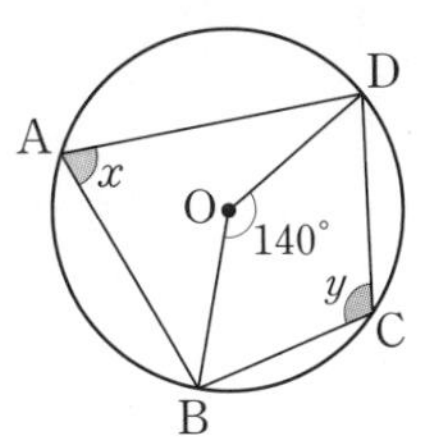

● 원에 내접하는 사각형의 성질 (2) 중요

[075~078] 다음 그림에서 □ABCD가 원에 내접할 때, $\angle x$의 크기를 구하시오.

075

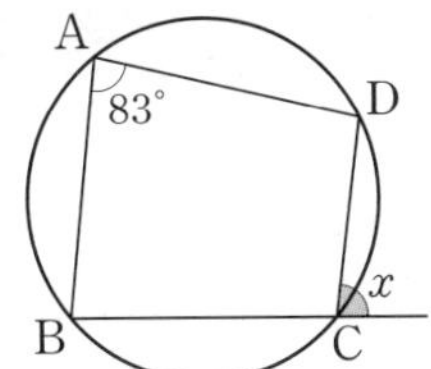

076

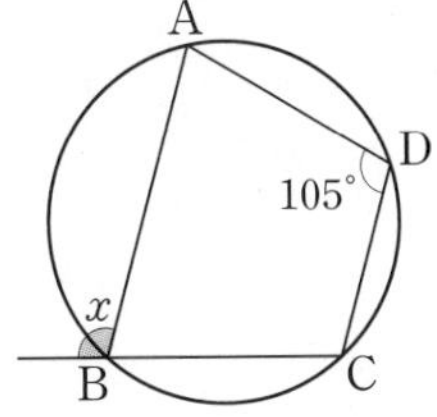

077

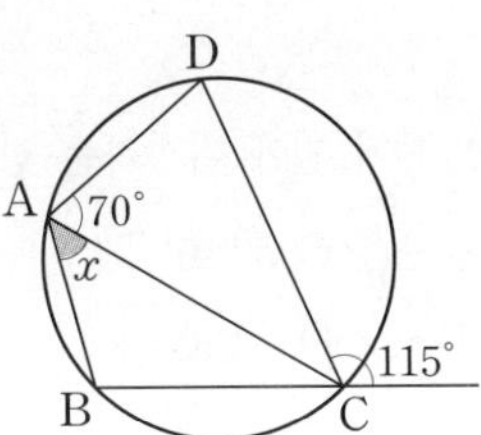

078

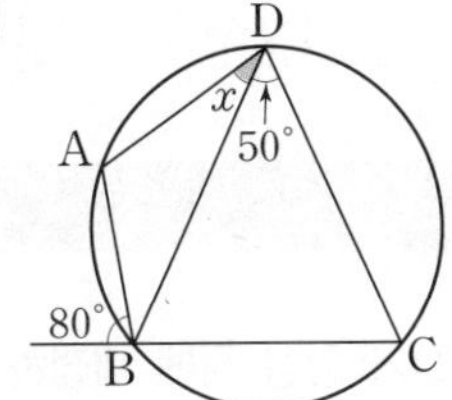

[079~080] 다음 그림에서 □ABCD가 원에 내접할 때, $\angle x$의 크기를 구하시오.

079

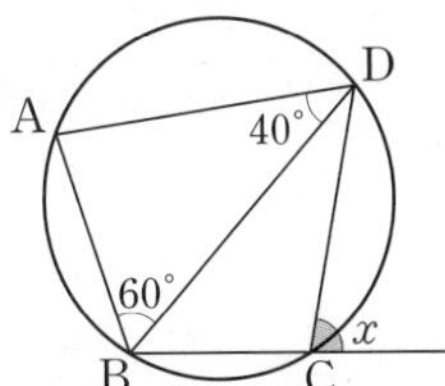

$\triangle ABD$에서 $\angle BAD=\square-(60^\circ+40^\circ)=\square$

$\therefore \angle x=\angle BAD=\square$

080

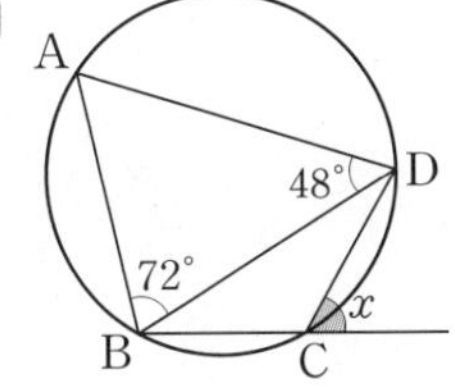

06 사각형이 원에 내접하기 위한 조건

□ABCD가 원에 내접하는 경우는 다음과 같다.

(1) $\angle A+\angle C=180^\circ$,
$\angle B+\angle D=180^\circ$

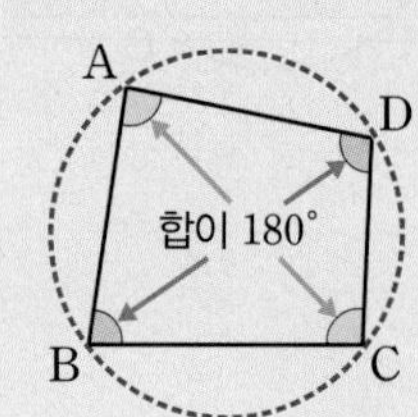

(2) $\angle DCE=\angle A$

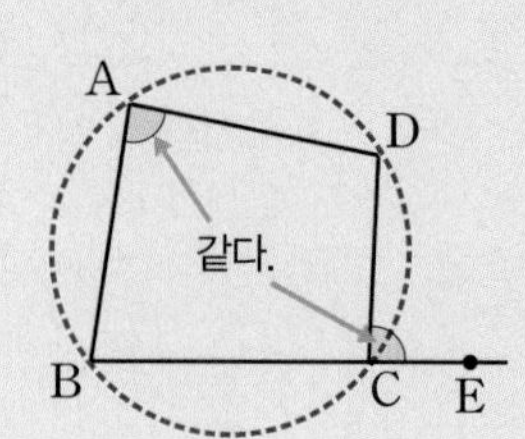

(3) $\angle BAC=\angle BDC$

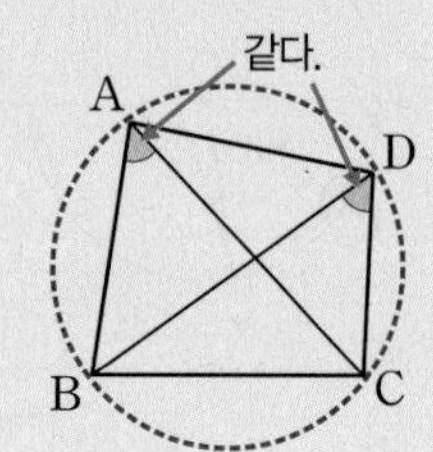

정답과 해설 • 28쪽

● 사각형이 원에 내접하기 위한 조건

[081~084] 다음 그림에서 □ABCD가 항상 원에 내접하면 ○표, 원에 내접하지 않으면 ×표를 ( ) 안에 쓰시오.

081

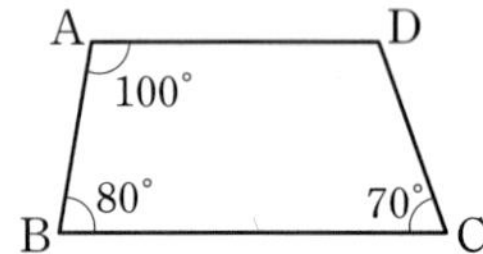

( )

082

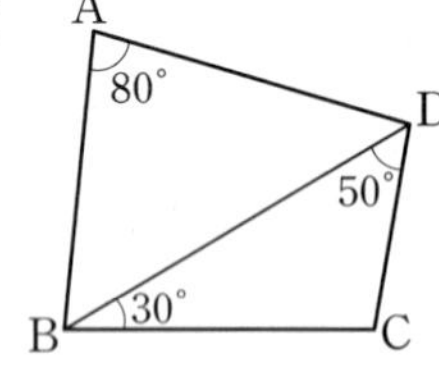

( )

083

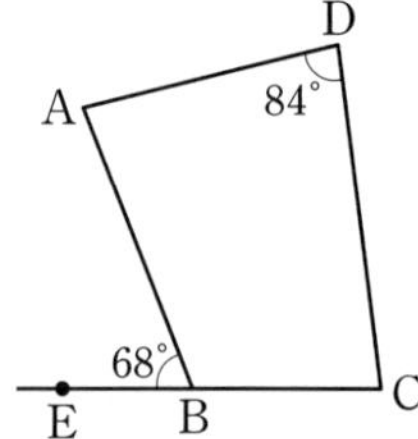

( )

084

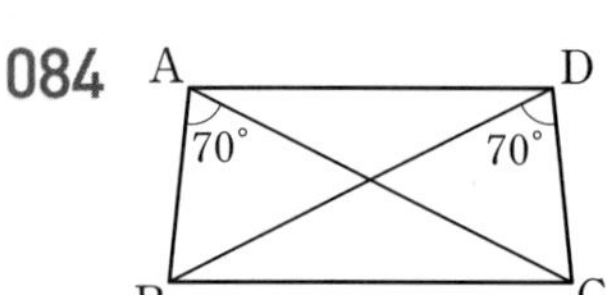

( )

[085~088] 다음 그림에서 □ABCD가 원에 내접하도록 하는 $\angle x$의 크기를 구하시오.

085

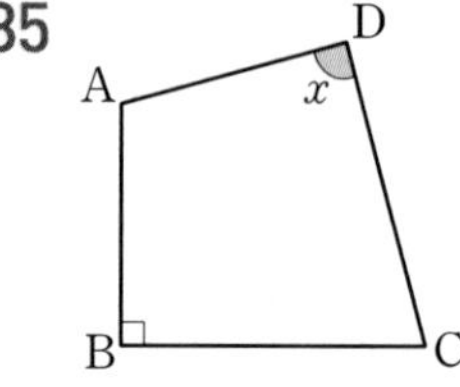

086

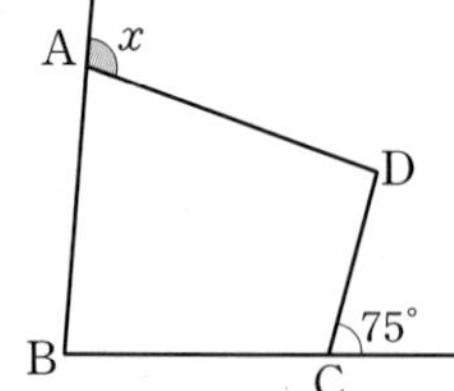

087

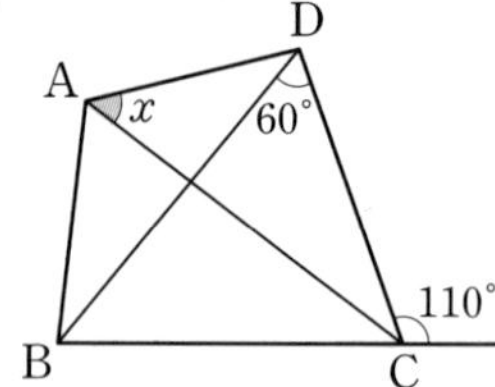

088

A, D, B, C, 48°, 84°, x

07 접선과 현이 이루는 각

원의 접선과 그 접점을 지나는 현이 이루는 각의 크기는 그 각의 내부에 있는 호에 대한 원주각의 크기와 같다.

➡ $\angle APT = \angle ABP$, $\angle BPT' = \angle BAP$

참고 $\angle APT = \angle ABP$이면 $\overleftrightarrow{PT}$는 원 O의 접선이다.

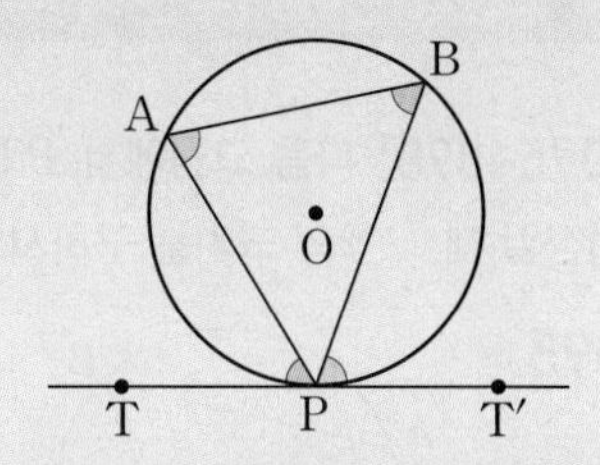

정답과 해설 • 28쪽

● 접선과 현이 이루는 각 (1) 중요

[089~094] 다음 그림에서 $\overleftrightarrow{PT}$는 원의 접선이고 점 P는 그 접점일 때, $\angle x$의 크기를 구하시오.

089

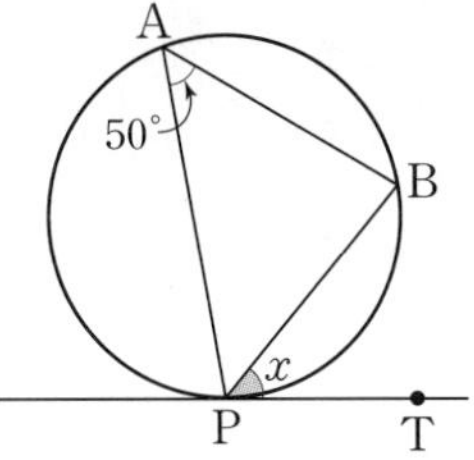

090

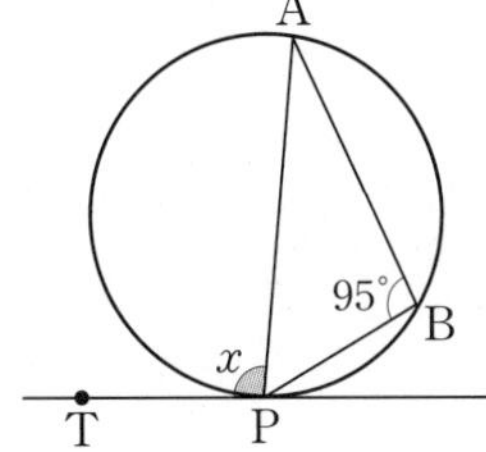

091

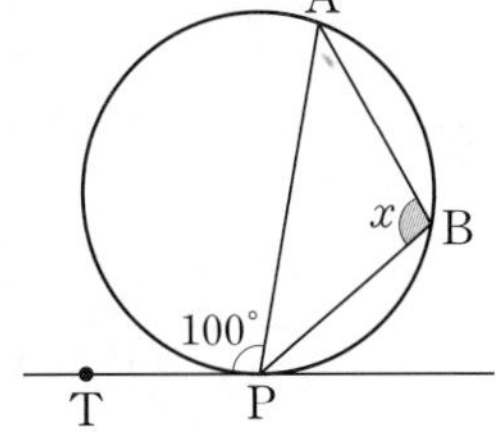

092

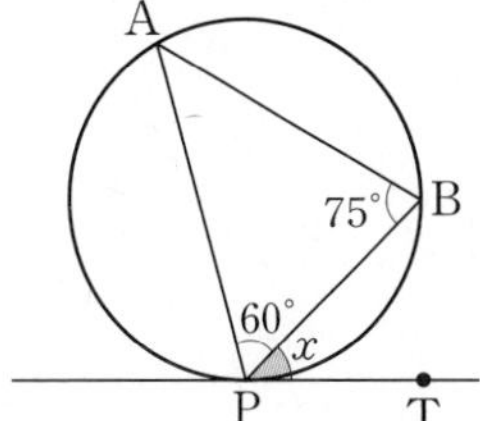

093

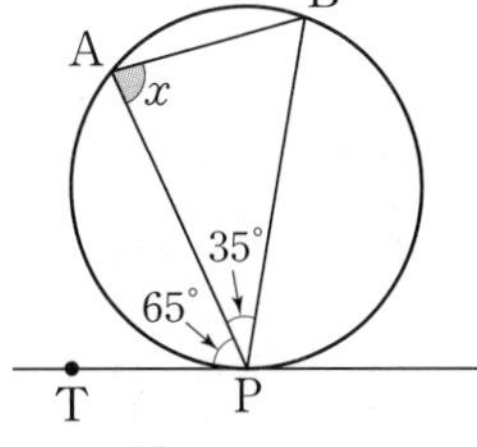

094

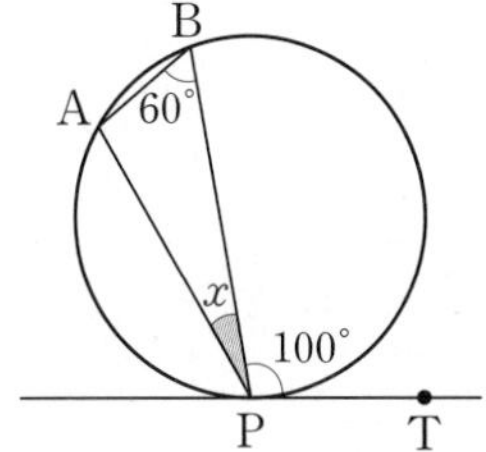

● 접선과 현이 이루는 각 (2)

[095~098] 다음 그림에서 $\overleftrightarrow{PT}$는 원 O의 접선이고 점 P는 그 접점일 때, $\angle x$의 크기를 구하시오.

095

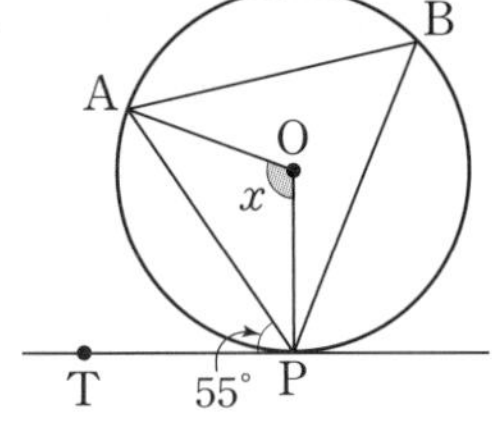

096

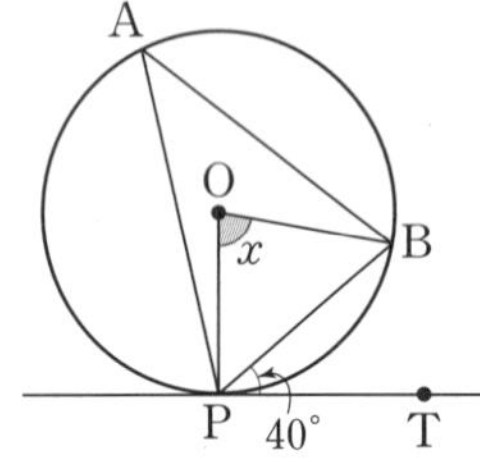

097

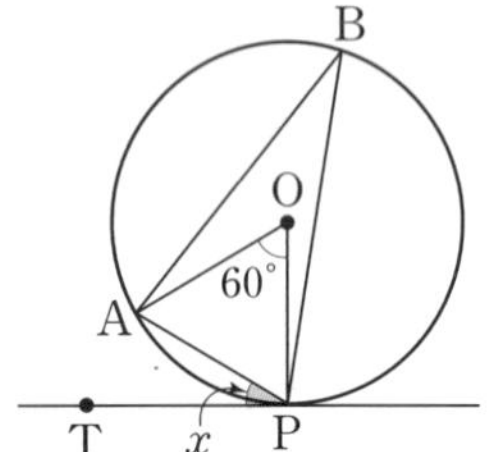

098

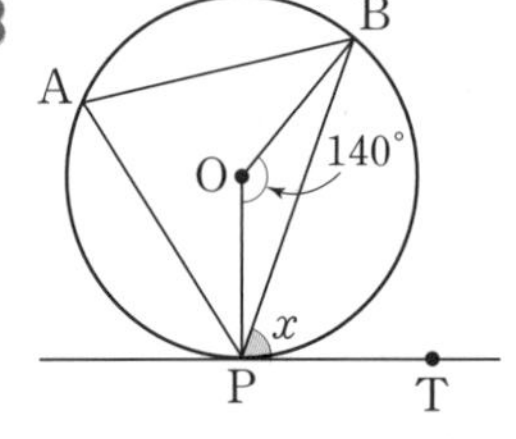

[099~101] 다음 그림에서 $\overleftrightarrow{PT}$는 원 O의 접선이고 점 P는 그 접점이다. $\overline{AB}$가 원 O의 지름일 때, $\angle x$의 크기를 구하시오.

099

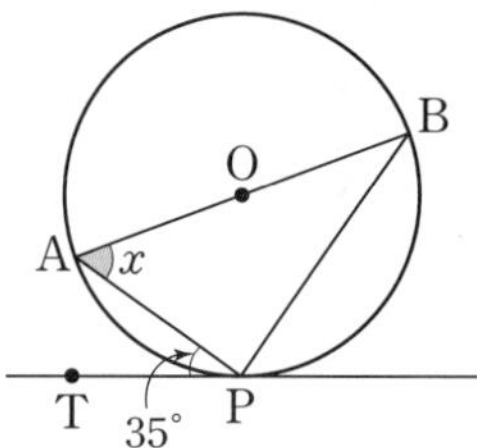

100

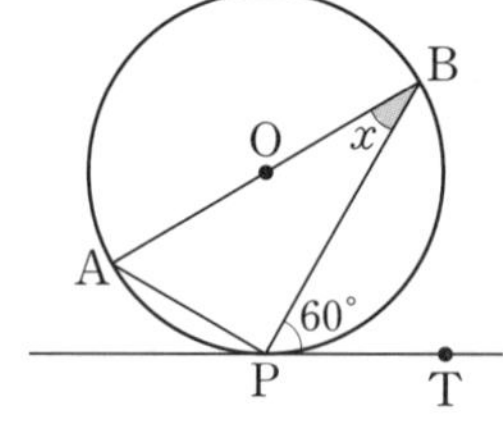

101

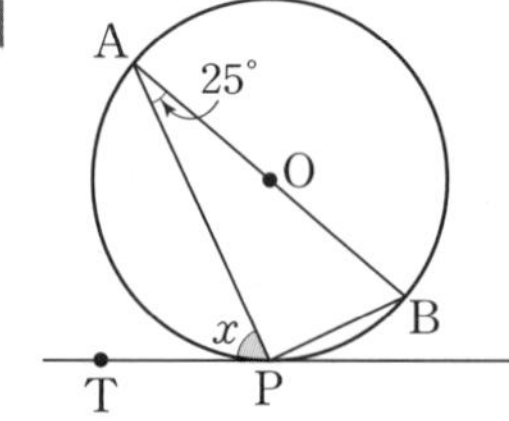

학교 시험 문제는 이렇게

102 오른쪽 그림에서 $\overleftrightarrow{PT}$는 원의 접선이고 점 P는 그 접점이다. $\overline{AB}=\overline{AP}$이고 $\angle BPT=40°$일 때, $\angle x$의 크기를 구하시오.

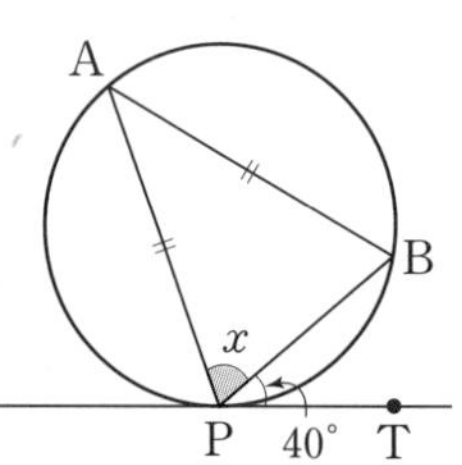

● 접선과 현이 이루는 각의 응용 (1) - 사각형이 원에 내접하는 경우

[103~106] 다음 그림에서 $\overleftrightarrow{PT}$는 원의 접선이고 점 P는 그 접점일 때, $\angle x$, $\angle y$의 크기를 각각 구하시오.

103

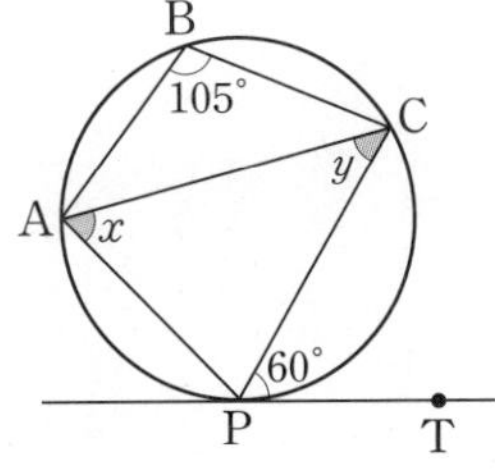

$\angle x = \angle \square = \square$

□APCB가 원에 내접하므로

$\angle APC + \square = 180°$ ∴ $\angle APC = \square$

따라서 △APC에서

$\angle y = 180° - (\angle x + \angle APC)$

$= 180° - (\square + \square) = \square$

104

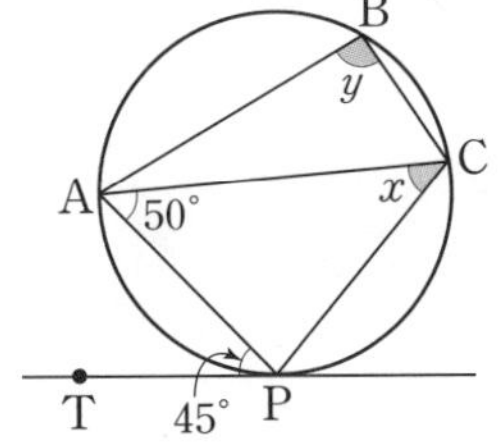

105

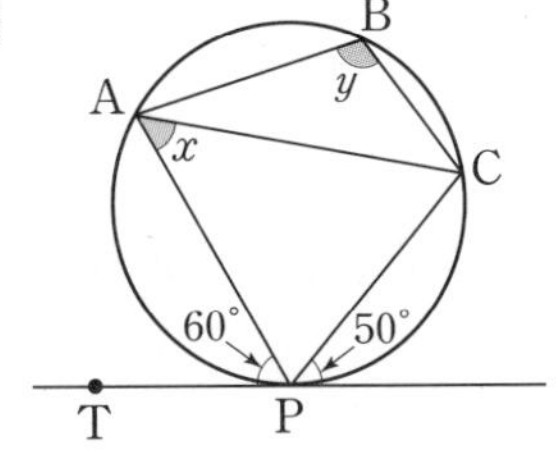

106

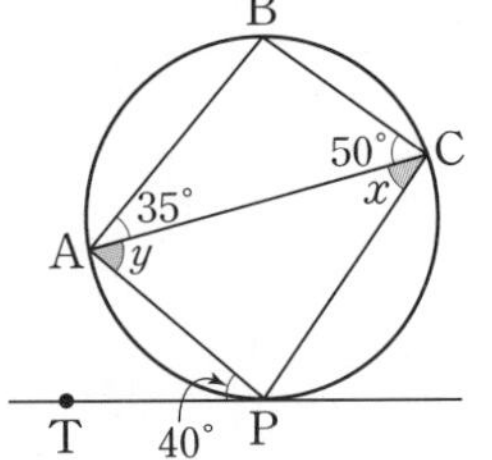

● 접선과 현이 이루는 각의 응용 (2) - 현이 원의 중심을 지나는 경우

[107~110] 다음 그림에서 $\overleftrightarrow{CT}$는 원의 접선이고 점 P는 그 접점이다. $\overline{AC}$가 원 O의 중심을 지날 때, $\angle x$의 크기를 구하시오.

107

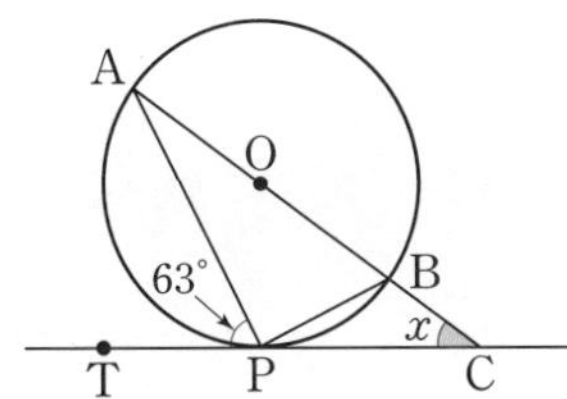

$\angle APB = \square$이고

$\angle ABP = \angle APT = \square$이므로

△ABP에서

$\angle BAP = 180° - (\angle APB + \angle ABP)$

$= 180° - (\square + \square)$

$= \square$

따라서 △APC에서

$63° = \square + \angle x$ ∴ $\angle x = \square$

108

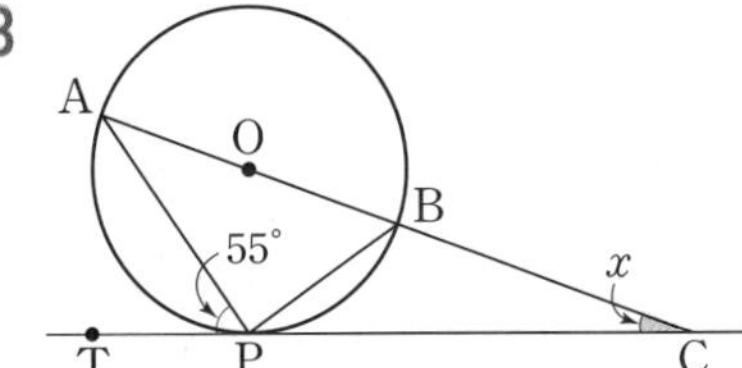

109

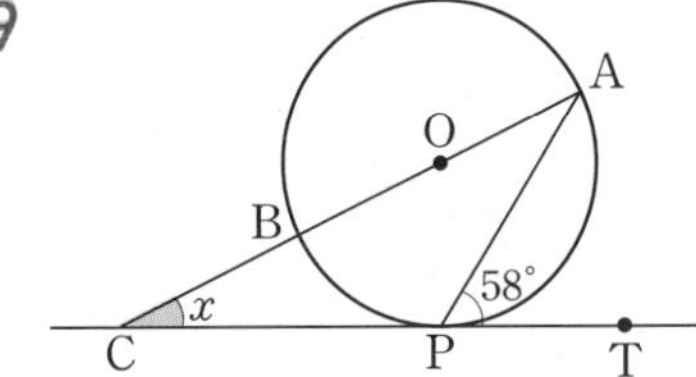

110

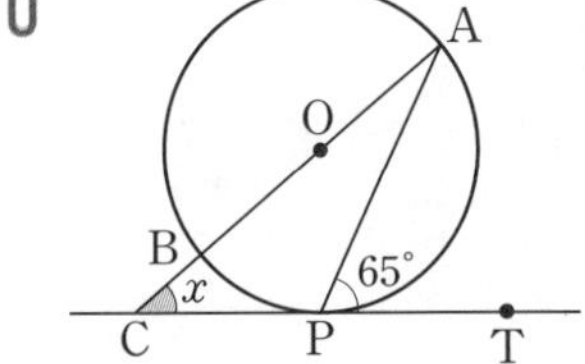

기본 문제 × 확인하기

1 다음 그림의 원 O에서 $\angle x$의 크기를 구하시오.

(1)

(2)

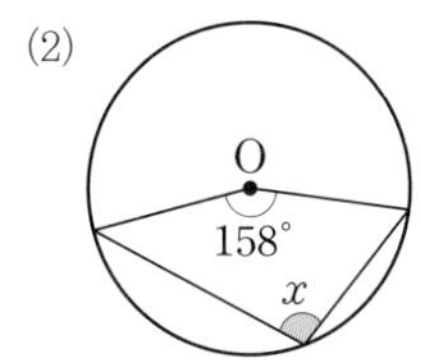

(3)

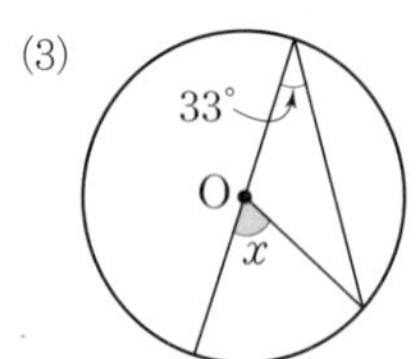

(4)

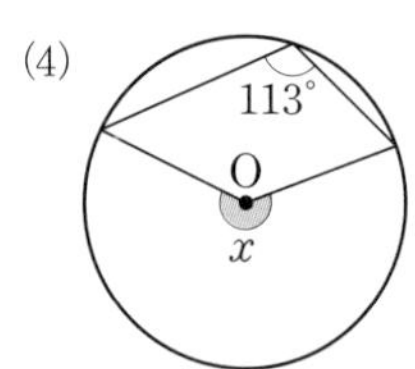

2 다음 그림에서 $\overline{PA}$, $\overline{PB}$는 원 O의 접선이고 두 점 A, B는 그 접점일 때, $\angle x$의 크기를 구하시오.

(1)

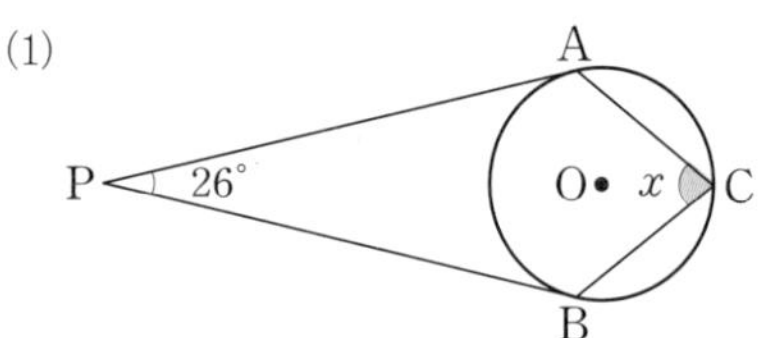

(2)

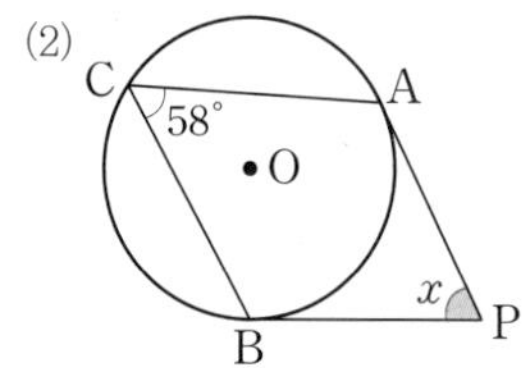

3 다음 그림의 원 O에서 $\angle x$, $\angle y$의 크기를 각각 구하시오.

(1)

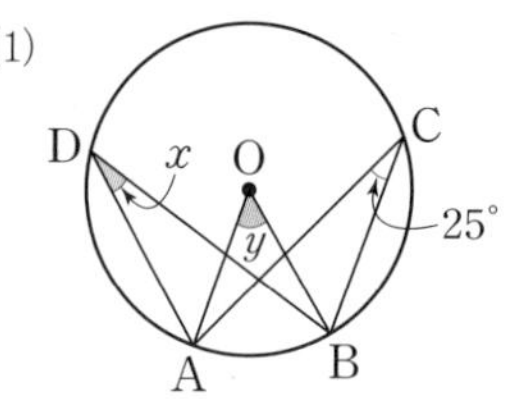

(2)

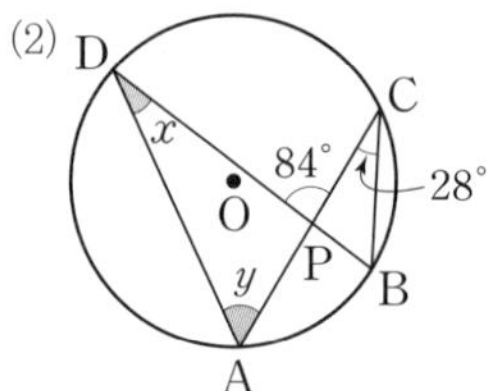

4 다음 그림의 원 O에서 $\angle x$의 크기를 구하시오.

(1)

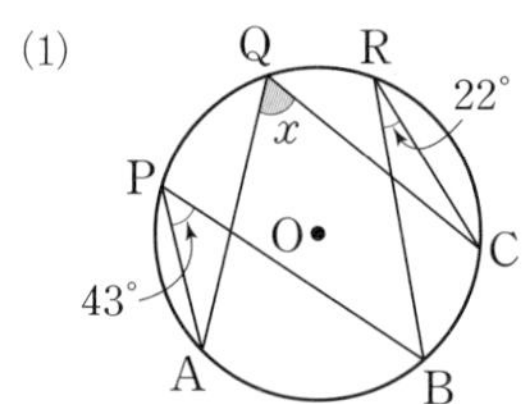

(2)

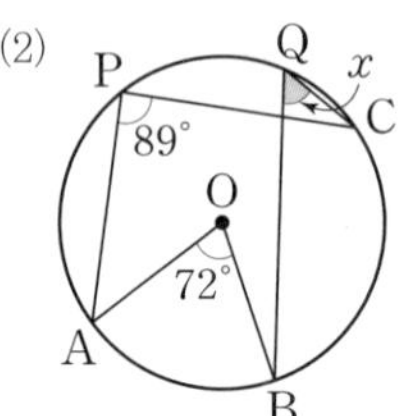

5 다음 그림에서 $\overline{AB}$는 원 O의 지름일 때, $\angle x$의 크기를 구하시오.

(1)

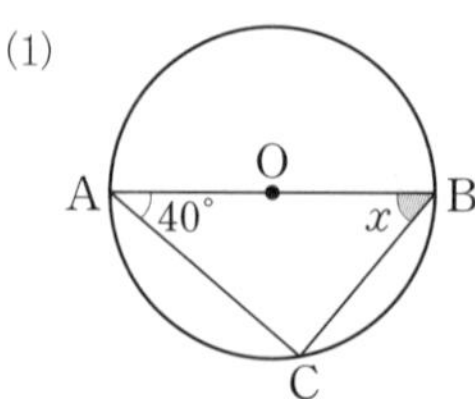

(2)

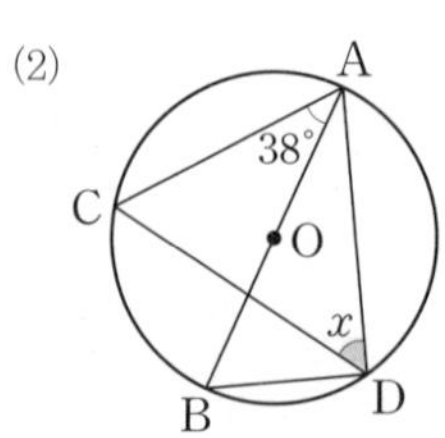

6 다음 그림의 원 O에서 x의 값을 구하시오.

(1)
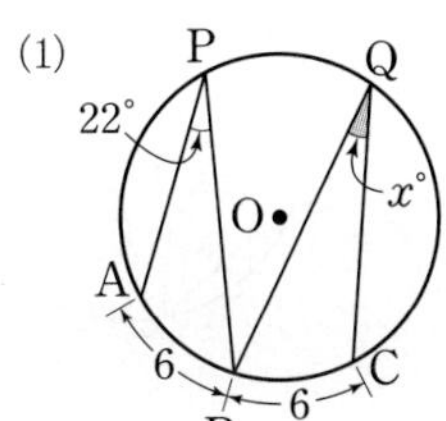

(2)
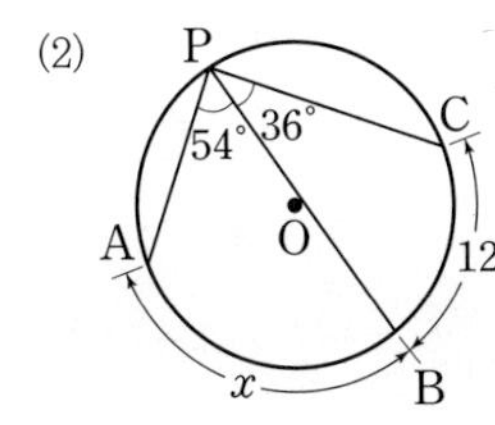

7 다음 그림에서 네 점 A, B, C, D가 항상 한 원 위에 있으면 ○표, 한 원 위에 있지 않으면 ×표를 (　) 안에 쓰시오.

(1)
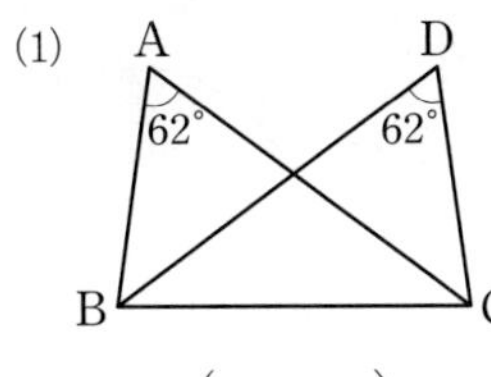
(　　)

(2)
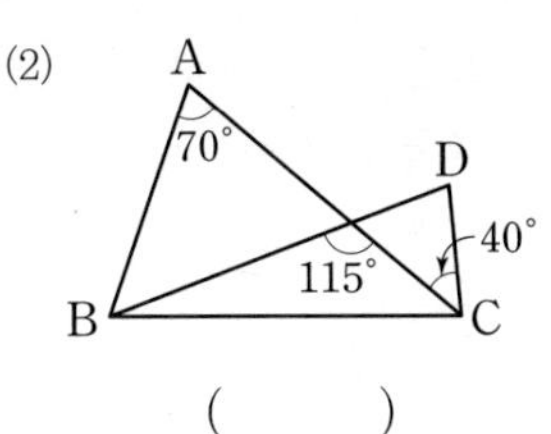
(　　)

(3)
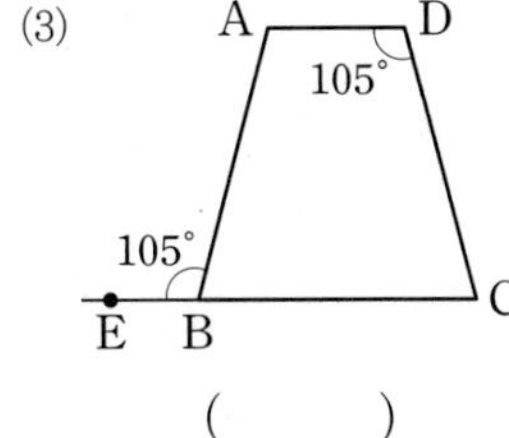
(　　)

(4)
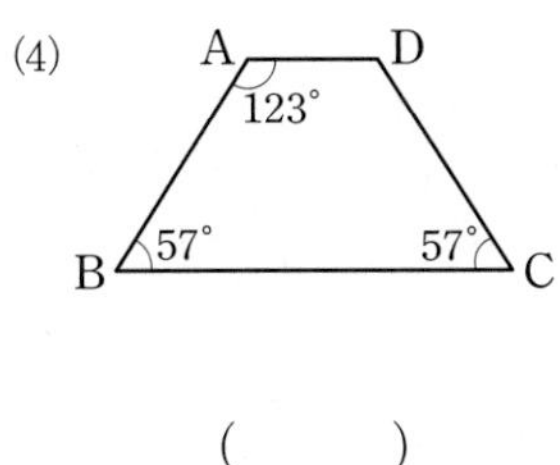
(　　)

8 다음 그림에서 □ABCD가 원에 내접할 때, $\angle x$, $\angle y$의 크기를 각각 구하시오.

(1)
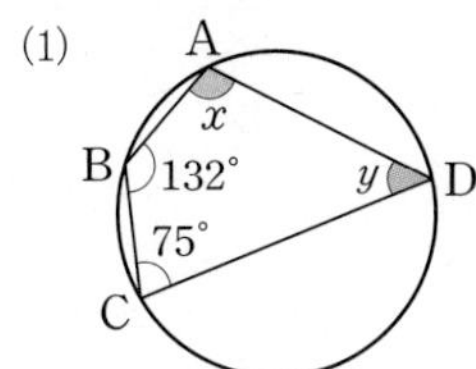

(2)
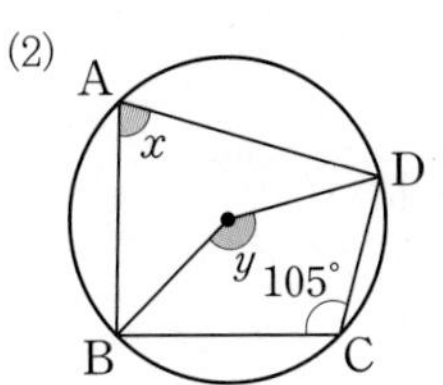

(3)
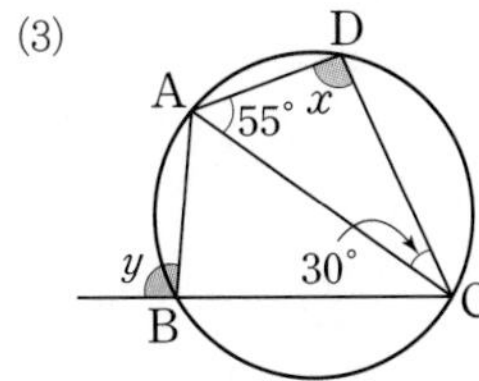

(4)
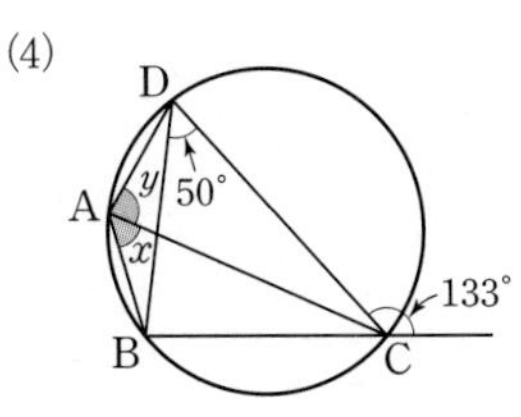

9 다음 그림에서 $\overleftrightarrow{PT}$는 원의 접선이고 점 P는 그 접점일 때, $\angle x$의 크기를 구하시오.

(1)
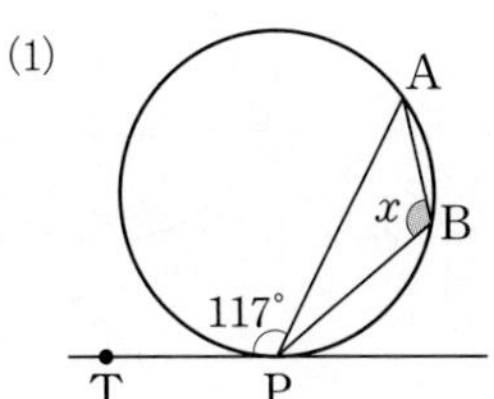

(2)
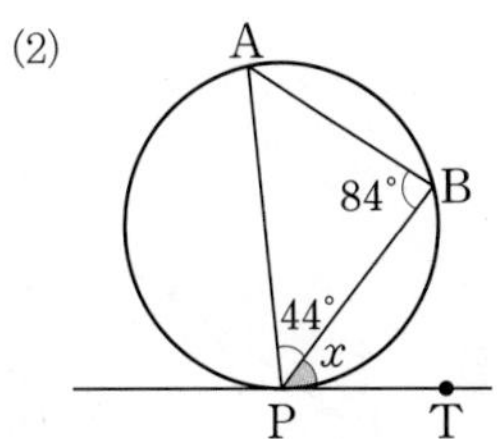

(3)
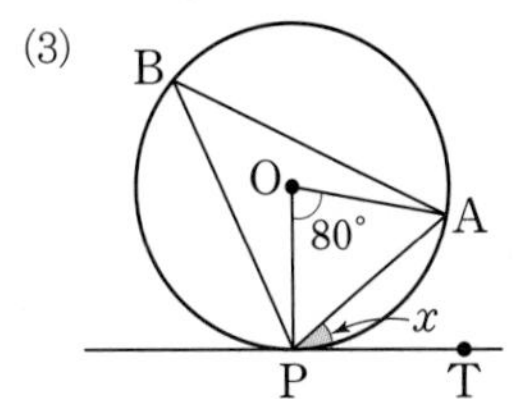

(4)
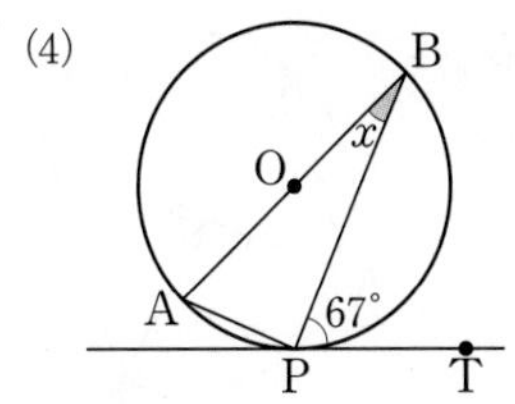

10 다음 그림에서 $\overleftrightarrow{PT}$는 원 O의 접선이고 점 P는 그 접점이다. $\overline{AC}$가 원 O의 중심을 지날 때, $\angle x$의 크기를 구하시오.

(1)
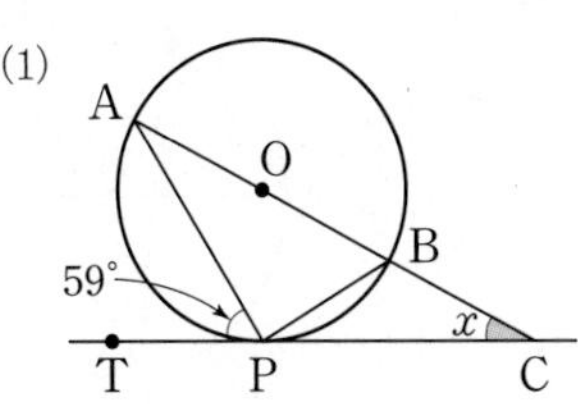

(2)
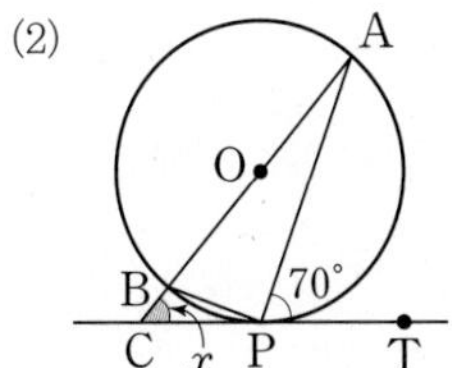

학교 시험 문제 × 확인하기

1 오른쪽 그림과 같은 원 O에서 $\angle BAC=66^\circ$일 때, $\angle x$의 크기는?

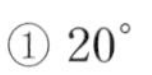

① 20° ② 22°
③ 24° ④ 26°
⑤ 28°

2 오른쪽 그림에서 $\overline{PA}$, $\overline{PB}$는 원 O의 접선이고 두 점 A, B는 그 접점이다. $\angle ACB=55^\circ$일 때, $\angle x$의 크기를 구하시오.

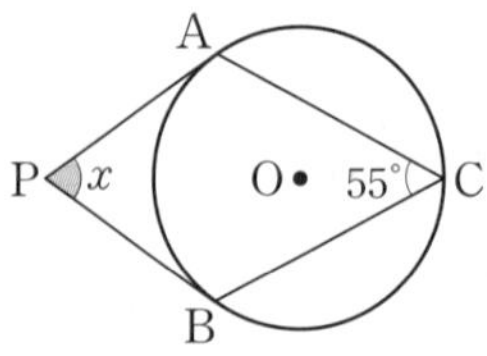

3 오른쪽 그림과 같은 원 O에서 $\angle APB=46^\circ$, $\angle BQC=25^\circ$일 때, $\angle x$의 크기는?

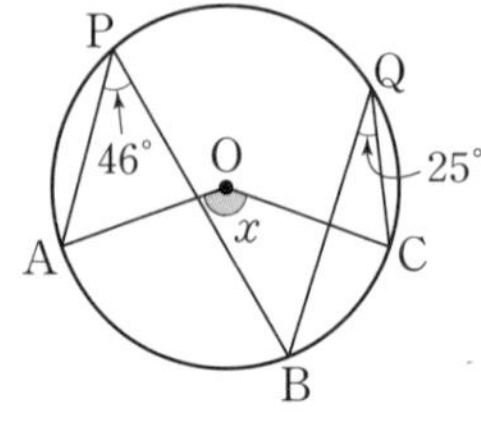

① 140° ② 142°
③ 145° ④ 148°
⑤ 150°

4 오른쪽 그림에서 $\overline{AB}$는 원 O의 지름이고 $\angle DEB=49^\circ$일 때, $\angle x$의 크기는?

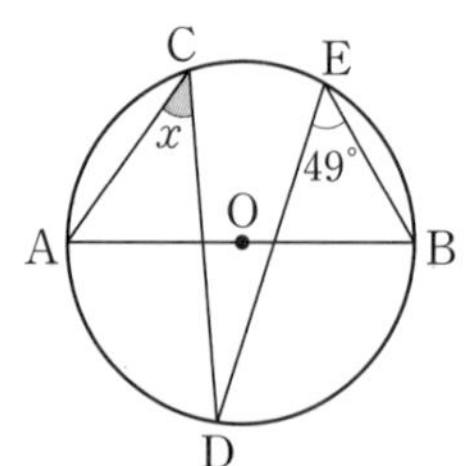

① 41° ② 42°
③ 43° ④ 44°
⑤ 45°

5 오른쪽 그림의 원에서 $\widehat{AB}=\widehat{CD}$이고 $\angle ACB=42^\circ$일 때, $\angle x$의 크기를 구하시오.

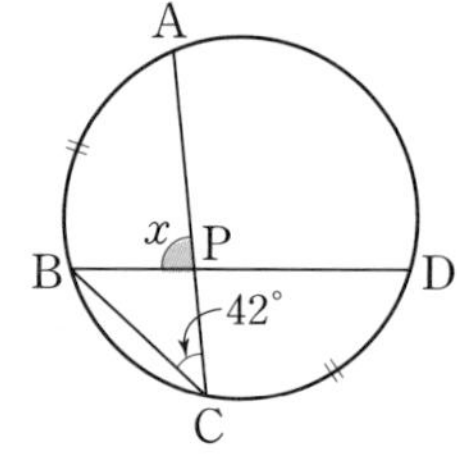

6 오른쪽 그림에서 $\overline{AC}$는 원 O의 지름이고 $\widehat{BC}=4$, $\widehat{CD}=6$, $\angle BOC=60^\circ$일 때, $\angle y-\angle x$의 크기는?

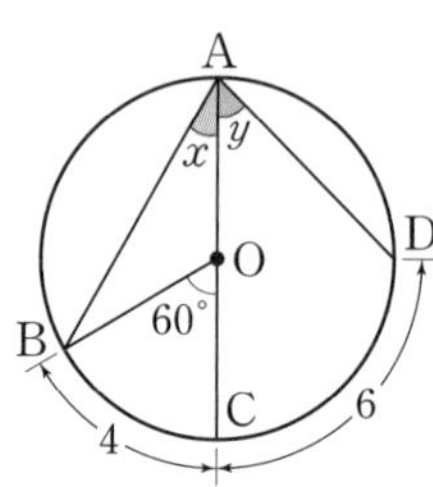

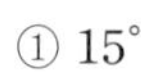

① 15° ② 18°
③ 20° ④ 22°
⑤ 25°

7 오른쪽 그림의 원에서 $\widehat{AB}:\widehat{BC}:\widehat{CA}=4:5:6$일 때, $\angle x+\angle y-\angle z$의 크기는?

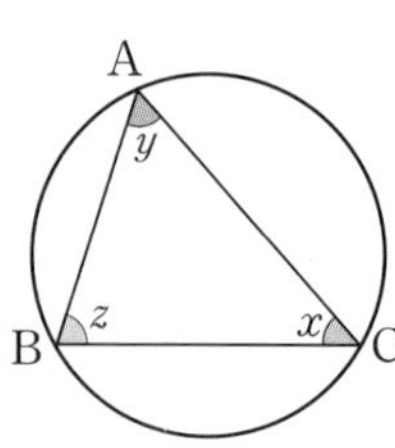

① 25° ② 30°
③ 32° ④ 36°
⑤ 40°

8 다음 그림에서 네 점 A, B, C, D가 한 원 위에 있도록 하는 $\angle x$의 크기를 구하시오.

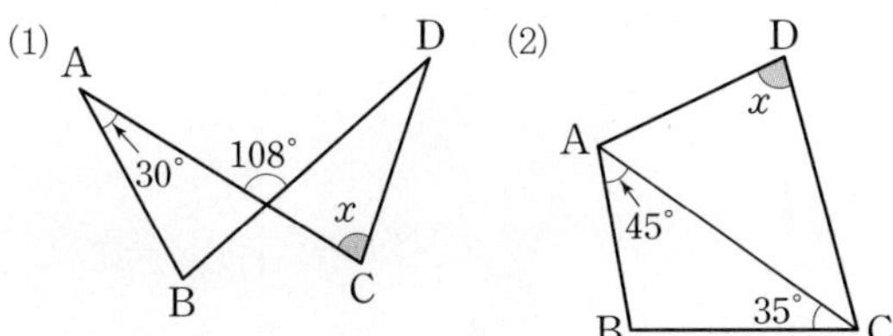

9 오른쪽 그림에서 $\overline{BC}$는 원 O의 지름이고 $\angle DAB=112°$일 때, $\angle x$의 크기는?

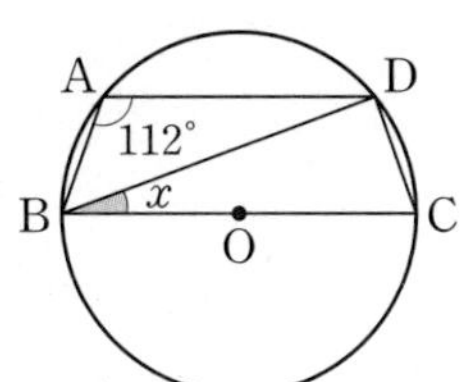

① 20° ② 21°
③ 22° ④ 23°
⑤ 24°

10 오른쪽 그림과 같이 □ABCD가 원 O에 내접할 때, $\angle x$의 크기를 구하시오.

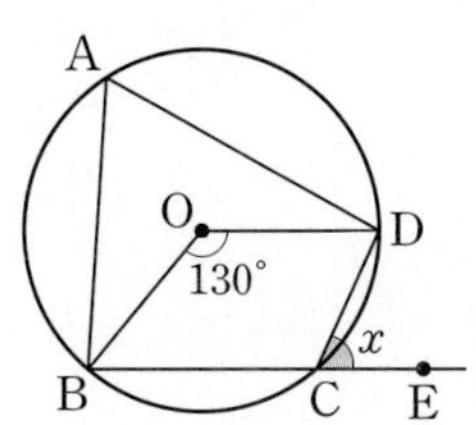

11 오른쪽 그림과 같이 □ABCD가 원에 내접하고 $\angle ABC=110°$, $\angle ADB=40°$, $\angle DAC=35°$일 때, $\angle x+\angle y$의 크기는?

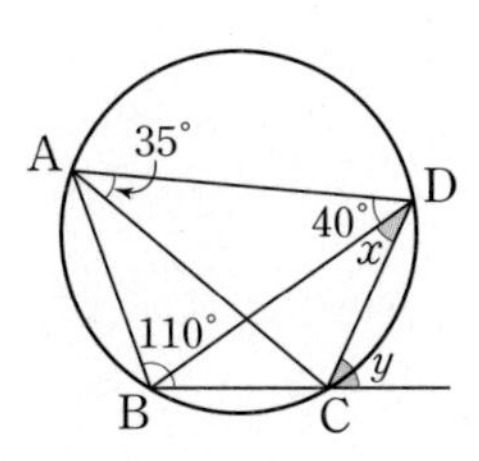

① 80° ② 85° ③ 88°
④ 92° ⑤ 95°

12 다음 보기 중 □ABCD가 원에 내접하는 것을 모두 고르시오.

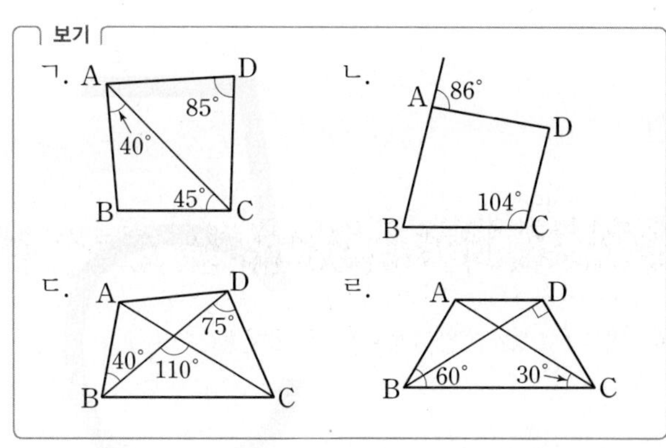

13 오른쪽 그림에서 $\overline{PT}$는 원 O의 접선이고 점 P는 그 접점이다. $\angle ATP=48°$, $\angle APT=35°$일 때, $\angle APB$의 크기는?

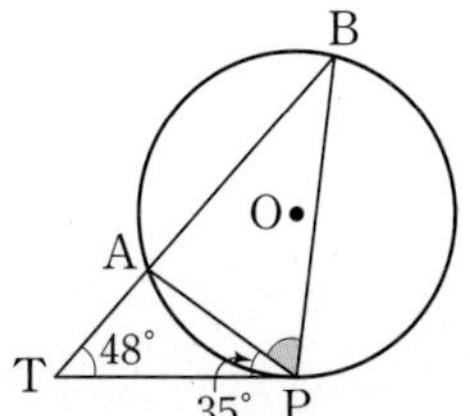

① 60° ② 62°
③ 64° ④ 66°
⑤ 68°

14 오른쪽 그림에서 $\overleftrightarrow{PT}$는 원 O의 접선이고 점 P는 그 접점이다. $\overline{AC}$가 원 O의 지름이고 $\angle ABP=119°$일 때, $\angle CPT$의 크기를 구하시오.

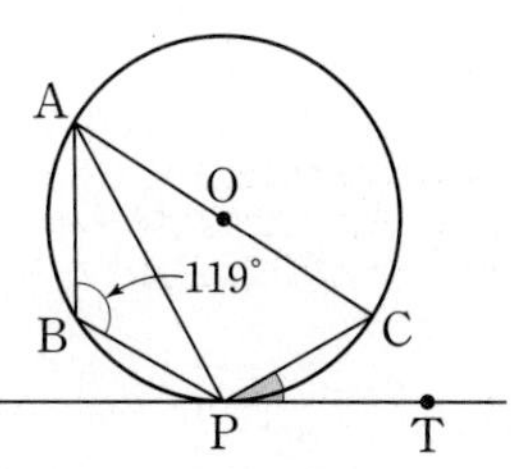

15 오른쪽 그림에서 $\overleftrightarrow{PT}$는 원 O의 접선이고 점 P는 그 접점이다. $\overline{AB}$가 원 O의 지름이고 $\angle ABP=32°$일 때, $\angle x$의 크기를 구하시오.

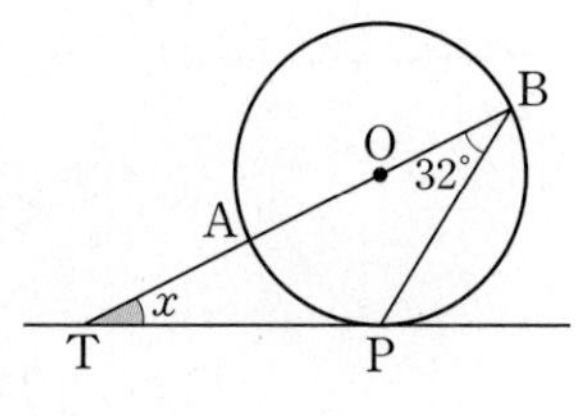

5

대푯값과 산포도

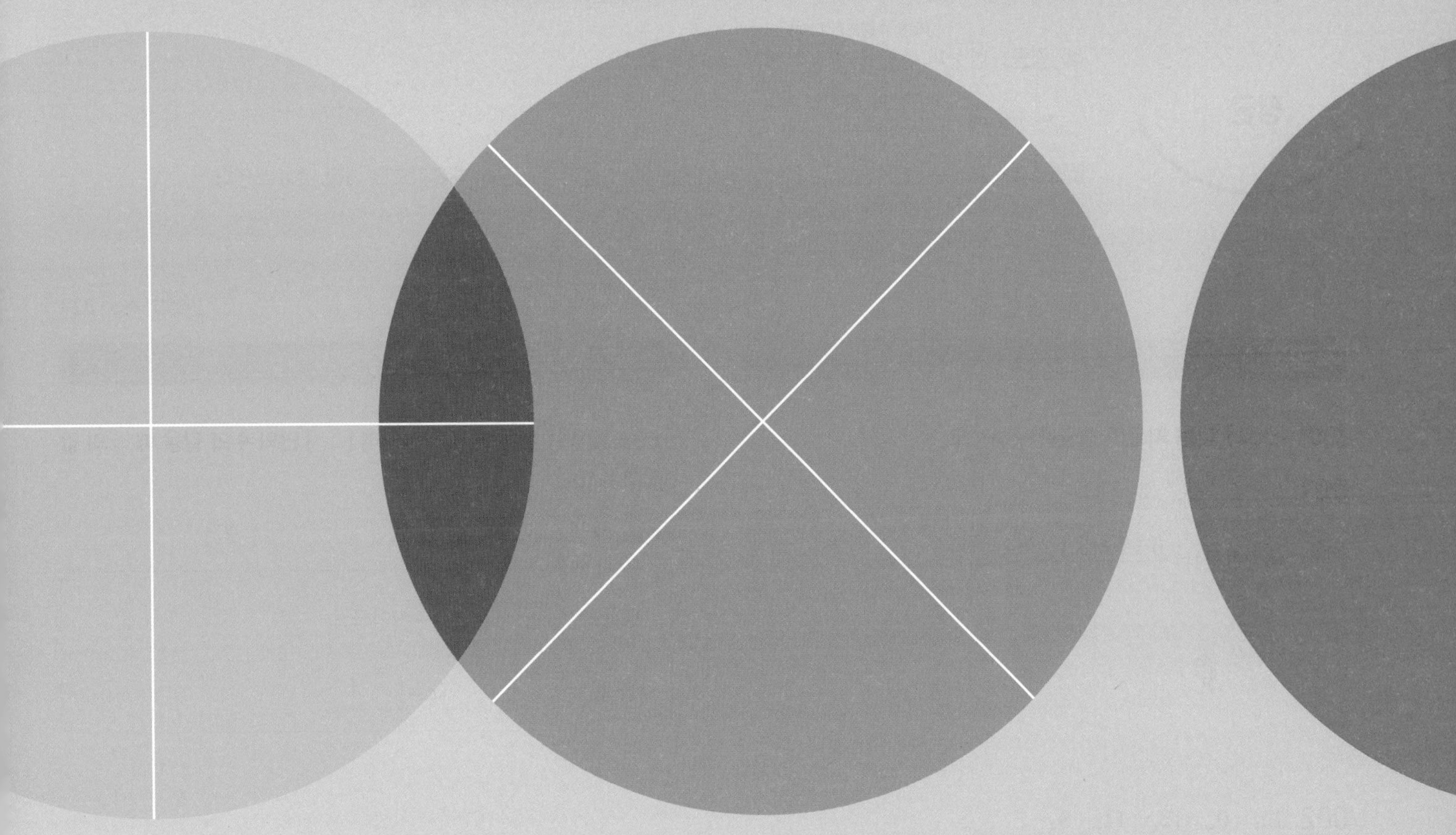

- 평균
- 평균이 주어질 때, 변량 구하기
- 중앙값
- 중앙값이 주어질 때, 변량 구하기
- 최빈값
- 대푯값 – 평균, 중앙값, 최빈값
- 대푯값의 이해
- 편차
- 편차의 성질
- 편차의 성질을 이용하여 변량 구하기
- 분산과 표준편차
- 편차의 성질을 이용하여 분산과 표준편차 구하기
- 평균이 주어질 때, 분산과 표준편차 구하기
- 표준편차의 직관적 비교
- 자료의 분석
- 산포도의 이해

01 평균

(1) **대푯값**: 자료 전체의 중심 경향이나 특징을 대표적으로 나타내는 값

(2) **평균**: 변량의 총합을 변량의 개수로 나눈 값 (변량: 자료를 수량으로 나타낸 것)

➡ $(\text{평균}) = \dfrac{(\text{변량의 총합})}{(\text{변량의 개수})}$

참고 대푯값에는 평균, 중앙값, 최빈값 등이 있으며, 그중에서 평균이 대푯값으로 가장 많이 쓰인다.

정답과 해설 • 32쪽

● 평균

[001~004] 다음 자료의 평균을 구하시오.

001 6, 5, 3, 2, 4

➡ $(\text{평균}) = \dfrac{6+5+3+2+4}{\square} = \square$

002 10, 9, 12, 14, 8, 7

003 9, 11, 2, 5, 8, 4, 3

004 12, 15, 10, 25, 13, 22 15

학교 시험 문제는 이렇게

005 다음 자료는 진형이네 모둠 학생 6명의 몸무게를 조사하여 나타낸 것이다. 이 자료의 평균을 구하시오.

(단위: kg)

46, 51, 52, 54, 60, 61

● 평균이 주어질 때, 변량 구하기 중요

[006~009] 다음 자료의 평균이 [ ] 안의 수와 같을 때, x의 값을 구하시오.

006 9, 6, x, 11 [9]

$(\text{평균}) = \dfrac{9+6+x+11}{\square} = 9$이므로

$x+26=\square$ $\therefore x=\square$

007 7, x, 10, 9 [8]

008 11, 16, 10, x, 9 [12]

009 34, x, 26, 32, 28, 25 [30]

학교 시험 문제는 이렇게

010 다음 표는 수민이가 받은 5과목에 대한 기말 고사 성적을 조사하여 나타낸 것이다. 기말 고사 성적의 평균이 87점일 때, 수학 성적은 몇 점인지 구하시오.

과목	국어	영어	수학	사회	과학
성적(점)	96	72		88	86

02 중앙값과 최빈값

(1) 중앙값: 자료의 변량을 작은 값부터 크기순으로 나열할 때, 한가운데 있는 값
즉, 변량 n개를 작은 값부터 크기순으로 나열할 때
① n이 홀수이면 $\frac{n+1}{2}$번째 변량이 중앙값이다. → 가운데 있는 값
예 2, 4, 4, 7, 9 ➡ 중앙값: 4
② n이 짝수이면 $\frac{n}{2}$번째와 $\left(\frac{n}{2}+1\right)$번째 변량의 평균이 중앙값이다. → 가운데 있는 두 값의 평균
예 1, 2, 4, 6, 7, 8 ➡ 중앙값: $\frac{4+6}{2}=5$
참고 자료에 매우 크거나 매우 작은 값, 즉 극단적인 값이 있는 경우에는 중앙값이 평균보다 자료의 중심 경향을 더 잘 나타내기도 한다.

(2) 최빈값: 자료의 변량 중에서 가장 많이 나타난 값
이때 최빈값은 자료에 따라 2개 이상일 수도 있다.
예 3, 1, 8, 1, 5, 3 ➡ 최빈값: 1, 3
참고 ① 변량의 개수가 많고, 자료에 같은 값이 많은 경우에는 자료의 대푯값으로서 최빈값이 적절하다.
② 최빈값은 숫자로 나타낼 수 없는 자료의 대푯값으로 유용하다.

정답과 해설 • 32쪽

• 중앙값

[011~020] 다음 자료의 중앙값을 구하시오.

011 4, 8, 1, 0, 9

❶ 변량을 작은 값부터 크기순으로 나열하면
____
❷ 변량의 개수가 (홀수, 짝수)이므로 중앙값은 가운데 있는 값인 ☐이다.

012 7, 6, 2, 2, 8

013 9, 11, 14, 8, 17

014 13, 12, 19, 17, 50, 19, 11

015 23, 27, 29, 31, 33, 25, 24

016 12, 5, 12, 16, 30, 14

❶ 변량을 작은 값부터 크기순으로 나열하면
____
❷ 변량의 개수가 (홀수, 짝수)이므로 중앙값은 가운데 있는 두 값 ☐와 ☐의 평균인 ☐이다.

017 6, 2, 9, 4, 10, 1

018 14, 11, 4, 19, 2, 4, 16, 5

019 18, 27, 41, 22, 34, 18, 33, 34

020 6, 7, 20, 14, 7, 6, 4, 5, 9, 3

● 중앙값이 주어질 때, 변량 구하기 중요

[021~026] 다음은 변량을 작은 값부터 크기순으로 나열한 것이다. 이 자료의 중앙값이 [ ] 안의 수와 같을 때, x의 값을 구하시오.

021 2, 6, x, 15 [9]

(중앙값)$=\dfrac{6+x}{\square}=9$이므로

$6+x=\square$ $\therefore x=\square$

022 5, x, 9, 11 [8]

023 7, 10, 14, x, 28, 31 [17]

024 4, 12, 17, x, 27, 35 [21]

025 0, 2, 9, x, 18, 21, 40, 42 [14]

026 4, 9, 12, 12, x, 25, 33, 37 [17]

● 최빈값

[027~029] 다음 자료의 최빈값을 구하시오.

027 2, 7, 9, 8, 7, 7

028 10, 5, 3, 5, 10, 13, 5

029 6, 4, 5, 4, 6, 1

030 다음 표는 승열이네 반 학생 20명의 혈액형을 조사하여 나타낸 것이다. 이 자료의 최빈값을 구하시오.

혈액형	A형	B형	O형	AB형
학생 수(명)	4	6	3	7

031 다음 표는 지민이네 반 학생 25명이 가장 좋아하는 과목을 조사하여 나타낸 것이다. 이 자료의 최빈값을 구하시오.

과목	국어	영어	수학	사회	과학
학생 수(명)	3	6	9	2	5

학교 시험 문제는 이렇게

032 다음 자료는 어느 사격 선수가 총을 6번 쏘았을 때 맞춘 점수를 조사하여 나타낸 것이다. 이 자료의 중앙값과 최빈값을 각각 구하시오.

(단위: 점)

7, 10, 9, 6, 9, 7

대푯값 - 평균, 중앙값, 최빈값

[033~035] 아래 줄기와 잎 그림은 월요일에 방영하는 TV 드라마 8편의 시청률을 조사하여 그린 것이다. 이 자료에 대하여 다음을 구하시오.

시청률 (0|2는 2%)

줄기	잎
0	2 3 3 6
1	0 3 5
2	0

033 평균

034 중앙값

035 최빈값

[036~038] 아래 줄기와 잎 그림은 영화 동호회 회원 16명의 1년 동안 본 영화 수를 조사하여 그린 것이다. 이 자료에 대하여 다음을 구하시오.

영화 수 (0|7은 7편)

줄기	잎
0	7 9
1	0 2 2 5 8 9
2	1 1 4 6 7
3	0 3 6

036 평균

037 중앙값

038 최빈값

대푯값의 이해

[039~044] 다음 설명 중 옳은 것은 ○표, 옳지 않은 것은 ×표를 ( ) 안에 쓰시오.

039 자료 전체의 중심 경향이나 특징을 대표적으로 나타낸 값을 대푯값이라 한다. ( )

040 중앙값은 항상 자료에 있는 값 중 하나이다. ( )

041 자료에 극단적인 값이 있는 경우에는 중앙값보다 평균이 그 자료 전체의 특징을 잘 나타낸다. ( )

042 최빈값은 항상 한 개이다. ( )

043 변량 중 가장 많이 나타나는 값을 최빈값이라 한다. ( )

044 최빈값은 숫자로 나타낼 수 없는 자료에서도 구할 수 있다. ( )

(1) 산포도: 자료의 변량이 흩어져 있는 정도를 하나의 수로 나타낸 값

(2) 편차: 각 변량에서 평균을 뺀 값 ➡ (편차)=(변량)−(평균) ← 빼는 순서에 주의해야 한다.

① 편차의 총합은 항상 0이다.

② 변량이 평균보다 크면 그 편차는 양수이고, 변량이 평균보다 작으면 그 편차는 음수이다.

주의 편차는 주어진 자료와 같은 단위를 쓴다.

정답과 해설 • 34쪽

● 편차

[045~048] 다음 자료에 대하여 표를 완성하시오.

045 (평균)=5

변량	3	7	4	6
편차	−2			

(편차)=(변량)−(평균)이므로
변량 3의 편차는 $3-5=-2$

046 (평균)=20

변량	12	30	14	20	24
편차					

047 (평균)=7

변량					
편차	2	−5	1	4	−2

(편차)=(변량)−(평균)이므로
(변량)=(평균)+(편차)

048 (평균)=16

변량					
편차	−1	0	7	−4	−2

[049~052] 다음 자료의 평균을 구하고, 표를 완성하시오.

049 (평균)=☐

변량	5	12	6	9
편차				

050 (평균)=☐

변량	8	14	11	15
편차				

051 (평균)=☐

변량	15	27	36	17	30
편차					

052 (평균)=☐

변량	40	30	38	37	35
편차					

● 편차의 성질

[053~058] 어떤 자료의 편차가 다음과 같을 때, x의 값을 구하시오.

053 $-3,\ 2,\ x,\ 7$

➡ $(-3)+2+x+7=\square$ $\therefore x=\square$
└ 편차의 총합

054 $x,\ 0,\ -4,\ 2$

055 $-1,\ -5,\ 7,\ x,\ 8$

056 $1,\ 15,\ -4,\ -6,\ x,\ -10$

057 $3,\ -1.5,\ x,\ -2,\ 0.5$

058 $2x-3,\ -x+1,\ 5,\ 7,\ -8$

● 편차의 성질을 이용하여 변량 구하기 중요

059 다음 표는 학생 4명의 국어 성적의 편차를 나타낸 것이다. 국어 성적의 평균이 75점일 때, 학생 C의 국어 성적을 구하시오.

학생	A	B	C	D
편차(점)	4	1		-3

❶ 학생 C의 국어 성적의 편차를 x점이라 하면
$4+1+x+(-3)=\square$ $\therefore x=\square$
❷ (학생 C의 국어 성적)=(평균)+(편차)
$=75+(\square)=\square$(점)

060 다음 표는 지수의 5일 동안의 줄넘기 기록의 편차를 나타낸 것이다. 줄넘기 기록의 평균이 30회일 때, 수요일의 기록을 구하시오.

요일	월	화	수	목	금
편차(회)	3	2		5	-4

061 다음 표는 혜진이가 5개월 동안 매달 서점에 간 횟수의 편차를 나타낸 것이다. 서점에 간 횟수의 평균이 5회일 때, 2월에 서점에 간 횟수를 구하시오.

월	1	2	3	4	5
편차(회)	3		-2	-4	1

062 다음 표는 학생 5명의 키의 편차를 나타낸 것이다. 키의 평균이 165 cm일 때, 승환이의 키를 구하시오.

학생	장원	진아	승환	건지	새별
편차(cm)	6	-7		2	-5

분산과 표준편차

(1) 분산: 편차의 제곱의 총합을 변량의 개수로 나눈 값, 즉 편차의 제곱의 평균

$$\Rightarrow (\text{분산})=\frac{\{(\text{편차})^2\text{의 총합}\}}{(\text{변량의 개수})}$$

(2) 표준편차: 분산의 음이 아닌 제곱근 ➡ $(\text{표준편차})=\sqrt{(\text{분산})}$

주의 표준편차는 주어진 자료와 같은 단위를 쓰고, 분산은 단위를 쓰지 않는다.

참고 분산과 표준편차를 구하는 순서

평균 ➡ 편차 ➡ $(\text{편차})^2$의 총합 ➡ 분산 ➡ 표준편차

정답과 해설 • 35쪽

분산과 표준편차 중요

[063~064] 다음 자료의 분산과 표준편차를 각각 구하시오.

063 2, 3, 5, 1, 4

❶ 평균 구하기	
❷ 각 변량의 편차 구하기	
❸ $(\text{편차})^2$의 총합 구하기	
❹ 분산 구하기	
❺ 표준편차 구하기	

064 17, 16, 14, 18, 12, 19

❶ 평균 구하기	
❷ 각 변량의 편차 구하기	
❸ $(\text{편차})^2$의 총합 구하기	
❹ 분산 구하기	
❺ 표준편차 구하기	

[065~067] 다음 자료의 분산과 표준편차를 각각 구하시오.

065 8, 11, 12, 9, 15

066 7, 15, 9, 21, 8

067 5, 13, 10, 11, 19, 14

학교 시험 문제는 이렇게

068 다음 자료는 은석이네 반 학생 6명의 통학 시간을 조사하여 나타낸 것이다. 이 학생들의 통학 시간의 분산과 표준편차를 각각 구하시오.

(단위: 분)

14, 13, 20, 19, 14, 10

● 편차의 성질을 이용하여 분산과 표준편차 구하기

[069~072] 어떤 자료의 편차가 다음과 같을 때, 분산과 표준편차를 각각 구하시오.

069 3, 1, x, -3

❶ x의 값 구하기	
❷ (편차)^{2}의 총합 구하기	
❸ 분산 구하기	
❹ 표준편차 구하기	

070 2, -1, -4, x

071 1, -3, -6, x, 3

072 4, -2, 1, 3, -5, x

● 평균이 주어질 때, 분산과 표준편차 구하기

[073~076] 다음 자료의 평균이 [ ] 안의 수와 같을 때, 이 자료의 분산과 표준편차를 각각 구하시오.

073 2, x, 5, 6, 9 [5]

❶ x의 값 구하기	
❷ (편차)^{2}의 총합 구하기	
❸ 분산 구하기	
❹ 표준편차 구하기	

074 7, 3, 5, x, 4, 10 [6]

075 15, 13, x, 16, 11, 17 [14]

076 23, 17, x, 12, 11, 8, 14 [13]

05 자료의 분석

(1) 분산 또는 표준편차가 작다.
➡ 변량들이 평균 가까이에 모여 있다.
➡ 변량들 간의 격차가 작다.
➡ 자료의 분포 상태가 고르다.

(2) 분산 또는 표준편차가 크다.
➡ 변량들이 평균에서 멀리 떨어져 있다.
➡ 변량들 간의 격차가 크다.
➡ 자료의 분포 상태가 고르지 않다.

정답과 해설 • 36쪽

● 표준편차의 직관적 비교

[077~078] 다음 조건을 만족시키는 자료를 보기에서 고르시오.
(단, 각 자료의 평균은 5로 모두 같다.)

보기

ㄱ. 3, 7, 3, 7, 3, 7　　ㄴ. 3, 7, 3, 7, 5, 5
ㄷ. 5, 5, 5, 5, 5, 5　　ㄹ. 1, 9, 1, 9, 1, 9
ㅁ. 1, 9, 1, 9, 5, 5　　ㅂ. 2, 8, 5, 5, 2, 8

077 표준편차가 가장 큰 것

078 표준편차가 가장 작은 것

[079~080] 아래 막대그래프는 A, B, C 세 모둠 학생들의 자유투 성공 횟수를 조사하여 각각 나타낸 것이다. 세 모둠의 자유투 성공 횟수의 평균이 3회로 모두 같을 때, 다음 조건을 만족시키는 모둠을 말하시오.

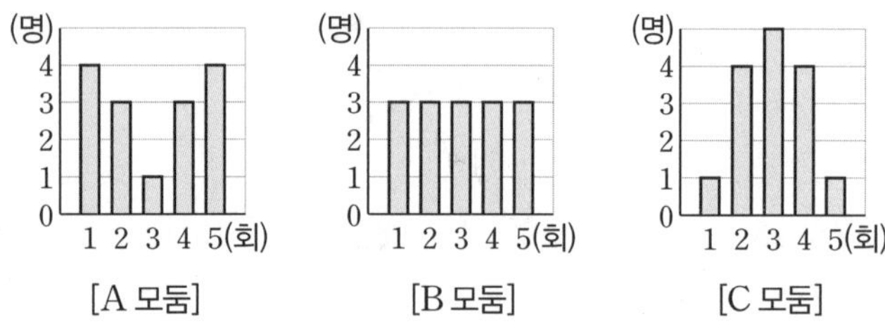

079 자유투 성공 횟수의 산포도가 가장 큰 모둠

080 자유투 성공 횟수의 산포도가 가장 작은 모둠

● 자료의 분석

[081~083] 오른쪽 표는 학생 수가 같은 A, B 두 반의 과학 성적의 평균과 표준편차를 나타낸 것이다. 다음 설명 중 옳은 것은 ○표, 옳지 않은 것은 ×표를 ( ) 안에 쓰시오.

반	A	B
평균(점)	88	83
표준편차(점)	6	8

081 A반의 과학 성적이 B반의 과학 성적보다 우수하다. ( )

082 B반의 과학 성적이 A반의 과학 성적보다 고르다. ( )

083 과학 성적이 90점 이상인 학생 수는 A반이 더 많다. ( )

[084~085] 오른쪽 표는 연홍이와 수연이의 하루 동안의 독서 시간의 평균과 표준편차를 나타낸 것이다. 다음 설명 중 옳은 것은 ○표, 옳지 않은 것은 ×표를 ( ) 안에 쓰시오.

학생	연홍	수연
평균(분)	37	45
표준편차(분)	14	19

084 수연이의 독서 시간이 연홍이의 독서 시간보다 짧다. ( )

085 연홍이의 독서 시간이 수연이의 독서 시간보다 규칙적이다. ( )

[086~091] 아래 표는 A, B, C, D, E 5개의 반 학생들의 앉은키의 평균과 표준편차를 나타낸 것이다. 다음 설명 중 옳은 것은 ○표, 옳지 않은 것은 ×표를 ( ) 안에 쓰시오.

반	A	B	C	D	E
평균(cm)	89.3	90.2	88.5	91.2	92.5
표준편차(cm)	5	6	2	1	7

086 E반의 앉은키가 A반의 앉은키보다 크다. (   )

087 앉은키가 가장 고른 반은 D반이다. (   )

088 B반의 학생 수가 C반의 학생 수보다 적다. (   )

089 A반의 앉은키의 산포도가 B반의 앉은키의 산포도보다 고르다. (   )

090 앉은키가 가장 작은 학생은 C반에 있다. (   )

091 반별로 앉은키의 편차의 총합을 구하면 E반이 가장 크다. (   )

● 산포도의 이해

[092~096] 다음 설명 중 옳은 것은 ○표, 옳지 않은 것은 ×표를 ( ) 안에 쓰시오.

092 편차의 총합은 항상 0이다. (   )

093 평균보다 작은 변량의 편차는 음수이다. (   )

094 분산이 클수록 자료의 변량들이 평균 가까이에 모여 있다. (   )

095 대푯값으로 자료의 흩어진 정도를 알 수 있다. (   )

096 변량들이 고르게 분포되어 있을수록 표준편차는 작아진다. (   )

기본 문제 × 확인하기

1 다음 자료의 평균을 구하시오.

(1) 7, 9, 7, 7, 10

(2) 3, 8, 7, 8, 9, 13

(3) 3, 12, 4, 7, 10, 6

2 다음 자료의 평균이 [ ] 안의 수와 같을 때, x의 값을 구하시오.

(1) 7, 4, x, 10 [8]

(2) 12, 5, 9, x, 3 [7]

(3) 22, 8, x, 14, 5, 11 [11]

3 다음 자료의 중앙값을 구하시오.

(1) 5, 7, 3, 13, 9

(2) 10, 2, 9, 25, 16, 18

(3) 6, 11, 7, 10, 8, 8, 14

(4) 8, 10, 10, 8, 15, 10, 14, 4

4 다음은 변량을 작은 값부터 크기순으로 나열한 것이다. 이 자료의 중앙값이 [ ] 안의 수와 같을 때, x의 값을 구하시오.

(1) 2, 7, x, 11, 12 [8]

(2) 3, 5, 6, x, 13, 13 [9]

(3) 10, 12, 13, x, 16, 17 [14]

(4) 9, 10, 10, x, 13, 15, 20, 23 [12]

5 다음 자료의 최빈값을 구하시오.

(1) 4, 1, 8, 5, 4, 3

(2) 1, 1, 6, 4, 5, 8, 6

(3) 3, 5, 11, 7, 2, 3, 13, 13, 3

6 다음 자료의 평균을 구하고, 표를 완성하시오.

(1) (평균)= ☐

변량	12	6	14	16	22
편차					

(2) (평균)= ☐

변량	13	23	27	15	27
편차					

(3) (평균)= ☐

변량	18	6	15	14	8	5
편차						

7 어떤 자료의 편차가 다음과 같을 때, x의 값을 구하시오.

(1) -1, x, 0, 5, 3

(2) 2, -5, x, 6, -4

8 아래 표는 두 학생 A, B의 5과목에 대한 기말고사 성적의 편차를 나타낸 것이다. 두 학생의 기말고사 성적의 평균이 다음과 같을 때, 두 학생의 사회 성적을 구하시오.

(1) (학생 A의 기말고사 성적의 평균)=68점

과목	국어	영어	수학	사회	과학
편차(점)	-5	10	-4		-4

➡ (학생 A의 사회 성적)=☐점

(2) (학생 B의 기말고사 성적의 평균)=85점

과목	국어	영어	수학	사회	과학
편차(점)	3	-4	7		1

➡ (학생 B의 사회 성적)=☐점

9 다음 자료의 분산과 표준편차를 각각 구하시오.

(1) 11, 16, 14, 9, 10

(2) 22, 17, 32, 28, 31, 20

10 어떤 자료의 편차가 다음과 같을 때, 분산과 표준편차를 각각 구하시오.

(1) -3, 1, x, 4, -2

(2) -2, 10, x, -5, 2

11 다음 자료의 평균이 [ ] 안의 수와 같을 때, 이 자료의 분산과 표준편차를 각각 구하시오.

(1) 10, 8, 8, x, 5, 6 [7]

(2) 12, 9, x, 8, 6, 10 [8]

12 아래 막대그래프는 세 반 학생들의 방학 동안 읽은 책의 수를 조사하여 각각 나타낸 것이다. 세 반의 방학 동안 읽은 책의 수의 평균이 6권으로 모두 같을 때, 다음 조건을 만족시키는 반을 말하시오.

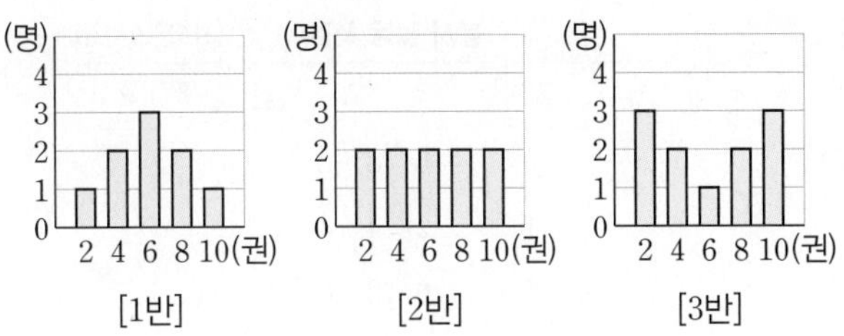

(1) 책의 수의 표준편차가 가장 큰 반

(2) 책의 수의 표준편차가 가장 작은 반

13 다음 설명 중 옳은 것은 ○표, 옳지 않은 것은 ×표를 ( ) 안에 쓰시오.

(1) 자료에 매우 크거나 매우 작은 값이 있는 경우에는 자료의 대푯값으로서 평균이 가장 적절하다. ( )

(2) 변량의 개수가 홀수이면 중앙값은 변량을 작은 값부터 크기순으로 나열할 때, 가운데 있는 값이다. ( )

(3) 최빈값은 여러 개일 수도 있다. ( )

(4) 산포도는 평균, 분산, 표준편차이다. ( )

(5) 편차는 평균에서 변량을 뺀 값이다. ( )

(6) 표준편차는 분산의 양의 제곱근 또는 0이다. ( )

(7) 분산은 편차의 제곱의 평균이다. ( )

(8) 표준편차가 클수록 자료의 분포 상태가 고르다. ( )

학교 시험 문제 × 확인하기

1 다음 줄기와 잎 그림은 찬혁이네 반 학생 10명의 한 학기 동안의 봉사 활동 시간을 조사하여 그린 것이다. 봉사 활동 시간의 평균, 중앙값, 최빈값을 각각 a시간, b시간, c시간이라 할 때, $a+b+c$의 값은?

봉사 활동 시간 (0|6은 6시간)

줄기	잎
0	6 8
1	2 4 4 7
2	0 3 6
3	5

① 43 ② 44 ③ 45
④ 46 ⑤ 47

2 다음 자료의 평균이 10일 때, x의 값은?

4, 9, x, 5, 12, 16

① 8 ② 10 ③ 12
④ 14 ⑤ 16

3 다음 자료는 어느 모둠 학생 8명의 오른쪽 눈의 시력을 조사하여 나타낸 것이다. 이 자료의 중앙값이 0.8일 때, x의 값은?

0.5, 1.5, x, 0.6, 2.0, 0.9, 0.2, 1.5

① 0.6 ② 0.7 ③ 0.8
④ 0.9 ⑤ 1.0

4 다음 표는 지욱이네 반 학생 25명의 신발 크기를 조사하여 나타낸 것이다. 이 자료의 최빈값을 구하시오.

신발 크기 (mm)	225	230	235	240	245	250
학생 수(명)	3	4	6	2	3	7

5 다음 자료 중에서 평균을 대푯값으로 하기에 가장 적절하지 않은 것은?

① 4, 4, 4, 4, 4
② 0, 2, 0, 2, 200
③ 1, 1, 2, 2, 3
④ 12, 13, 14, 15, 16
⑤ 100, 110, 120, 130, 140

6 아래 표는 학생 5명의 몸무게의 편차를 나타낸 것이다. 몸무게의 평균이 47 kg일 때, 다음 중 옳지 않은 것은?

학생	A	B	C	D	E
편차(kg)	-3	2	-1	x	6

① x의 값은 -4이다.
② 학생 B의 몸무게는 45 kg이다.
③ 학생 C는 몸무게가 평균보다 적게 나간다.
④ 학생 D의 몸무게는 43 kg이다.
⑤ 몸무게가 평균보다 많이 나가는 학생은 2명이다.

7 다음 표는 어느 가게에서 6개월 동안 단체 손님이 방문한 횟수를 조사하여 나타낸 것이다. 이 가게의 단체 손님의 방문 횟수의 분산을 구하시오.

월	1	2	3	4	5	6
횟수(회)	17	11	12	19	15	16

8 다음은 학생 5명의 영어 성적의 편차를 나타낸 것이다. 이 학생들의 영어 성적의 표준편차는?

(단위: 점)

$4, \quad -5, \quad 7, \quad x, \quad -4$

① $\sqrt{22}$점 ② $2\sqrt{6}$점 ③ $2\sqrt{7}$점
④ $\sqrt{30}$점 ⑤ $4\sqrt{2}$점

9 6개의 변량 3, 10, x, 7, 5, 4의 평균이 6일 때, 분산은?

① 4 ② $\frac{13}{3}$ ③ $\frac{14}{3}$
④ 5 ⑤ $\frac{16}{3}$

10 다음 보기 중 대푯값과 산포도에 대한 설명으로 옳지 않은 것을 모두 고른 것은?

보기
ㄱ. 중앙값은 주어진 자료 중에 없을 수도 있다.
ㄴ. 편차의 평균으로 자료의 흩어진 정도를 알 수 있다.
ㄷ. 변량들이 평균을 중심으로 넓게 흩어져 있을수록 분산이 크다.
ㄹ. 평균이 서로 다른 두 집단은 표준편차도 서로 다르다.

① ㄱ, ㄴ ② ㄱ, ㄹ ③ ㄴ, ㄷ
④ ㄴ, ㄹ ⑤ ㄷ, ㄹ

11 다음 보기 중 표준편차가 가장 큰 것과 가장 작은 것을 차례로 고르시오. (단, 각 자료의 평균은 4로 모두 같다.)

보기
ㄱ. 2, 6, 2, 6, 4, 4　　ㄴ. 4, 4, 4, 4, 4, 4
ㄷ. 1, 7, 1, 7, 1, 7　　ㄹ. 3, 5, 3, 5, 3, 5
ㅁ. 4, 4, 2, 6, 3, 5　　ㅂ. 1, 7, 1, 7, 4, 4

12 아래 표는 5개의 반 학생들의 1학기 중간고사 국어 성적의 평균과 표준편차를 나타낸 것이다. 다음 중 옳은 것은?

반	1	2	3	4	5
평균(점)	68	72	73	72	70
표준편차(점)	5	4	6	3	8

① 1반의 학생 수는 2반의 학생 수보다 많다.
② 2반 학생들의 국어 성적은 5반 학생들의 국어 성적보다 낮다.
③ 국어 성적이 가장 높은 학생은 3반에 있다.
④ 국어 성적이 90점 이상인 학생은 1반보다 2반에 많다.
⑤ 국어 성적이 가장 고른 반은 4반이다.

6

상관관계

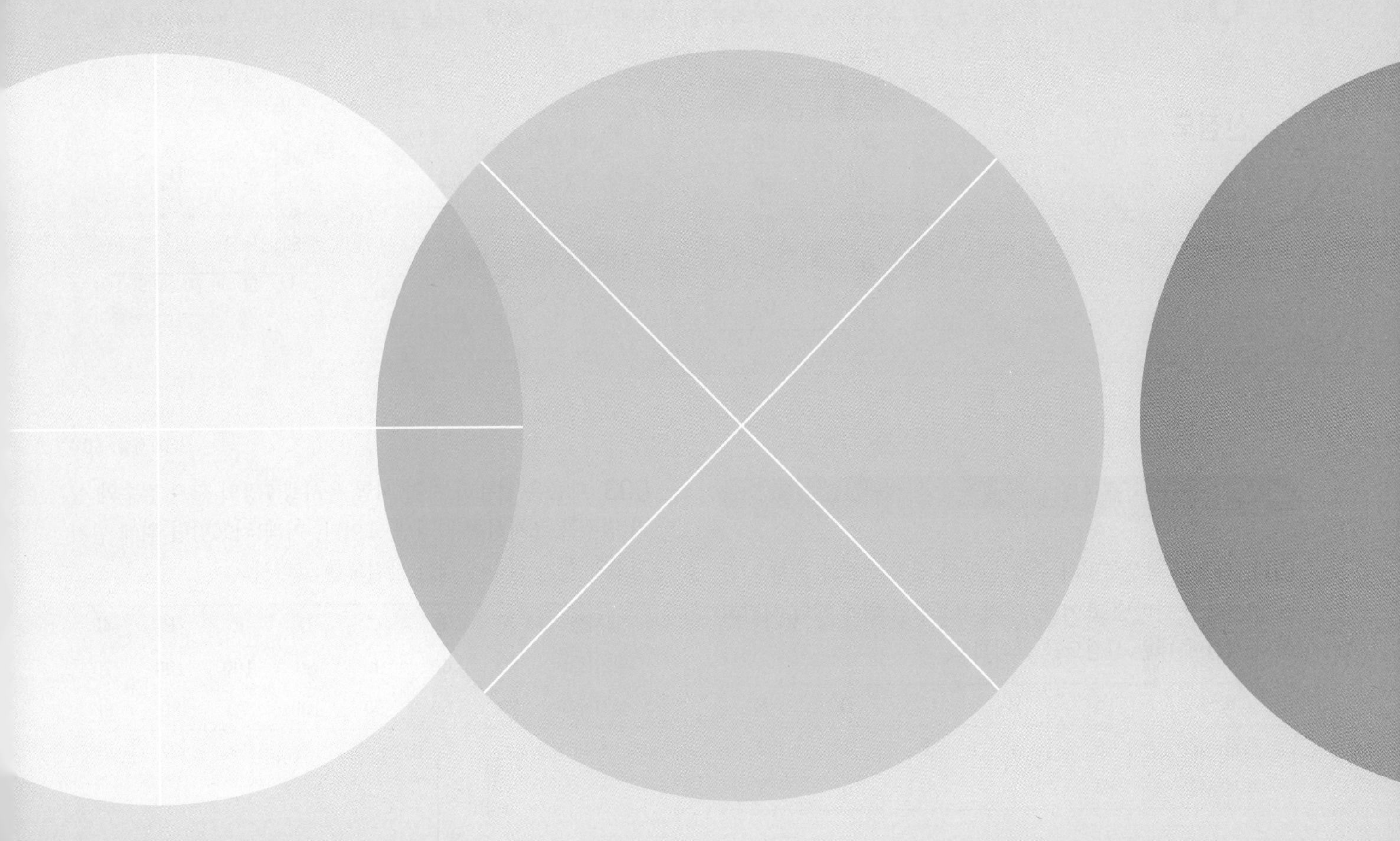

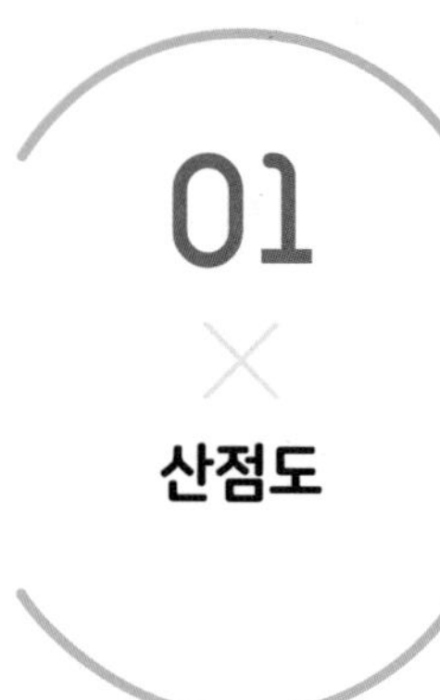

두 변량 x, y의 순서쌍 (x, y)를 좌표평면 위에 점으로 나타낸 그림을 **산점도**라 한다. → 두 변량 사이의 관계를 알 수 있다.

예 [자료]

학생	과학(점)	수학(점)
A	50	50
B	70	60
C	80	60
D	80	70
E	90	90

과학 성적을 x점, 수학 성적을 y점이라 하고 순서쌍 (x, y)를 좌표평면 위에 나타낸다.

[산점도]

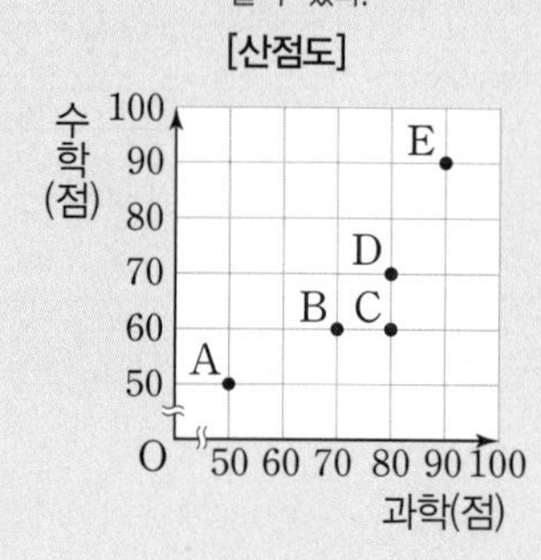

정답과 해설 • 40쪽

● 산점도 그리기

001 다음은 학생 5명의 주말 동안의 게임 시간과 독서 시간을 조사하여 나타낸 표이다. 아래 좌표평면 위에 게임 시간과 독서 시간에 대한 산점도를 그리시오.

학생	A	B	C	D	E
게임(시간)	5	4	3	1	2
독서(시간)	2	1	3	5	4

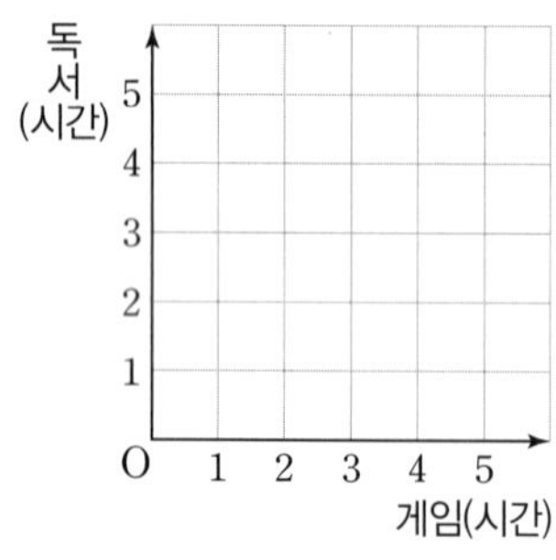

002 다음은 학생 6명의 몸무게와 키를 조사하여 나타낸 표이다. 아래 좌표평면 위에 몸무게와 키에 대한 산점도를 그리시오.

학생	A	B	C	D	E	F
몸무게(kg)	55	60	65	75	70	50
키(cm)	155	165	165	170	175	160

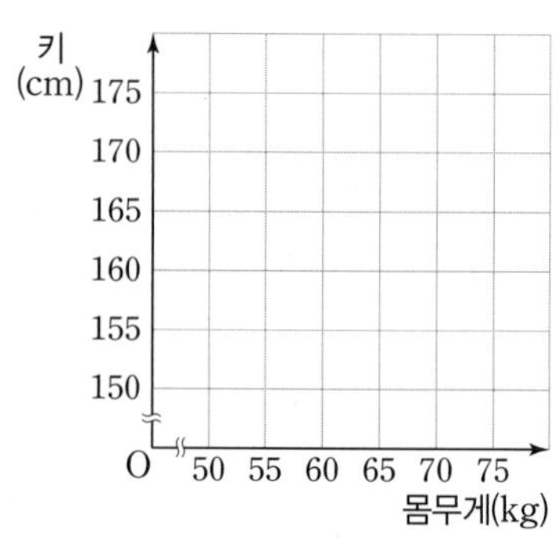

003 다음은 컴퓨터 자격 시험 응시생 7명의 필기 점수와 실기 점수를 조사하여 나타낸 표이다. 아래 좌표평면 위에 필기 점수와 실기 점수에 대한 산점도를 그리시오.

응시생	A	B	C	D	E	F	G
필기(점)	80	60	90	80	100	100	70
실기(점)	70	60	90	100	70	80	80

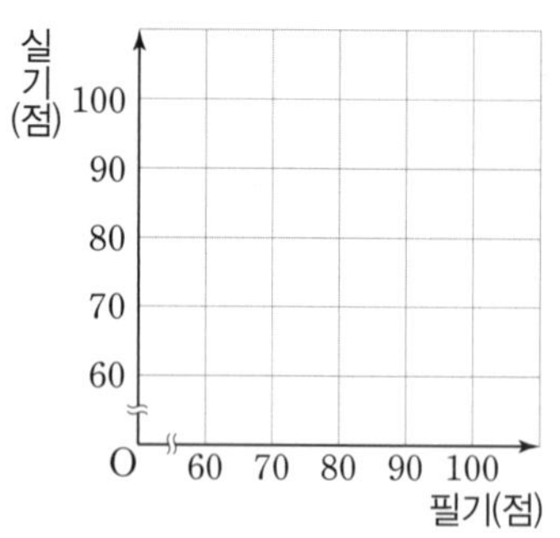

004 다음은 어느 과자 회사에서 판매하는 8종류의 과자의 가격과 하루 판매량을 조사하여 나타낸 표이다. 아래 좌표평면 위에 과자의 가격과 하루 판매량에 대한 산점도를 그리시오.

과자	A	B	C	D	E	F	G	H
가격(원)	600	1000	900	700	900	800	1000	600
판매량(개)	10	12	16	18	20	14	13	22

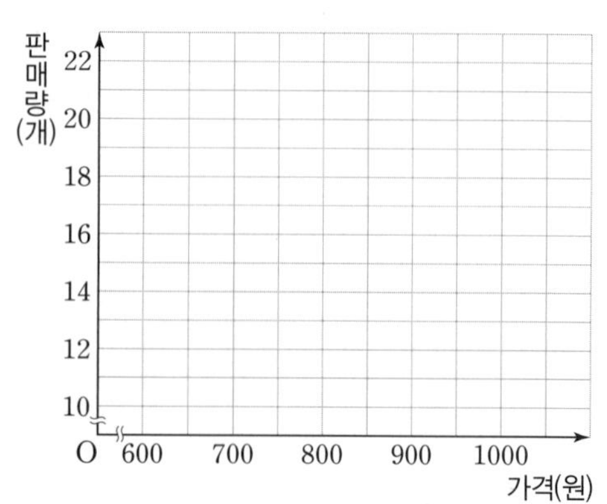

02 산점도의 분석

x, y에 대한 산점도에서 주어진 조건에 따라 다음과 같이 보조선을 긋는다.

(1) 이상 또는 이하에 대한 조건이 주어지면 가로선 또는 세로선을 긋는다.

x는 a 이상/이하이다.	y는 b 이상/이하이다.

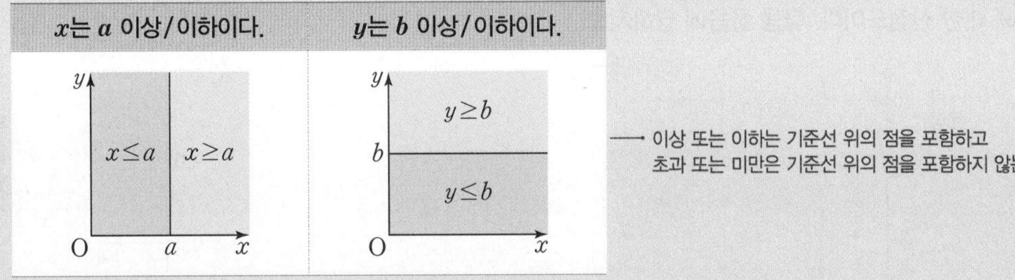

(2) 두 변량을 비교할 때는 대각선을 긋는다.

x와 y가 같다.	x는 y보다 크다.	y는 x보다 크다.

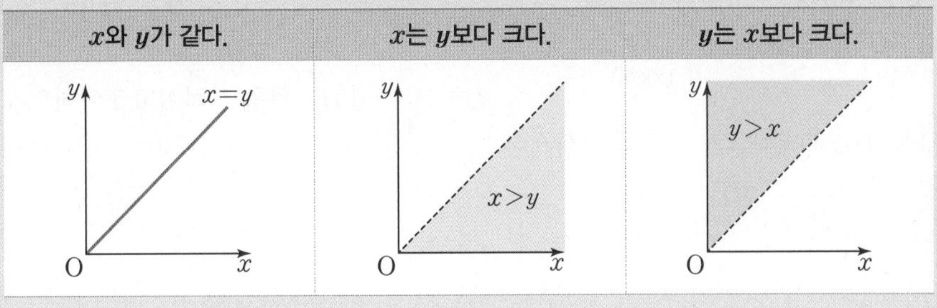

정답과 해설 • 40쪽

● 산점도의 분석 (1) - 가로선, 세로선 긋기

[005~008] 오른쪽 그림은 학생 12명의 하루 동안의 스마트폰 사용 시간과 수면 시간에 대한 산점도이다. 다음 물음에 답하시오.

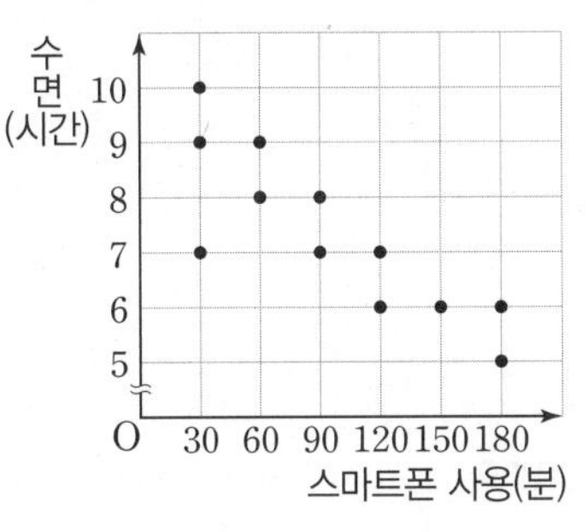

005 스마트폰 사용 시간이 150분 이상인 학생은 몇 명인지 구하시오.

006 수면 시간이 6시간 미만인 학생은 몇 명인지 구하시오.

007 스마트폰 사용 시간이 90분 이상 120분 이하인 학생은 몇 명인지 구하시오.

008 수면 시간이 7시간 이상 10시간 미만이고 스마트폰 사용 시간이 60분 이하인 학생은 몇 명인지 구하시오.

● 산점도의 분석 (2) - 대각선 긋기

[009~011] 오른쪽 그림은 학생 10명의 미술 1차 수행평가 점수와 2차 수행평가 점수에 대한 산점도이다. 다음 물음에 답하시오.

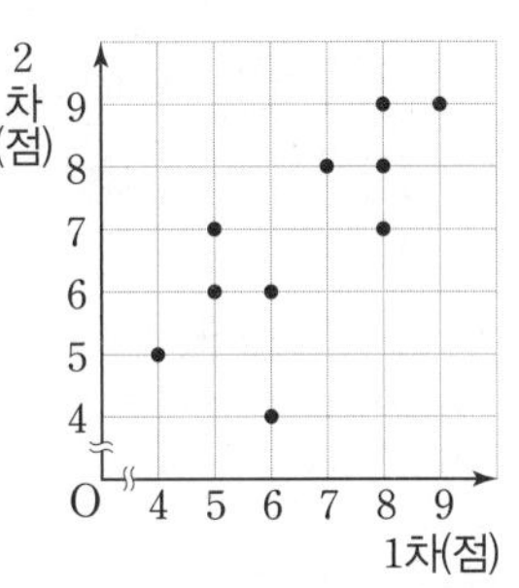

009 1차 수행평가 점수와 2차 수행평가 점수가 같은 학생은 몇 명인지 구하시오.

010 1차 수행평가 점수가 2차 수행평가 점수보다 높은 학생은 몇 명인지 구하시오.

011 2차 수행평가 점수가 1차 수행평가 점수보다 높은 학생은 몇 명인지 구하시오.

● 산점도의 분석 (3) - 종합 중요

[012~015] 아래 그림은 학생 15명의 윗몸 일으키기 1차 기록과 2차 기록에 대한 산점도이다. 다음 물음에 답하시오.

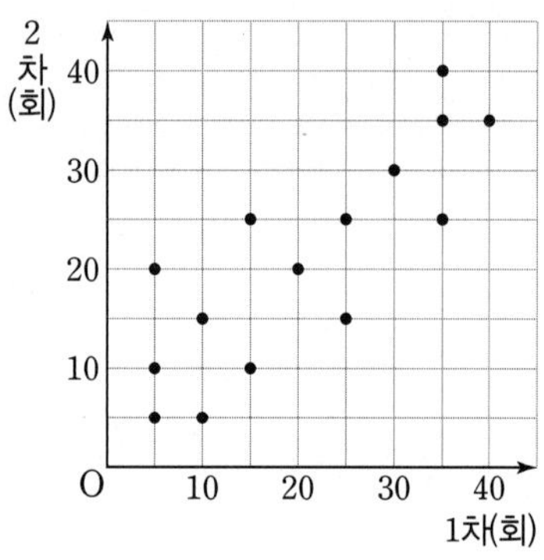

012 1차 기록이 가장 높은 학생의 2차 기록을 구하시오.

013 1차 기록과 2차 기록이 모두 35회 이상인 학생은 전체의 몇 %인지 구하시오.

014 1차 기록이 2차 기록보다 높은 학생은 몇 명인지 구하시오.

015 두 번의 윗몸 일으키기에서 기록의 변화가 없는 학생 중 기록이 가장 낮은 학생의 1차 기록을 구하시오.

[016~019] 아래 그림은 학생 20명의 왼쪽 시력과 오른쪽 시력에 대한 산점도이다. 다음 물음에 답하시오.

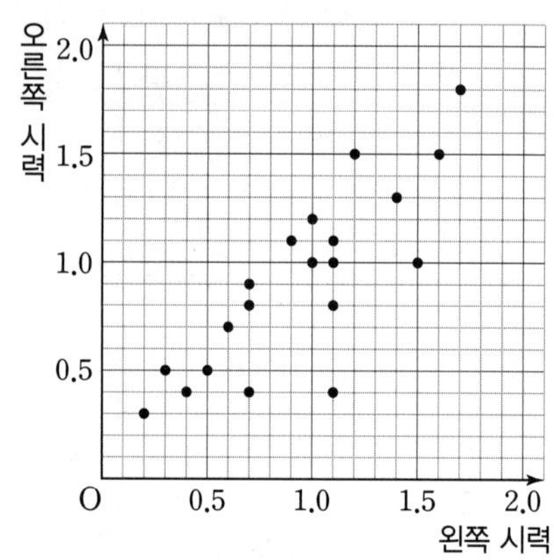

016 왼쪽 시력이 0.5 이하인 학생은 몇 명인지 구하시오.

017 왼쪽 시력과 오른쪽 시력이 차이가 없는 학생의 비율을 구하시오.

018 오른쪽 시력이 왼쪽 시력보다 좋은 학생은 전체의 몇 %인지 구하시오.

019 오른쪽 시력이 1.5 이상인 학생들의 왼쪽 시력의 평균을 구하시오.

03 상관관계

두 변량 x, y에 대하여 x의 값이 변함에 따라 y의 값이 변하는 경향이 있을 때, 이 두 변량 x, y 사이의 관계를 **상관관계**라 한다.

(1) **양의 상관관계**: x의 값이 증가함에 따라 y의 값도 대체로 증가하는 경향이 있는 관계

(2) **음의 상관관계**: x의 값이 증가함에 따라 y의 값이 대체로 감소하는 경향이 있는 관계

(3) **상관관계가 없다.**: x의 값이 증가함에 따라 y의 값이 증가하는지 감소하는지 분명하지 않은 관계

양의 상관관계	음의 상관관계	상관관계가 없다.

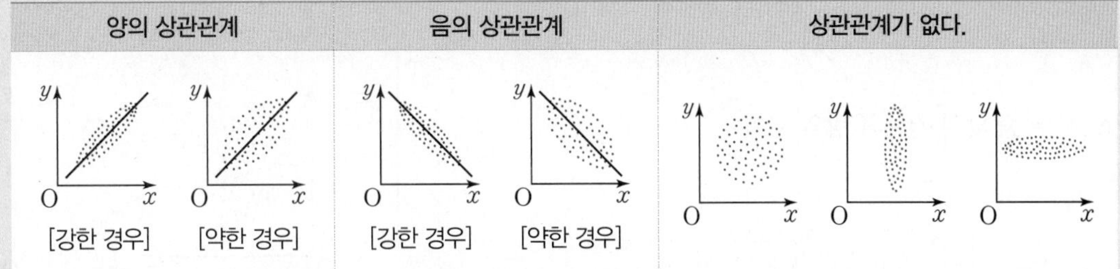

참고 산점도에서 점들이 한 직선 가까이에 모여 있을수록 상관관계가 강하고, 멀리 흩어져 있을수록 상관관계가 약하다고 한다.

정답과 해설 • 41쪽

● 상관관계 중요

[020~024] 다음 조건을 만족시키는 산점도를 보기에서 모두 고르시오.

보기

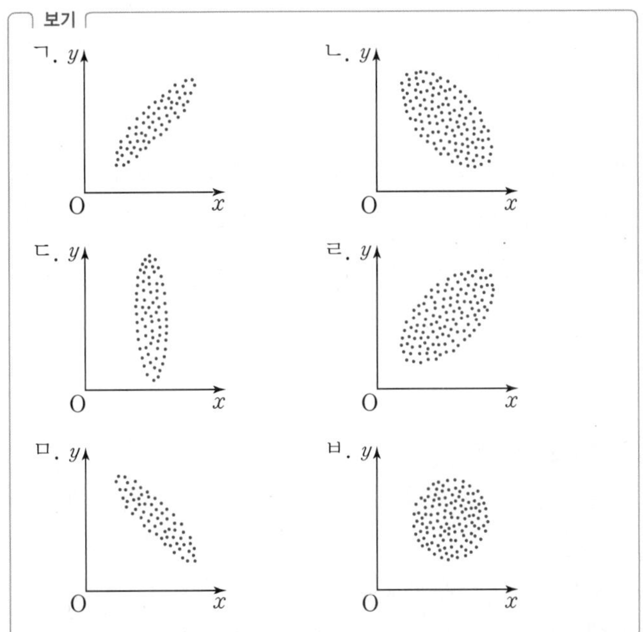

020 양의 상관관계가 있는 것

➡ x의 값이 증가함에 따라 y의 값도 대체로 (증가, 감소)하는 경향이 있는 관계

➡ ____________

021 음의 상관관계가 있는 것

➡ x의 값이 증가함에 따라 y의 값이 대체로 (증가, 감소)하는 경향이 있는 관계

➡ ____________

022 상관관계가 없는 것

023 가장 강한 양의 상관관계가 있는 것

024 x의 값이 증가함에 따라 y의 값이 대체로 감소하는 경향이 가장 뚜렷한 것

[025~032] 다음 두 변량 사이에 양의 상관관계가 있으면 '양', 음의 상관관계가 있으면 '음', 상관관계가 없으면 ×표를 ( ) 안에 쓰시오.

025 여름철 기온과 에어컨 사용량 ( )

026 하루 중 낮의 길이와 밤의 길이 ( )

027 수면 시간과 청력 ( )

028 몸무게와 지능 지수(IQ) ( )

029 양초를 태운 시간과 남은 양초의 길이 ( )

030 출생한 달과 키 ( )

031 겨울철 기온과 따뜻한 음료의 판매량 ( )

032 하루 동안 내린 비의 양과 그날의 습도 ( )

[033~035] 아래 보기 중 다음 두 변량 x, y 사이의 상관관계를 나타낸 산점도로 알맞은 것을 고르시오.

보기

ㄱ. y, O, x

ㄴ. y, O, x

ㄷ. y, O, x

ㄹ. y, O, x

033 산의 높이 xm와 그 산 정상에서의 기온 y℃

034 자동차의 속력 시속 $x$km와 그 자동차가 완전히 멈출 때까지 움직인 거리 ym

035 집에서 학교까지의 거리 xm와 집에서 학교까지 가는 데 걸리는 시간 y분

학교 시험 문제는 이렇게

036 다음 중 두 변량 사이의 상관관계가 나머지 넷과 다른 하나는?

① 도시의 인구 수와 학교 수
② 예금액과 이자액
③ 박물관의 하루 입장객 수와 그날 입장료의 총액
④ 운동량과 비만도
⑤ 발의 길이와 신발의 크기

04 산점도와 상관관계의 이해

오른쪽 그림과 같은 x와 y에 대한 산점도에서

(1) A가 오른쪽 위로 향하는 대각선보다 위쪽에 있다.

➡ A는 x의 값에 비해 y의 값이 크다.

(2) B가 오른쪽 위로 향하는 대각선보다 아래쪽에 있다.

➡ B는 y의 값에 비해 x의 값이 크다.

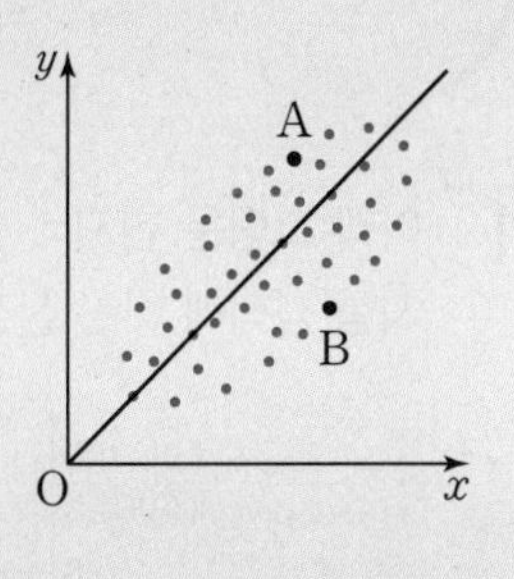

정답과 해설 • 42쪽

● 산점도와 상관관계의 이해

[037~040] 오른쪽 그림은 경민이네 반 학생들의 키와 앉은키에 대한 산점도이다. 다음 중 이 산점도에 대한 설명으로 옳은 것은 ○표, 옳지 않은 것은 ×표를 ( ) 안에 쓰시오.

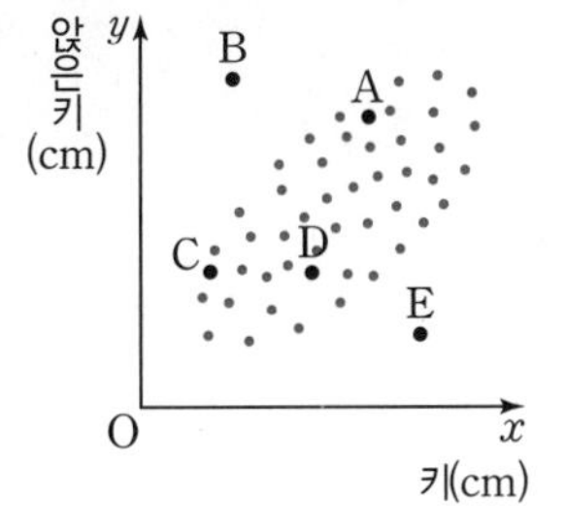

037 키가 큰 학생은 대체로 앉은키가 작다. ( )

038 B는 키에 비해 앉은키가 큰 편이다. ( )

039 E는 D에 비해 앉은키가 작다. ( )

040 A, B, C, D, E 5명의 학생 중에서 C의 키가 가장 작다. ( )

[041~044] 오른쪽 그림은 은경이네 반 학생들의 영어 말하기 점수와 영어 듣기 점수에 대한 산점도이다. 다음을 구하시오.

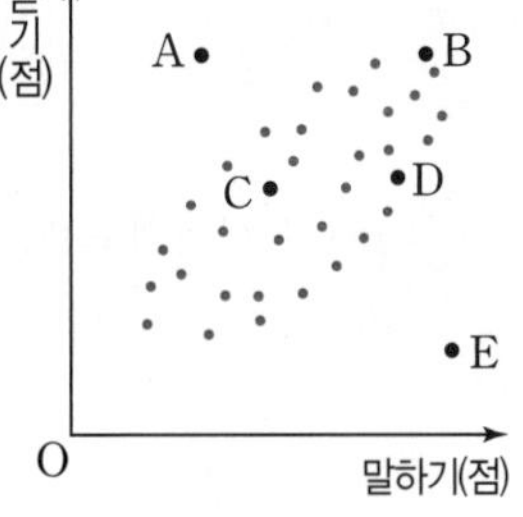

041 영어 말하기 점수와 영어 듣기 점수 사이의 상관관계

042 A, B, C, D, E 5명의 학생 중에서 영어 말하기 점수에 비해 영어 듣기 점수가 가장 높은 학생

043 A, B, C, D, E 5명의 학생 중에서 영어 말하기 점수와 영어 듣기 점수가 모두 높은 학생

044 A, B, C, D, E 5명의 학생 중에서 영어 듣기 점수에 비해 영어 말하기 점수가 가장 높은 학생

기본 문제 × 확인하기

1 아래 그림은 현지네 반 학생 25명의 두 차례에 걸친 수학 시험 성적에 대한 산점도이다. 다음 물음에 답하시오.

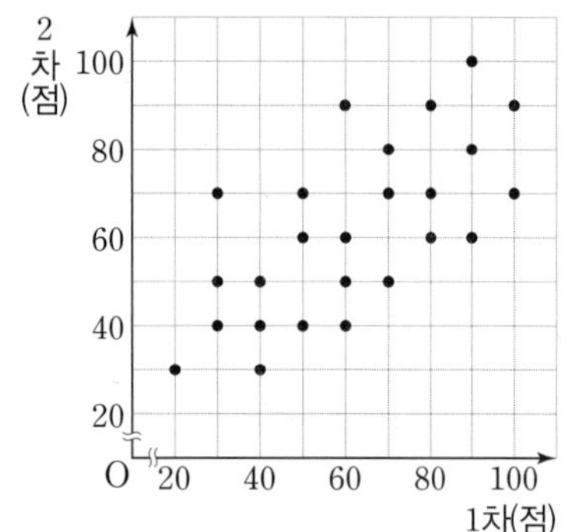

(1) 1차 성적이 60점인 학생은 몇 명인지 구하시오.

(2) 2차 성적이 가장 높은 학생의 1차 성적을 구하시오.

(3) 1차 성적과 2차 성적이 모두 80점 이상인 학생은 몇 명인지 구하시오.

(4) 1차 성적과 2차 성적이 같은 학생의 비율을 구하시오.

(5) 1차 성적보다 2차 성적이 높은 학생은 전체의 몇 %인지 구하시오.

(6) 2차 성적이 50점 미만인 학생들의 1차 성적의 평균을 구하시오.

2 다음 두 변량 사이에 양의 상관관계가 있으면 '양', 음의 상관관계가 있으면 '음', 상관관계가 없으면 ×표를 ( ) 안에 쓰시오.

(1) 전기 사용량과 전기 요금 ( )

(2) 카페인 섭취량과 수면 시간 ( )

(3) 시력과 충치 개수 ( )

(4) 물건의 할인율과 그 물건의 판매량 ( )

(5) 산의 높이와 그 지점의 산소량 ( )

3 오른쪽 그림은 어느 중학교 3학년 학생들의 하루 평균 섭취 열량과 몸무게에 대한 산점도이다. 다음 중 이 산점도에 대한 설명으로 옳은 것은 ○표, 옳지 <u>않은</u> 것은 ×표를 ( ) 안에 쓰시오.

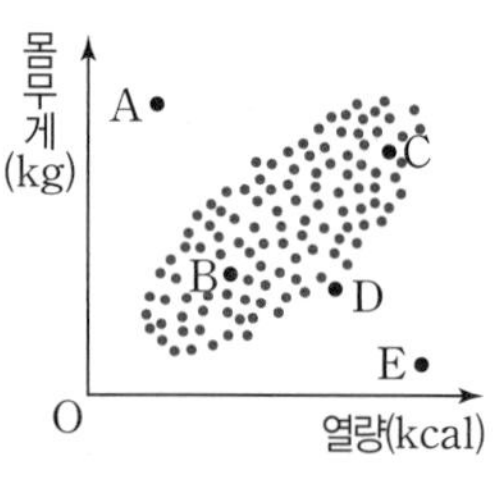

(1) 하루 평균 섭취 열량과 몸무게 사이에는 양의 상관관계가 있다. ( )

(2) A, B, C, D, E 5명의 학생 중에서 C는 하루 평균 섭취 열량도 높고, 몸무게도 무거운 편이다. ( )

(3) A의 몸무게는 B의 몸무게보다 가볍다. ( )

(4) D는 하루 평균 섭취 열량에 비해 몸무게가 가벼운 편이다. ( )

(5) A, B, C, D, E 5명의 학생 중에서 하루 평균 섭취 열량이 가장 낮은 학생은 E이다. ( )

학교 시험 문제 × 확인하기

1 오른쪽 그림은 야구 선수 16명이 작년과 올해에 친 홈런의 개수에 대한 산점도이다. 작년에 친 홈런의 개수가 7개 이상이고 올해에 친 홈런의 개수가 8개 이상인 야구 선수는 전체의 몇 %인가?

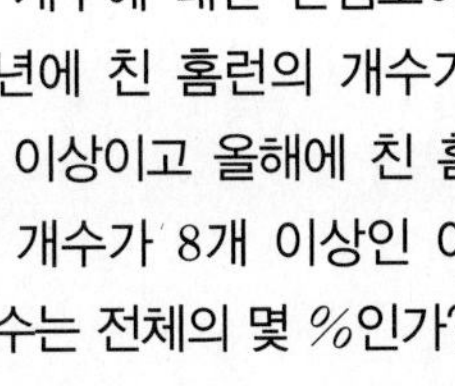

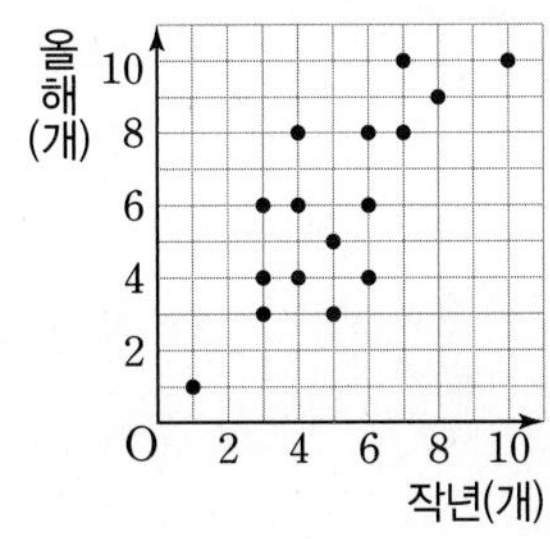

① 15 % ② 20 % ③ 25 %
④ 30 % ⑤ 35 %

2 오른쪽 그림은 지영이네 반 학생 12명이 1월과 2월에 PC방에 방문한 횟수에 대한 산점도이다. 1월에 방문한 횟수가 2월에 방문한 횟수보다 많은 학생은 모두 몇 명인가?

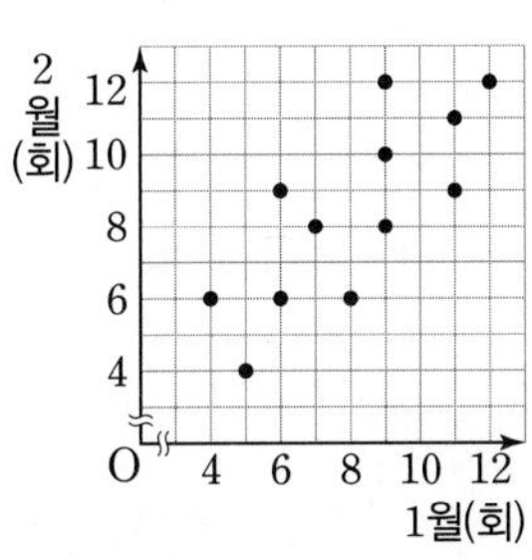

① 3명 ② 4명 ③ 5명
④ 6명 ⑤ 7명

3 오른쪽 그림은 학생 20명의 두 차례에 걸친 멀리 던지기 시합에서 얻은 기록에 대한 산점도이다. 1차 시합의 기록보다 2차 시합의 기록이 높은 학생들의 2차 시합의 기록의 평균을 구하시오.

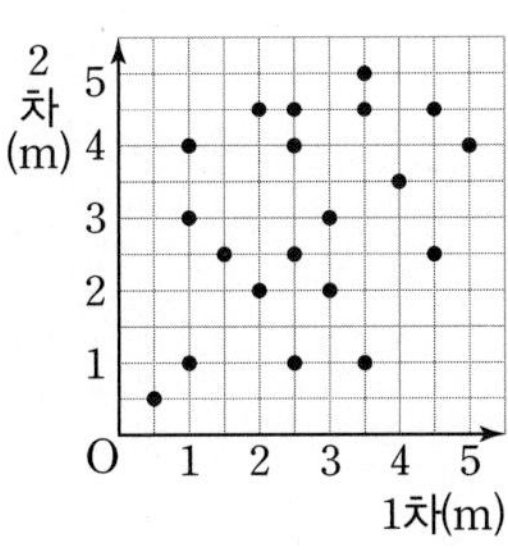

4 다음 산점도 중 가장 강한 음의 상관관계가 있는 것은?

① 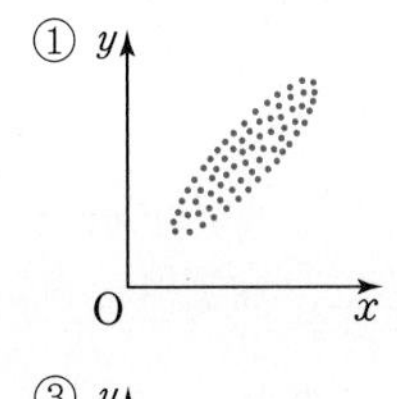

② 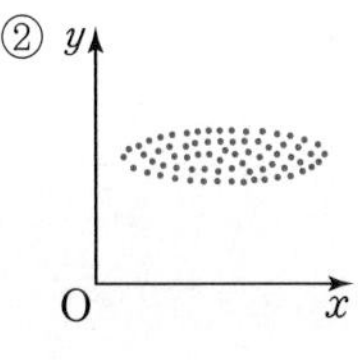

③ 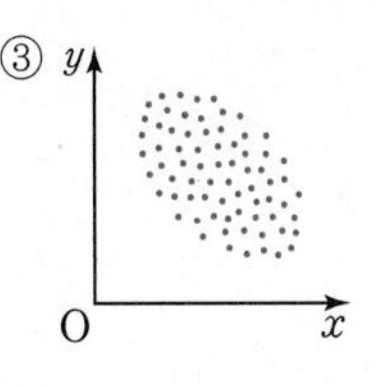

④ 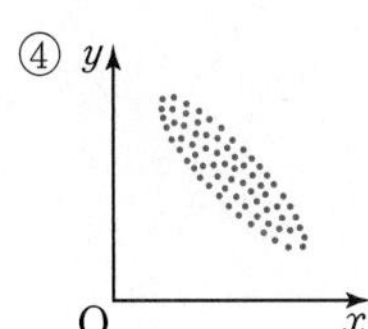

⑤ 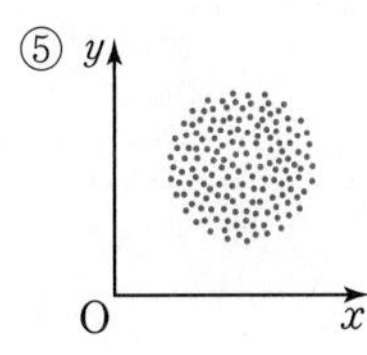

5 다음 중 두 변량의 산점도를 그린 것이 오른쪽 그림과 같이 나타나는 것은?

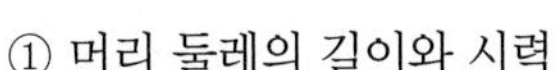

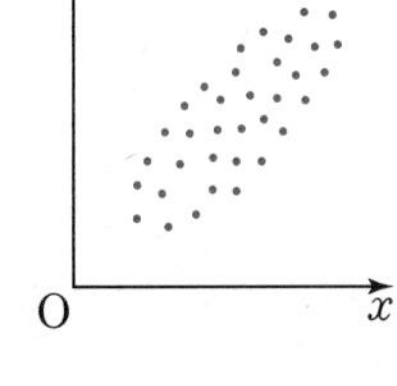

① 머리 둘레의 길이와 시력
② 수학 점수와 100 m 달리기 기록
③ 책가방의 무게와 성적
④ 겨울철 기온과 난방비
⑤ 미세 먼지 농도와 호흡기 질환 환자 수

6 오른쪽 그림은 윤희네 반 학생들의 공부 시간과 시험 점수에 대한 산점도이다. 다음 설명 중 옳지 않은 것은?

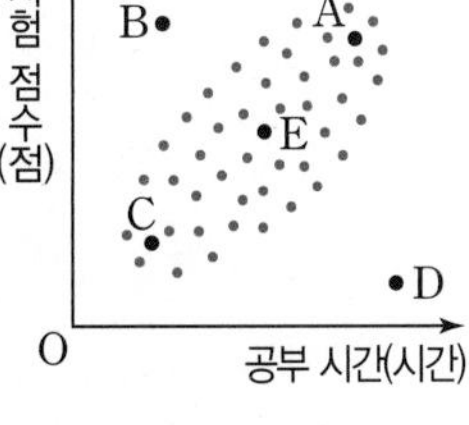

① 공부 시간이 긴 학생이 대체로 시험 점수도 높다.
② B는 공부 시간에 비해 시험 점수가 높은 편이다.
③ D의 시험 점수는 C의 시험 점수보다 높다.
④ A는 공부 시간도 길고 시험 점수도 높은 편이다.
⑤ A, B, C, D, E 5명의 학생 중에서 공부 시간에 비해 시험 점수가 가장 낮은 학생은 D이다.

개념 PLUS 연산

정답과 해설

중등 수학

3·2

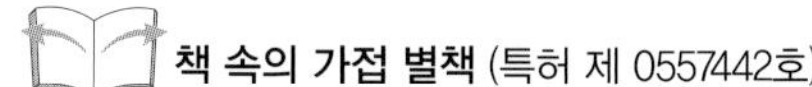

책 속의 가접 별책 (특허 제 0557442호)
'정답과 해설'은 본책에서 쉽게 분리할 수 있도록 제작되었으므로
유통 과정에서 분리될 수 있으나 파본이 아닌 정상 제품입니다.

visang

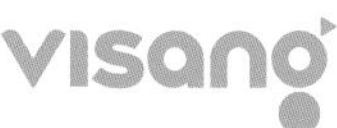

ABOVE IMAGINATION

우리는 남다른 상상과 혁신으로
교육 문화의 새로운 전형을 만들어
모든 이의 행복한 경험과 성장에 기여한다

1 삼각비

8~22쪽

001 답 $\overline{\mathbf{BC}}$, **4**, $\overline{\mathbf{AB}}$, **3**, $\overline{\mathbf{AB}}$, $\mathbf{\frac{4}{3}}$

002 답 (1) $\frac{\sqrt{7}}{4}$ (2) $\frac{3}{4}$ (3) $\frac{\sqrt{7}}{3}$

003 답 (1) $\frac{\sqrt{6}}{3}$ (2) $\frac{\sqrt{3}}{3}$ (3) $\sqrt{2}$

004 답 (1) $\frac{\sqrt{11}}{6}$ (2) $\frac{5}{6}$ (3) $\frac{\sqrt{11}}{5}$

005 답 (1) $\frac{1}{2}$ (2) $\frac{\sqrt{3}}{2}$ (3) $\frac{\sqrt{3}}{3}$

006 답 (1) $\frac{\sqrt{3}}{2}$ (2) $\frac{1}{2}$ (3) $\sqrt{3}$

007 답 (그림: 삼각형 B, C, A; $\overline{BC}$=13, $\overline{AB}$=12, $\overline{CA}$=5), **12**, **13**, $\mathbf{\frac{12}{13}}$, $\mathbf{\frac{5}{13}}$, $\mathbf{\frac{12}{5}}$

008 답 (1) $\frac{\sqrt{5}}{3}$ (2) $\frac{2}{3}$ (3) $\frac{\sqrt{5}}{2}$

$\overline{AB}=\sqrt{3^2-(\sqrt{5})^2}=\sqrt{4}=2$이므로

$\sin A=\frac{\sqrt{5}}{3}$, $\cos A=\frac{2}{3}$, $\tan A=\frac{\sqrt{5}}{2}$

009 답 (1) $\frac{8}{17}$ (2) $\frac{15}{17}$ (3) $\frac{8}{15}$

$\overline{BC}=\sqrt{17^2-15^2}=\sqrt{64}=8$이므로

$\sin A=\frac{8}{17}$, $\cos A=\frac{15}{17}$, $\tan A=\frac{8}{15}$

010 답 (1) $\frac{\sqrt{3}}{3}$ (2) $\frac{\sqrt{6}}{3}$ (3) $\frac{\sqrt{2}}{2}$

$\overline{AC}=\sqrt{(\sqrt{6})^2-2^2}=\sqrt{2}$이므로

$\sin B=\frac{\sqrt{2}}{\sqrt{6}}=\frac{\sqrt{3}}{3}$, $\cos B=\frac{2}{\sqrt{6}}=\frac{\sqrt{6}}{3}$, $\tan B=\frac{\sqrt{2}}{2}$

011 답 (1) $\frac{1}{2}$ (2) $\frac{\sqrt{3}}{2}$ (3) $\frac{\sqrt{3}}{3}$

$\overline{BC}=\sqrt{4^2-2^2}=\sqrt{12}=2\sqrt{3}$이므로

$\sin B=\frac{2}{4}=\frac{1}{2}$, $\cos B=\frac{2\sqrt{3}}{4}=\frac{\sqrt{3}}{2}$, $\tan B=\frac{2}{2\sqrt{3}}=\frac{\sqrt{3}}{3}$

012 답 (1) $\frac{\sqrt{2}}{2}$ (2) $\frac{\sqrt{2}}{2}$ (3) **1**

$\overline{AC}=\sqrt{3^2+3^2}=\sqrt{18}=3\sqrt{2}$이므로

$\sin C=\frac{3}{3\sqrt{2}}=\frac{\sqrt{2}}{2}$, $\cos C=\frac{3}{3\sqrt{2}}=\frac{\sqrt{2}}{2}$, $\tan C=\frac{3}{3}=1$

013 답 $\frac{7}{9}$

$\overline{AB}=\sqrt{6^2-(2\sqrt{2})^2}=\sqrt{28}=2\sqrt{7}$이므로

$\sin C=\frac{2\sqrt{7}}{6}=\frac{\sqrt{7}}{3}$, $\cos B=\frac{2\sqrt{7}}{6}=\frac{\sqrt{7}}{3}$

$\therefore \sin C\times\cos B=\frac{\sqrt{7}}{3}\times\frac{\sqrt{7}}{3}=\frac{7}{9}$

014 답 ① **6, 3** ② **3,** $\mathbf{3\sqrt{3}}$

015 답 $x=4\sqrt{2}$, $y=4\sqrt{2}$

$\sin B=\frac{x}{8}=\frac{\sqrt{2}}{2}$이므로 $x=4\sqrt{2}$

$y=\sqrt{8^2-(4\sqrt{2})^2}=\sqrt{32}=4\sqrt{2}$

016 답 $x=2\sqrt{5}$, $y=6$

$\tan C=\frac{x}{4}=\frac{\sqrt{5}}{2}$이므로 $x=2\sqrt{5}$

$y=\sqrt{4^2+(2\sqrt{5})^2}=\sqrt{36}=6$

017 답 $x=4\sqrt{6}$, $y=10$

$\sin C=\frac{x}{14}=\frac{2\sqrt{6}}{7}$이므로 $x=4\sqrt{6}$

$y=\sqrt{14^2-(4\sqrt{6})^2}=\sqrt{100}=10$

018 답 $x=2\sqrt{11}$, $y=12$

$\tan B=\frac{x}{10}=\frac{\sqrt{11}}{5}$이므로 $x=2\sqrt{11}$

$y=\sqrt{10^2+(2\sqrt{11})^2}=\sqrt{144}=12$

019 답 $x=9$, $y=3\sqrt{7}$

$\cos B=\frac{x}{12}=\frac{3}{4}$이므로 $x=9$

$y=\sqrt{12^2-9^2}=\sqrt{63}=3\sqrt{7}$

020 답 $10+2\sqrt{5}$

$\sin A=\frac{\overline{BC}}{6}=\frac{2}{3}$이므로 $\overline{BC}=4$

$\therefore \overline{AC}=\sqrt{6^2-4^2}=\sqrt{20}=2\sqrt{5}$

따라서 △ABC의 둘레의 길이는

$\overline{AB}+\overline{BC}+\overline{AC}=6+4+2\sqrt{5}=10+2\sqrt{5}$

021 답 $\sqrt{5}$, $\sqrt{5}$, $\sqrt{5}$, $\frac{2\sqrt{5}}{5}$

022 답 그림은 풀이 참조, $\sin A=\frac{\sqrt{11}}{6}$, $\tan A=\frac{\sqrt{11}}{5}$

$\cos A=\frac{5}{6}$ 이므로 오른쪽 그림과 같은 직각삼각형 ABC를 생각할 수 있다.

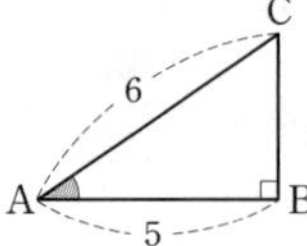

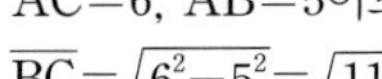

$\overline{AC}=6$, $\overline{AB}=5$이므로

$\overline{BC}=\sqrt{6^2-5^2}=\sqrt{11}$

$\therefore \sin A=\frac{\sqrt{11}}{6}$, $\tan A=\frac{\sqrt{11}}{5}$

023 답 그림은 풀이 참조, $\sin A=\frac{8}{17}$, $\cos A=\frac{15}{17}$

$\tan A=\frac{8}{15}$ 이므로 오른쪽 그림과 같은 직각삼각형 ABC를 생각할 수 있다.

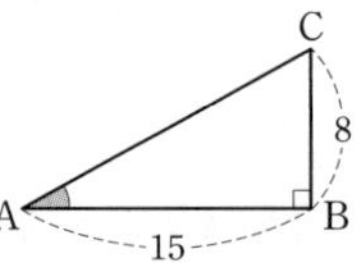

$\overline{AB}=15$, $\overline{BC}=8$이므로

$\overline{AC}=\sqrt{15^2+8^2}=\sqrt{289}=17$

$\therefore \sin A=\frac{8}{17}$, $\cos A=\frac{15}{17}$

024 답 그림은 풀이 참조, $\cos A=\frac{\sqrt{3}}{3}$, $\tan A=\sqrt{2}$

$\sin A=\frac{\sqrt{6}}{3}$ 이므로 오른쪽 그림과 같은 직각삼각형 ABC를 생각할 수 있다.

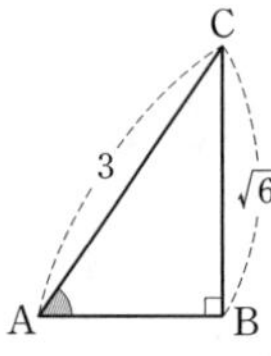

$\overline{AC}=3$, $\overline{BC}=\sqrt{6}$이므로

$\overline{AB}=\sqrt{3^2-(\sqrt{6})^2}=\sqrt{3}$

$\therefore \cos A=\frac{\sqrt{3}}{3}$, $\tan A=\frac{\sqrt{6}}{\sqrt{3}}=\sqrt{2}$

025 답 그림은 풀이 참조, $\sin A=\frac{2\sqrt{5}}{5}$, $\tan A=2$

$\cos A=\frac{\sqrt{5}}{5}$ 이므로 오른쪽 그림과 같은 직각삼각형 ABC를 생각할 수 있다.

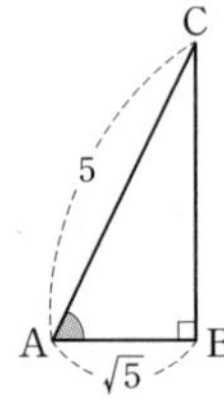

$\overline{AC}=5$, $\overline{AB}=\sqrt{5}$이므로

$\overline{BC}=\sqrt{5^2-(\sqrt{5})^2}=\sqrt{20}=2\sqrt{5}$

$\therefore \sin A=\frac{2\sqrt{5}}{5}$, $\tan A=\frac{2\sqrt{5}}{\sqrt{5}}=2$

026 답 그림은 풀이 참조, $\sin A=\frac{\sqrt{21}}{7}$, $\cos A=\frac{2\sqrt{7}}{7}$

$\tan A=\frac{\sqrt{3}}{2}$ 이므로 오른쪽 그림과 같은 직각삼각형 ABC를 생각할 수 있다.

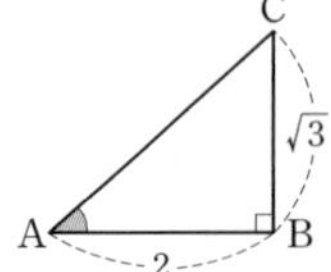

$\overline{AB}=2$, $\overline{BC}=\sqrt{3}$이므로

$\overline{AC}=\sqrt{2^2+(\sqrt{3})^2}=\sqrt{7}$

$\therefore \sin A=\frac{\sqrt{3}}{\sqrt{7}}=\frac{\sqrt{21}}{7}$, $\cos A=\frac{2}{\sqrt{7}}=\frac{2\sqrt{7}}{7}$

027 답 ∠BCA, ∠ABC

△HBA∽△ABC(AA 닮음)이므로

∠BAH=∠BCA

△HAC∽△ABC(AA 닮음)이므로

∠HAC=∠ABC

028 답 5

△ABC에서 $\overline{BC}=\sqrt{3^2+4^2}=\sqrt{25}=5$

029 답 (1) $\overline{AB}$, $\frac{3}{5}$ (2) $\overline{AC}$, $\frac{4}{5}$ (3) $\overline{AC}$, $\frac{3}{4}$

030 답 $\sin y=\frac{4}{5}$, $\cos y=\frac{3}{5}$, $\tan y=\frac{4}{3}$

$\sin y=\frac{\overline{AC}}{\overline{BC}}=\frac{4}{5}$

$\cos y=\frac{\overline{AB}}{\overline{BC}}=\frac{3}{5}$

$\tan y=\frac{\overline{AC}}{\overline{AB}}=\frac{4}{3}$

031 답 $\sin x=\frac{1}{2}$, $\cos x=\frac{\sqrt{3}}{2}$, $\tan x=\frac{\sqrt{3}}{3}$

△ABC∽△AHB(AA 닮음)이므로

∠ACB=∠ABH=x

△ABC에서

$\overline{AC}=\sqrt{1^2+(\sqrt{3})^2}=\sqrt{4}=2$이므로

$\sin x=\frac{\overline{AB}}{\overline{AC}}=\frac{1}{2}$

$\cos x=\frac{\overline{BC}}{\overline{AC}}=\frac{\sqrt{3}}{2}$

$\tan x=\frac{\overline{AB}}{\overline{BC}}=\frac{1}{\sqrt{3}}=\frac{\sqrt{3}}{3}$

032 답 $\sin y=\frac{\sqrt{3}}{2}$, $\cos y=\frac{1}{2}$, $\tan y=\sqrt{3}$

△ABC∽△BHC(AA 닮음)이므로

∠BAC=∠HBC=y

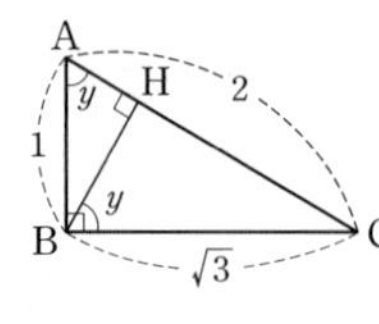

△ABC에서

$\overline{AC}=\sqrt{1^2+(\sqrt{3})^2}=\sqrt{4}=2$이므로

$\sin y=\frac{\overline{BC}}{\overline{AC}}=\frac{\sqrt{3}}{2}$

$\cos y=\frac{\overline{AB}}{\overline{AC}}=\frac{1}{2}$

$\tan y=\frac{\overline{BC}}{\overline{AB}}=\sqrt{3}$

033 답 $\sin x=\frac{15}{17}$, $\cos x=\frac{8}{17}$, $\tan x=\frac{15}{8}$

△ABC∽△CBH(AA 닮음)이므로

∠BAC=∠BCH=x

△ABC에서

$\overline{BC}=\sqrt{17^2-8^2}=\sqrt{225}=15$이므로

$\sin x=\frac{\overline{BC}}{\overline{AB}}=\frac{15}{17}$

$\cos x=\frac{\overline{AC}}{\overline{AB}}=\frac{8}{17}$

$\tan x=\frac{\overline{BC}}{\overline{AC}}=\frac{15}{8}$

034 답 $\sin y=\frac{8}{17}$, $\cos y=\frac{15}{17}$, $\tan y=\frac{8}{15}$

$\triangle ABC \backsim \triangle ACH$(AA 닮음)이므로

$\angle ABC=\angle ACH=y$

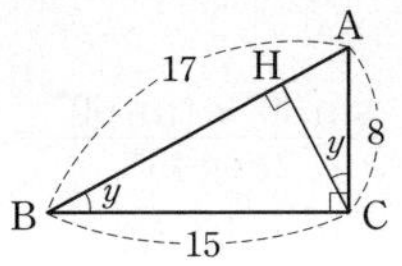

$\triangle ABC$에서

$\overline{BC}=\sqrt{17^2-8^2}=\sqrt{225}=15$이므로

$\sin y=\frac{\overline{AC}}{\overline{AB}}=\frac{8}{17}$

$\cos y=\frac{\overline{BC}}{\overline{AB}}=\frac{15}{17}$

$\tan y=\frac{\overline{AC}}{\overline{BC}}=\frac{8}{15}$

035 답 $\angle BCA$

$\triangle EBD \backsim \triangle ABC$(AA 닮음)이므로

$\angle BDE=\angle BCA$

036 답 $\sin x=\frac{12}{13}$, $\cos x=\frac{5}{13}$, $\tan x=\frac{12}{5}$

$\triangle ABC$에서 $\overline{BC}=\sqrt{12^2+5^2}=\sqrt{169}=13$이므로

$\sin x=\frac{\overline{AB}}{\overline{BC}}=\frac{12}{13}$

$\cos x=\frac{\overline{AC}}{\overline{BC}}=\frac{5}{13}$

$\tan x=\frac{\overline{AB}}{\overline{AC}}=\frac{12}{5}$

037 답 $\sin x=\frac{5}{6}$, $\cos x=\frac{\sqrt{11}}{6}$, $\tan x=\frac{5\sqrt{11}}{11}$

$\triangle EBD \backsim \triangle ABC$(AA 닮음)이므로

$\angle EDB=\angle ACB=x$

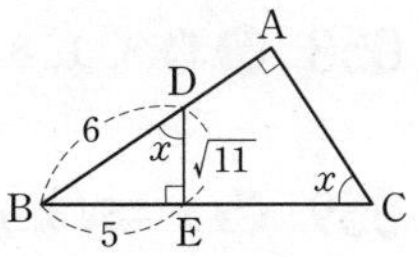

$\triangle EBD$에서 $\overline{DE}=\sqrt{6^2-5^2}=\sqrt{11}$이므로

$\sin x=\frac{\overline{BE}}{\overline{BD}}=\frac{5}{6}$

$\cos x=\frac{\overline{DE}}{\overline{BD}}=\frac{\sqrt{11}}{6}$

$\tan x=\frac{\overline{BE}}{\overline{DE}}=\frac{5}{\sqrt{11}}=\frac{5\sqrt{11}}{11}$

038 답 $\sin x=\frac{4}{5}$, $\cos x=\frac{3}{5}$, $\tan x=\frac{4}{3}$

$\triangle ABC \backsim \triangle AED$(AA 닮음)이므로

$\angle ABC=\angle AED=x$

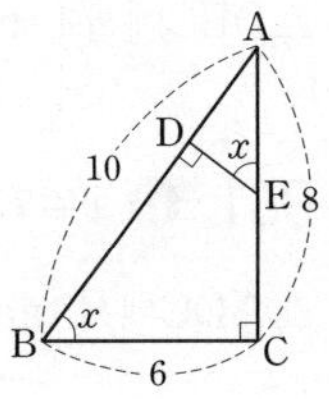

$\triangle ABC$에서 $\overline{AB}=\sqrt{6^2+8^2}=\sqrt{100}=10$이므로

$\sin x=\frac{\overline{AC}}{\overline{AB}}=\frac{8}{10}=\frac{4}{5}$

$\cos x=\frac{\overline{BC}}{\overline{AB}}=\frac{6}{10}=\frac{3}{5}$

$\tan x=\frac{\overline{AC}}{\overline{BC}}=\frac{8}{6}=\frac{4}{3}$

039 답 $\angle ACB$

$\triangle AED \backsim \triangle ABC$(AA 닮음)이므로

$\angle ADE=\angle ACB$

040 답 $\sin x=\frac{4}{5}$, $\cos x=\frac{3}{5}$, $\tan x=\frac{4}{3}$

$\triangle ABC$에서 $\overline{AB}=\sqrt{15^2-9^2}=\sqrt{144}=12$이므로

$\sin x=\frac{\overline{AB}}{\overline{BC}}=\frac{12}{15}=\frac{4}{5}$

$\cos x=\frac{\overline{AC}}{\overline{BC}}=\frac{9}{15}=\frac{3}{5}$

$\tan x=\frac{\overline{AB}}{\overline{AC}}=\frac{12}{9}=\frac{4}{3}$

041 답 $\sin x=\frac{3}{5}$, $\cos x=\frac{4}{5}$, $\tan x=\frac{3}{4}$

$\triangle AED \backsim \triangle ABC$(AA 닮음)이므로

$\angle ADE=\angle ACB=x$

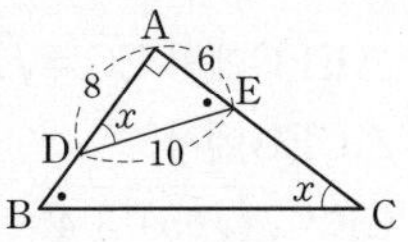

$\triangle AED$에서

$\overline{AE}=\sqrt{10^2-8^2}=\sqrt{36}=6$이므로

$\sin x=\frac{\overline{AE}}{\overline{DE}}=\frac{6}{10}=\frac{3}{5}$

$\cos x=\frac{\overline{AD}}{\overline{DE}}=\frac{8}{10}=\frac{4}{5}$

$\tan x=\frac{\overline{AE}}{\overline{AD}}=\frac{6}{8}=\frac{3}{4}$

042 답 $\sin x=\frac{\sqrt{2}}{2}$, $\cos x=\frac{\sqrt{2}}{2}$, $\tan x=1$

$\triangle ABC \backsim \triangle AED$(AA 닮음)이므로

$\angle ABC=\angle AED=x$

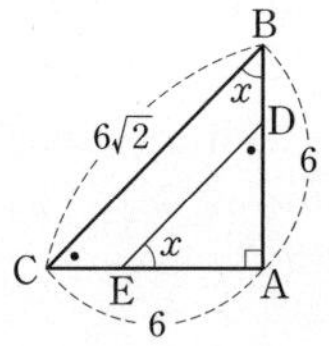

$\triangle ABC$에서 $\overline{BC}=\sqrt{6^2+6^2}=\sqrt{72}=6\sqrt{2}$이므로

$\sin x=\frac{\overline{AC}}{\overline{BC}}=\frac{6}{6\sqrt{2}}=\frac{\sqrt{2}}{2}$

$\cos x=\frac{\overline{AB}}{\overline{BC}}=\frac{6}{6\sqrt{2}}=\frac{\sqrt{2}}{2}$

$\tan x=\frac{\overline{AC}}{\overline{AB}}=\frac{6}{6}=1$

043 답

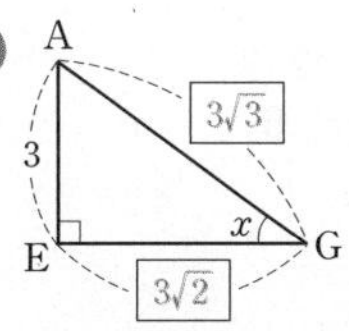

, 3, $3\sqrt{2}$, $3\sqrt{2}$, $3\sqrt{3}$, $\overline{AE}$, $\frac{\sqrt{3}}{3}$, $\overline{EG}$, $\frac{\sqrt{6}}{3}$, $\overline{AE}$, $\frac{\sqrt{2}}{2}$

044 답 $\sin x=\frac{\sqrt{3}}{3}$, $\cos x=\frac{\sqrt{6}}{3}$, $\tan x=\frac{\sqrt{2}}{2}$

$\triangle FGH$에서 $\overline{FH}=\sqrt{5^2+5^2}=\sqrt{50}=5\sqrt{2}$이고

$\triangle DFH$에서

$\overline{DF}=\sqrt{(5\sqrt{2})^2+5^2}=\sqrt{75}=5\sqrt{3}$이므로

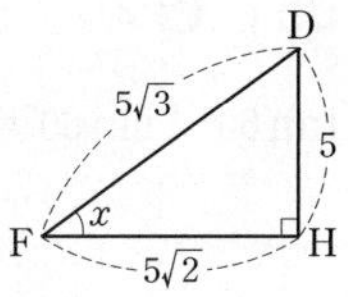

$\sin x=\frac{5}{5\sqrt{3}}=\frac{\sqrt{3}}{3}$

$\cos x=\frac{5\sqrt{2}}{5\sqrt{3}}=\frac{\sqrt{6}}{3}$

$\tan x=\frac{5}{5\sqrt{2}}=\frac{\sqrt{2}}{2}$

045 답 $\sin x=\frac{\sqrt{2}}{2}$, $\cos x=\frac{\sqrt{2}}{2}$, $\tan x=1$

△EFG에서 $\overline{EG}=\sqrt{4^2+3^2}=\sqrt{25}=5$이고

△AEG에서

$\overline{AG}=\sqrt{5^2+5^2}=\sqrt{50}=5\sqrt{2}$이므로

$\sin x=\frac{5}{5\sqrt{2}}=\frac{\sqrt{2}}{2}$, $\cos x=\frac{5}{5\sqrt{2}}=\frac{\sqrt{2}}{2}$,

$\tan x=\frac{5}{5}=1$

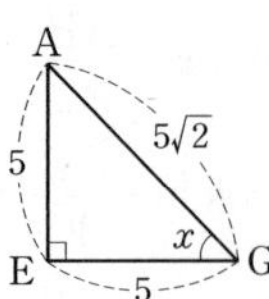

046 답 $\sin x=\frac{4}{9}$, $\cos x=\frac{\sqrt{65}}{9}$, $\tan x=\frac{4\sqrt{65}}{65}$

△EFG에서 $\overline{EG}=\sqrt{7^2+4^2}=\sqrt{65}$이고

△CEG에서

$\overline{CE}=\sqrt{(\sqrt{65})^2+4^2}=\sqrt{81}=9$이므로

$\sin x=\frac{4}{9}$, $\cos x=\frac{\sqrt{65}}{9}$,

$\tan x=\frac{4}{\sqrt{65}}=\frac{4\sqrt{65}}{65}$

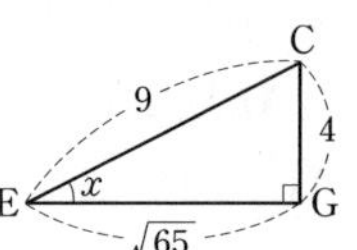

047 답 $\frac{6+\sqrt{13}}{7}$

△FGH에서 $\overline{FH}=\sqrt{3^2+2^2}=\sqrt{13}$이고

△DFH에서 $\overline{DF}=\sqrt{(\sqrt{13})^2+6^2}=\sqrt{49}=7$이므로

$\sin x=\frac{6}{7}$, $\cos x=\frac{\sqrt{13}}{7}$

$\therefore \sin x+\cos x=\frac{6}{7}+\frac{\sqrt{13}}{7}=\frac{6+\sqrt{13}}{7}$

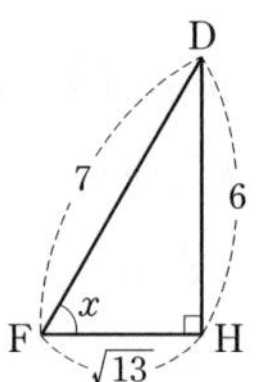

048 답 1

$\sin 30^\circ+\cos 60^\circ=\frac{1}{2}+\frac{1}{2}=1$

049 답 $\frac{\sqrt{3}}{6}$

$\sin 60^\circ-\tan 30^\circ=\frac{\sqrt{3}}{2}-\frac{\sqrt{3}}{3}=\frac{3\sqrt{3}}{6}-\frac{2\sqrt{3}}{6}=\frac{\sqrt{3}}{6}$

050 답 $\frac{\sqrt{6}}{4}$

$\cos 30^\circ\times\sin 45^\circ=\frac{\sqrt{3}}{2}\times\frac{\sqrt{2}}{2}=\frac{\sqrt{6}}{4}$

051 답 2

$\tan 60^\circ\div\sin 60^\circ=\sqrt{3}\div\frac{\sqrt{3}}{2}=\sqrt{3}\times\frac{2}{\sqrt{3}}=2$

052 답 $\frac{1}{4}$

$\tan 45^\circ-\cos 30^\circ\times\sin 60^\circ=1-\frac{\sqrt{3}}{2}\times\frac{\sqrt{3}}{2}=1-\frac{3}{4}=\frac{1}{4}$

053 답 $\frac{\sqrt{6}}{4}$

$\frac{\sin 30^\circ\times\tan 60^\circ}{2\cos 45^\circ}=\frac{\frac{1}{2}\times\sqrt{3}}{2\times\frac{\sqrt{2}}{2}}=\frac{\sqrt{3}}{2}\div\sqrt{2}=\frac{\sqrt{3}}{2\sqrt{2}}=\frac{\sqrt{6}}{4}$

054 답 $\frac{1}{2}$

$(\cos 30^\circ+\sin 30^\circ)(\sin 60^\circ-\cos 60^\circ)=\left(\frac{\sqrt{3}}{2}+\frac{1}{2}\right)\left(\frac{\sqrt{3}}{2}-\frac{1}{2}\right)$

$=\left(\frac{\sqrt{3}}{2}\right)^2-\left(\frac{1}{2}\right)^2$

$=\frac{3}{4}-\frac{1}{4}=\frac{1}{2}$

055 답 10, $\sqrt{2}$, $5\sqrt{2}$, 10, $\sqrt{2}$, $5\sqrt{2}$

056 답 $x=2\sqrt{3}$, $y=2$

$\cos 30^\circ=\frac{x}{4}=\frac{\sqrt{3}}{2}$ $\quad\therefore x=2\sqrt{3}$

$\sin 30^\circ=\frac{y}{4}=\frac{1}{2}$ $\quad\therefore y=2$

057 답 $x=3\sqrt{3}$, $y=6\sqrt{3}$

$\tan 60^\circ=\frac{9}{x}=\sqrt{3}$ $\quad\therefore x=3\sqrt{3}$

$\sin 60^\circ=\frac{9}{y}=\frac{\sqrt{3}}{2}$ $\quad\therefore y=6\sqrt{3}$

058 답 ❶ 8, 1, 8, 1, 4 ❷ 4, $\sqrt{2}$, 4, $\sqrt{2}$, $4\sqrt{2}$

059 답 $x=8\sqrt{3}$, $y=12$

△ABC에서 $\cos 30^\circ=\frac{x}{16}=\frac{\sqrt{3}}{2}$ $\quad\therefore x=8\sqrt{3}$

△ACD에서 $\sin 60^\circ=\frac{y}{8\sqrt{3}}=\frac{\sqrt{3}}{2}$ $\quad\therefore y=12$

060 답 $x=6$, $y=2\sqrt{3}$

△ABC에서 $\tan 45^\circ=\frac{x}{6}=1$ $\quad\therefore x=6$

△DBC에서 $\tan 60^\circ=\frac{6}{y}=\sqrt{3}$ $\quad\therefore y=2\sqrt{3}$

061 답 $x=7\sqrt{3}$, $y=14\sqrt{3}$

△ADC에서 $\tan 60^\circ=\frac{x}{7}=\sqrt{3}$ $\quad\therefore x=7\sqrt{3}$

△ABC에서 $\sin 30^\circ=\frac{7\sqrt{3}}{y}=\frac{1}{2}$ $\quad\therefore y=14\sqrt{3}$

062 답 $\frac{3\sqrt{6}}{2}$

△ABC에서 $\sin 60^\circ=\frac{\overline{BC}}{6}=\frac{\sqrt{3}}{2}$ $\quad\therefore \overline{BC}=3\sqrt{3}$

△BDC에서 $\cos 45^\circ=\frac{x}{3\sqrt{3}}=\frac{\sqrt{2}}{2}$ $\quad\therefore x=\frac{3\sqrt{6}}{2}$

063 답 $2\sqrt{3}$

△ABC에서 $\sin 45^\circ=\frac{3\sqrt{2}}{\overline{BC}}=\frac{\sqrt{2}}{2}$ $\quad\therefore \overline{BC}=6$

△DBC에서 $\tan 30^\circ=\frac{x}{6}=\frac{\sqrt{3}}{3}$ $\quad\therefore x=2\sqrt{3}$

064 답 $\sqrt{5}$

△ABC에서 $\sin 30^\circ=\frac{\overline{AC}}{2\sqrt{5}}=\frac{1}{2}$ $\quad\therefore \overline{AC}=\sqrt{5}$

△ADC에서 $\tan 45^\circ=\frac{\sqrt{5}}{x}=1$ $\quad\therefore x=\sqrt{5}$

065 답 $\frac{\sqrt{3}}{3}$, 5, $\frac{\sqrt{3}}{3}$, 5

066 답 $y=x+6$

(직선의 기울기)$=\tan 45^\circ=1$이고 y절편은 6이므로

$y=x+6$

067 답 $y=\sqrt{3}x+2\sqrt{3}$

(직선의 기울기)$=\tan 60^\circ=\sqrt{3}$이고 y절편은 $2\sqrt{3}$이므로

$y=\sqrt{3}x+2\sqrt{3}$

068 답 $\sqrt{3}$, $\sqrt{3}$, $\sqrt{3}$, -4, $4\sqrt{3}$, $\sqrt{3}$, $4\sqrt{3}$

또는 $\sqrt{3}$, $\sqrt{3}$, -4, $\sqrt{3}$, $4\sqrt{3}$, $\sqrt{3}$, $4\sqrt{3}$

069 답 $y=\frac{\sqrt{3}}{3}x+\sqrt{3}$

(직선의 기울기)$=\tan 30^\circ=\frac{\sqrt{3}}{3}$

$y=\frac{\sqrt{3}}{3}x+b$라 하면 이 직선이 점 $(-3, 0)$을 지나므로

$0=\frac{\sqrt{3}}{3}\times(-3)+b$ $\quad\therefore b=\sqrt{3}$

$\therefore y=\frac{\sqrt{3}}{3}x+\sqrt{3}$

070 답 $y=x+9$

(직선의 기울기)$=\tan 45^\circ=1$

$y=x+b$라 하면 이 직선이 점 $(-9, 0)$을 지나므로

$0=1\times(-9)+b$ $\quad\therefore b=9$

$\therefore y=x+9$

071 답 $\overline{BC}$, $\overline{BC}$

072 답 $\overline{DE}$

$\tan x=\frac{\overline{DE}}{\overline{AD}}=\frac{\overline{DE}}{1}=\overline{DE}$

073 답 $\overline{AB}$

$\sin y=\frac{\overline{AB}}{\overline{AC}}=\frac{\overline{AB}}{1}=\overline{AB}$

074 답 $\overline{BC}$

$\cos y=\frac{\overline{BC}}{\overline{AC}}=\frac{\overline{BC}}{1}=\overline{BC}$

075 답 y, $\overline{AB}$, $\overline{AB}$

076 답 $\overline{BC}$

$\overline{BC}\,/\!/\,\overline{DE}$이므로 $\angle z=\angle y$

$\therefore \cos z=\cos y=\frac{\overline{BC}}{\overline{AC}}=\frac{\overline{BC}}{1}=\overline{BC}$

077 답 $\overline{OA}$, 0.60, 0.60

078 답 0.80

$\cos 37^\circ=\frac{\overline{OB}}{\overline{OA}}=\frac{0.80}{1}=0.80$

079 답 0.75

$\tan 37^\circ=\frac{\overline{CD}}{\overline{OC}}=\frac{0.75}{1}=0.75$

080 답 0.80

△AOB에서 $\angle OAB=180^\circ-(90^\circ+37^\circ)=53^\circ$이므로

$\sin 53^\circ=\frac{\overline{OB}}{\overline{OA}}=\frac{0.80}{1}=0.80$

081 답 0.60

△AOB에서 $\angle OAB=180^\circ-(90^\circ+37^\circ)=53^\circ$이므로

$\cos 53^\circ=\frac{\overline{AB}}{\overline{OA}}=\frac{0.60}{1}=0.60$

082 답 1

$\sin 0^\circ+\cos 0^\circ=0+1=1$

083 답 1

$\sin 90^\circ-\cos 90^\circ=1-0=1$

084 답 1

$\sin 90^\circ\times\cos 0^\circ+\cos 90^\circ\times\sin 0^\circ=1\times1+0\times0=1$

085 답 0

$(1+\tan 0^\circ)(1-\sin 90^\circ)=(1+0)\times(1-1)=0$

086 답 1

$\tan 45^\circ\times\cos 0^\circ+\sin 90^\circ\times\cos 90^\circ=1\times1+1\times0=1$

087 답 2

$\sin 90^\circ\div\sin 30^\circ+\tan 0^\circ=1\div\frac{1}{2}+0=2$

088 답 $\frac{\sqrt{2}}{2}$

$\sin 45^\circ \times \sin 90^\circ + \cos 45^\circ \times \cos 90^\circ$

$= \frac{\sqrt{2}}{2} \times 1 + \frac{\sqrt{2}}{2} \times 0 = \frac{\sqrt{2}}{2}$

089 답 $\frac{1}{2}$

$(\sin 0^\circ + \cos 60^\circ)(\tan 45^\circ + \tan 0^\circ) = \left(0 + \frac{1}{2}\right) \times (1+0) = \frac{1}{2}$

090 답 <

$\sin 30^\circ = \frac{1}{2}$ (<) $\sin 90^\circ = 1$

091 답 >

$\cos 45^\circ = \frac{\sqrt{2}}{2}$ (>) $\cos 60^\circ = \frac{1}{2}$

092 답 <

$\tan 30^\circ = \frac{\sqrt{3}}{3}$ (<) $\tan 45^\circ = 1$

093 답 <

$0^\circ \le x < 45^\circ$일 때, $\sin x < \cos x$이므로 $\sin 21^\circ$ (<) $\cos 21^\circ$

094 답 >

$45^\circ < x \le 90^\circ$일 때, $\cos x < \sin x$이므로 $\sin 75^\circ$ (>) $\cos 75^\circ$

095 답 <

$\cos 50^\circ < 1 < \tan 50^\circ$이므로 $\cos 50^\circ$ (<) $\tan 50^\circ$

096 답 <

$\sin 86^\circ < 1 < \tan 86^\circ$이므로 $\sin 86^\circ$ (<) $\tan 86^\circ$

097 답 ×

$0^\circ \le A \le 90^\circ$일 때, A의 크기가 커지면 $\sin A$의 값도 커진다.

098 답 ×

$0^\circ \le A \le 90^\circ$일 때, A의 크기가 커지면 $\cos A$의 값은 작아진다.

099 답 ○

$0^\circ \le A < 90^\circ$일 때, A의 크기가 커지면 $\tan A$의 값도 커진다.

100 답 ○

$0^\circ \le A < 45^\circ$일 때, $0 \le \sin A < \frac{\sqrt{2}}{2}$, $\frac{\sqrt{2}}{2} < \cos A \le 1$이므로

$\sin A < \cos A$이다.

101 답 ○

$45^\circ \le A < 90^\circ$일 때, $0 < \cos A \le \frac{\sqrt{2}}{2}$, $\tan A \ge 1$이므로

$\cos A < \tan A$이다.

102 답 **$\sin 53^\circ$, $\sin 80^\circ$, $\cos 0^\circ$, $\tan 80^\circ$**

$\cos 0^\circ = 1$, $\sin 53^\circ < \sin 80^\circ < \sin 90^\circ = 1$, $1 = \tan 45^\circ < \tan 80^\circ$

이므로 크기가 작은 것부터 차례로 나열하면

$\sin 53^\circ$, $\sin 80^\circ$, $\cos 0^\circ$, $\tan 80^\circ$

103 답 **$\sin 23^\circ$, $\cos 23^\circ$, $\sin 90^\circ$, $\tan 49^\circ$**

$\sin 90^\circ = 1 > \cos 23^\circ > \sin 23^\circ$, $1 = \tan 45^\circ < \tan 49^\circ$

이므로 크기가 작은 것부터 차례로 나열하면

$\sin 23^\circ$, $\cos 23^\circ$, $\sin 90^\circ$, $\tan 49^\circ$

104 답 **$\sin 0^\circ$, $\cos 4^\circ$, $\tan 54^\circ$, $\tan 79^\circ$**

$\sin 0^\circ = 0$, $0 < \cos 4^\circ < 1$, $1 = \tan 45^\circ < \tan 54^\circ < \tan 79^\circ$

이므로 크기가 작은 것부터 차례로 나열하면

$\sin 0^\circ$, $\cos 4^\circ$, $\tan 54^\circ$, $\tan 79^\circ$

105 답 **0.7771**

106 답 **0.6157**

107 답 **1.2799**

108 답 **0.6018**

109 답 **0.8090**

110 답 **64°**

111 답 **65°**

112 답 **65°**

113 답 **63°**

114 답 **66°**

115 답 **65.61, 0.6561, 41°**

116 답 **40°**

$\cos x = \frac{7.66}{10} = 0.766$이므로 $x = 40^\circ$

117 답 **41°**

$\cos x = \frac{75.47}{100} = 0.7547$이므로 $x = 41^\circ$

118 답 **42°**

$\tan x = \frac{45.02}{50} = 0.9004$이므로 $x = 42^\circ$

119 답 **0.4695, 46.95**

120 답 **4.848**

$\sin 29° = \frac{x}{10} = 0.4848 \qquad \therefore x = 4.848$

121 답 **44.55**

$\cos 27° = \frac{x}{50} = 0.8910 \qquad \therefore x = 44.55$

122 답 **11.086**

$\tan 29° = \frac{x}{20} = 0.5543 \qquad \therefore x = 11.086$

(기본 문제 × 확인하기) 23~25쪽

1 (1) $\frac{3}{5}$ (2) $\frac{4}{5}$ (3) $\frac{3}{4}$ (4) $\frac{4}{5}$ (5) $\frac{3}{5}$ (6) $\frac{4}{3}$

2 (1) $x=8$, $y=2\sqrt{7}$ (2) $x=3\sqrt{3}$, $y=3\sqrt{6}$ (3) $x=\frac{5}{2}$, $y=\frac{\sqrt{89}}{2}$

3 (1) $\cos A=\frac{5}{6}$, $\tan A=\frac{\sqrt{11}}{5}$

(2) $\sin A=\frac{\sqrt{7}}{4}$, $\tan A=\frac{\sqrt{7}}{3}$

(3) $\sin A=\frac{\sqrt{5}}{3}$, $\cos A=\frac{2}{3}$

4 (1) $\sin x=\frac{\sqrt{21}}{5}$, $\cos x=\frac{2}{5}$, $\tan x=\frac{\sqrt{21}}{2}$

(2) $\sin y=\frac{2}{5}$, $\cos y=\frac{\sqrt{21}}{5}$, $\tan y=\frac{2\sqrt{21}}{21}$

5 (1) $\sin x=\frac{4}{5}$, $\cos x=\frac{3}{5}$, $\tan x=\frac{4}{3}$

(2) $\sin x=\frac{3\sqrt{2}}{5}$, $\cos x=\frac{\sqrt{7}}{5}$, $\tan x=\frac{3\sqrt{14}}{7}$

6 (1) $x=8$, $y=4$ (2) $x=\sqrt{6}$, $y=\sqrt{3}$

7 (1) $x=2\sqrt{2}$, $y=4$ (2) $x=4\sqrt{3}$, $y=4$ (3) $x=6$, $y=2\sqrt{3}$

8 (1) $\frac{\sqrt{3}}{3}$ (2) $y=\frac{\sqrt{3}}{3}x+8$

9 (1) 0.7880 (2) 0.6157 (3) 1.2799 (4) 0.6157 (5) 0.7880

10 (1) $\frac{1}{2}$ (2) $\frac{1}{2}$ (3) $\frac{1}{4}$ (4) $\frac{1}{2}$ (5) 3

11 (1) $<$ (2) $>$ (3) $<$ (4) $<$

12 (1) 0.5150 (2) 0.8192 (3) 0.6009

13 (1) 34° (2) 33° (3) 32°

14 (1) 31° (2) 32° (3) 33°

15 (1) 5.446 (2) 14.004 (3) 4.145

1 $\overline{BC}=\sqrt{12^2+9^2}=\sqrt{225}=15$

(1) $\sin B=\frac{9}{15}=\frac{3}{5}$

(2) $\cos B=\frac{12}{15}=\frac{4}{5}$

(3) $\tan B=\frac{9}{12}=\frac{3}{4}$

(4) $\sin C=\frac{12}{15}=\frac{4}{5}$

(5) $\cos C=\frac{9}{15}=\frac{3}{5}$

(6) $\tan C=\frac{12}{9}=\frac{4}{3}$

2 (1) $\sin B=\frac{6}{x}=\frac{3}{4}$이므로 $x=8$

$y=\sqrt{8^2-6^2}=\sqrt{28}=2\sqrt{7}$

(2) $\cos A=\frac{x}{9}=\frac{\sqrt{3}}{3}$이므로 $x=3\sqrt{3}$

$y=\sqrt{9^2-(3\sqrt{3})^2}=\sqrt{54}=3\sqrt{6}$

(3) $\tan C=\frac{4}{x}=\frac{8}{5}$이므로 $x=\frac{5}{2}$

$y=\sqrt{4^2+\left(\frac{5}{2}\right)^2}=\sqrt{\frac{89}{4}}=\frac{\sqrt{89}}{2}$

3 (1) $\sin A=\frac{\sqrt{11}}{6}$이므로

오른쪽 그림과 같은 직각삼각형 ABC를 생각할 수 있다.

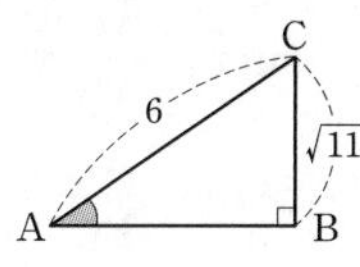

$\overline{AC}=6$, $\overline{BC}=\sqrt{11}$이므로

$\overline{AB}=\sqrt{6^2-(\sqrt{11})^2}=\sqrt{25}=5$

$\therefore \cos A=\frac{5}{6}$, $\tan A=\frac{\sqrt{11}}{5}$

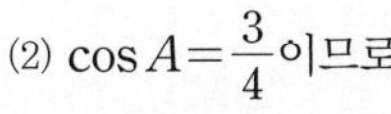

(2) $\cos A=\frac{3}{4}$이므로

오른쪽 그림과 같은 직각삼각형 ABC를 생각할 수 있다.

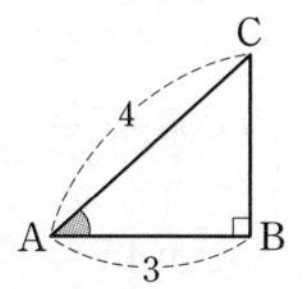

$\overline{AC}=4$, $\overline{AB}=3$이므로

$\overline{BC}=\sqrt{4^2-3^2}=\sqrt{7}$

$\therefore \sin A=\frac{\sqrt{7}}{4}$, $\tan A=\frac{\sqrt{7}}{3}$

(3) $\tan A=\frac{\sqrt{5}}{2}$이므로

오른쪽 그림과 같은 직각삼각형 ABC를 생각할 수 있다.

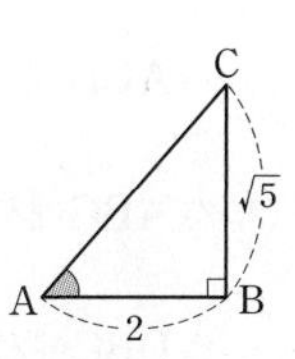

$\overline{AB}=2$, $\overline{BC}=\sqrt{5}$이므로

$\overline{AC}=\sqrt{2^2+(\sqrt{5})^2}=\sqrt{9}=3$

$\therefore \sin A=\frac{\sqrt{5}}{3}$, $\cos A=\frac{2}{3}$

4 △ABC에서 $\overline{AB}=\sqrt{5^2-2^2}=\sqrt{21}$

(1) △ABC∽△HBA(AA 닮음)이므로

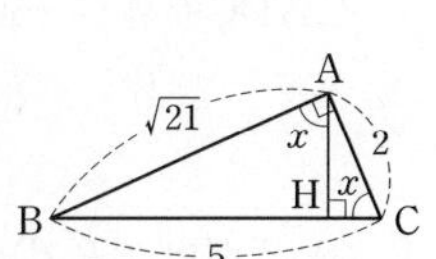

$\angle ACB=\angle HAB=x$

$\therefore \sin x=\frac{\overline{AB}}{\overline{BC}}=\frac{\sqrt{21}}{5}$,

$\cos x=\frac{\overline{AC}}{\overline{BC}}=\frac{2}{5}$,

$\tan x=\frac{\overline{AB}}{\overline{AC}}=\frac{\sqrt{21}}{2}$

(2) $\triangle ABC \backsim \triangle HAC$(AA 닮음)이므로

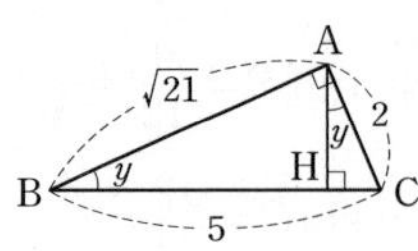

$\angle ABC = \angle HAC = y$

$\therefore\ \sin y = \dfrac{\overline{AC}}{\overline{BC}} = \dfrac{2}{5}$,

$\cos y = \dfrac{\overline{AB}}{\overline{BC}} = \dfrac{\sqrt{21}}{5}$,

$\tan y = \dfrac{\overline{AC}}{\overline{AB}} = \dfrac{2}{\sqrt{21}} = \dfrac{2\sqrt{21}}{21}$

5 (1) $\triangle ABC \backsim \triangle EBD$(AA 닮음)이므로

$\angle BED = \angle BAC = x$

$\triangle DBE$에서 $\overline{DE} = \sqrt{5^2 - 4^2} = \sqrt{9} = 3$이므로

$\sin x = \dfrac{\overline{BD}}{\overline{BE}} = \dfrac{4}{5}$, $\cos x = \dfrac{\overline{DE}}{\overline{BE}} = \dfrac{3}{5}$,

$\tan x = \dfrac{\overline{BD}}{\overline{DE}} = \dfrac{4}{3}$

(2) $\triangle ABC \backsim \triangle DEC$(AA 닮음)이므로

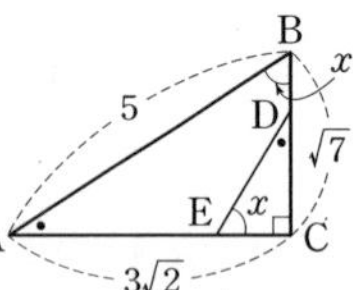

$\angle ABC = \angle DEC = x$

$\triangle ABC$에서

$\overline{AB} = \sqrt{(3\sqrt{2})^2 + (\sqrt{7})^2} = \sqrt{25} = 5$이므로

$\sin x = \dfrac{\overline{AC}}{\overline{AB}} = \dfrac{3\sqrt{2}}{5}$, $\cos x = \dfrac{\overline{BC}}{\overline{AB}} = \dfrac{\sqrt{7}}{5}$,

$\tan x = \dfrac{\overline{AC}}{\overline{BC}} = \dfrac{3\sqrt{2}}{\sqrt{7}} = \dfrac{3\sqrt{14}}{7}$

6 (1) $\sin 60^\circ = \dfrac{4\sqrt{3}}{x} = \dfrac{\sqrt{3}}{2}$ $\quad \therefore x = 8$

$\tan 60^\circ = \dfrac{4\sqrt{3}}{y} = \sqrt{3}$ $\quad \therefore y = 4$

(2) $\cos 45^\circ = \dfrac{\sqrt{3}}{x} = \dfrac{\sqrt{2}}{2}$ $\quad \therefore x = \sqrt{6}$

$\tan 45^\circ = \dfrac{y}{\sqrt{3}} = 1$ $\quad \therefore y = \sqrt{3}$

7 (1) $\triangle ABD$에서 $\sin 30^\circ = \dfrac{x}{4\sqrt{2}} = \dfrac{1}{2}$ $\quad \therefore x = 2\sqrt{2}$

$\triangle ACD$에서 $\sin 45^\circ = \dfrac{2\sqrt{2}}{y} = \dfrac{\sqrt{2}}{2}$ $\quad \therefore y = 4$

(2) $\triangle ABC$에서 $\sin 45^\circ = \dfrac{2\sqrt{6}}{x} = \dfrac{\sqrt{2}}{2}$ $\quad \therefore x = 4\sqrt{3}$

$\triangle DBC$에서 $\tan 60^\circ = \dfrac{4\sqrt{3}}{y} = \sqrt{3}$ $\quad \therefore y = 4$

(3) $\triangle ABC$에서 $\sin 30^\circ = \dfrac{x}{12} = \dfrac{1}{2}$ $\quad \therefore x = 6$

$\triangle ADC$에서 $\tan 60^\circ = \dfrac{6}{y} = \sqrt{3}$ $\quad \therefore y = 2\sqrt{3}$

8 (1) (직선의 기울기)$= \tan 30^\circ = \dfrac{\sqrt{3}}{3}$

(2) (직선의 기울기)$= \dfrac{\sqrt{3}}{3}$이고 y절편은 8이므로

$y = \dfrac{\sqrt{3}}{3}x + 8$

9 (1) $\sin 52^\circ = \dfrac{\overline{AB}}{\overline{OA}} = \dfrac{0.7880}{1} = 0.7880$

(2) $\cos 52^\circ = \dfrac{\overline{OB}}{\overline{OA}} = \dfrac{0.6157}{1} = 0.6157$

(3) $\tan 52^\circ = \dfrac{\overline{CD}}{\overline{OD}} = \dfrac{1.2799}{1} = 1.2799$

(4) $\sin 38^\circ = \dfrac{\overline{OB}}{\overline{OA}} = \dfrac{0.6157}{1} = 0.6157$

(5) $\cos 38^\circ = \dfrac{\overline{AB}}{\overline{OA}} = \dfrac{0.7880}{1} = 0.7880$

10 (1) $\sin 30^\circ + \cos 0^\circ - \tan 45^\circ$

$= \dfrac{1}{2} + 1 - 1 = \dfrac{1}{2}$

(2) $\sin 45^\circ \times \cos 45^\circ + \tan 0^\circ$

$= \dfrac{\sqrt{2}}{2} \times \dfrac{\sqrt{2}}{2} + 0$

$= \dfrac{2}{4} + 0 = \dfrac{1}{2}$

(3) $\tan 45^\circ - \cos 30^\circ \times \sin 60^\circ$

$= 1 - \dfrac{\sqrt{3}}{2} \times \dfrac{\sqrt{3}}{2}$

$= 1 - \dfrac{3}{4} = \dfrac{1}{4}$

(4) $2\sin 90^\circ - \cos 30^\circ \times \tan 60^\circ$

$= 2 \times 1 - \dfrac{\sqrt{3}}{2} \times \sqrt{3}$

$= 2 - \dfrac{3}{2} = \dfrac{1}{2}$

(5) $\tan 60^\circ \div \tan 30^\circ - \sin 0^\circ \times \cos 90^\circ$

$= \sqrt{3} \div \dfrac{\sqrt{3}}{3} - 0 \times 0$

$= \sqrt{3} \times \dfrac{3}{\sqrt{3}} - 0 = 3$

11 (1) $\sin 45^\circ = \dfrac{\sqrt{2}}{2}$ ⓒ $\sin 60^\circ = \dfrac{\sqrt{3}}{2}$

(1) $\sin 45^\circ = \dfrac{\sqrt{2}}{2}$ (<) $\sin 60^\circ = \dfrac{\sqrt{3}}{2}$

(2) $\cos 30^\circ = \dfrac{\sqrt{3}}{2}$ (>) $\cos 90^\circ = 0$

(3) $0^\circ \le x < 45^\circ$일 때, $\sin x < \cos x$이므로

$\sin 14^\circ$ (<) $\cos 14^\circ$

(4) $\cos 47^\circ < 1 < \tan 47^\circ$이므로

$\cos 47^\circ$ (<) $\tan 47^\circ$

14 (1) $\cos x = \dfrac{85.72}{100} = 0.8572$이므로 $x = 31^\circ$

(2) $\sin x = \dfrac{5.299}{10} = 0.5299$이므로 $x = 32^\circ$

(3) $\tan x = \dfrac{32.47}{50} = 0.6494$이므로 $x = 33^\circ$

15 (1) $\sin 33^\circ = \dfrac{x}{10} = 0.5446$ $\quad \therefore x = 5.446$

(2) $\tan 35^\circ = \dfrac{x}{20} = 0.7002$ $\quad \therefore x = 14.004$

(3) $\cos 34^\circ = \dfrac{x}{5} = 0.8290$ $\quad \therefore x = 4.145$

학교 시험 문제 × 확인하기 26~27쪽

1 $\frac{\sqrt{10}+\sqrt{15}}{5}$	2 ④	3 ②	4 ②
5 $\frac{\sqrt{3}+\sqrt{6}}{3}$ 6 ④	7 $y=\frac{\sqrt{3}}{3}x+2\sqrt{3}$		8 ⑤
9 ④	10 $\tan 68^\circ$ 11 ③	12 36°	13 ①

1 $\overline{AB}=\sqrt{2^2+(\sqrt{6})^2}=\sqrt{10}$이므로

$\sin A=\frac{2}{\sqrt{10}}=\frac{\sqrt{10}}{5}$, $\cos A=\frac{\sqrt{6}}{\sqrt{10}}=\frac{\sqrt{15}}{5}$

$\therefore \sin A+\cos A=\frac{\sqrt{10}}{5}+\frac{\sqrt{15}}{5}=\frac{\sqrt{10}+\sqrt{15}}{5}$

2 $\cos C=\frac{\overline{AC}}{14}=\frac{4}{7}$이므로 $\overline{AC}=8$

$\overline{AB}=\sqrt{14^2-8^2}=\sqrt{132}=2\sqrt{33}$이므로

$\triangle ABC=\frac{1}{2}\times 2\sqrt{33}\times 8=8\sqrt{33}$

3 $\sin A=\frac{3}{4}$이므로 오른쪽 그림과 같은 직각삼각형 ABC를 생각할 수 있다.

$\overline{AC}=4$, $\overline{BC}=3$이므로

$\overline{AB}=\sqrt{4^2-3^2}=\sqrt{7}$

$\cos A=\frac{\sqrt{7}}{4}$, $\tan A=\frac{3}{\sqrt{7}}=\frac{3\sqrt{7}}{7}$이므로

$\cos A\div\tan A=\frac{\sqrt{7}}{4}\div\frac{3\sqrt{7}}{7}$

$=\frac{\sqrt{7}}{4}\times\frac{7}{3\sqrt{7}}=\frac{7}{12}$

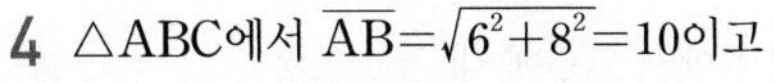

4 $\triangle ABC$에서 $\overline{AB}=\sqrt{6^2+8^2}=10$이고

$\triangle ABC\backsim\triangle ACH$(AA 닮음)이므로

$\angle ABC=\angle ACH=x$

$\therefore \sin x=\frac{\overline{AC}}{\overline{AB}}=\frac{8}{10}=\frac{4}{5}$

$\triangle ABC\backsim\triangle CBH$(AA 닮음)이므로

$\angle BAC=\angle BCH=y$

$\therefore \sin y=\frac{\overline{BC}}{\overline{AB}}=\frac{6}{10}=\frac{3}{5}$

$\therefore \sin x\times\sin y=\frac{4}{5}\times\frac{3}{5}=\frac{12}{25}$

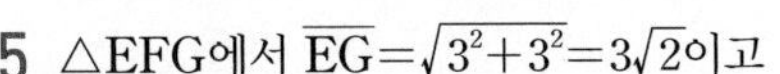

5 $\triangle EFG$에서 $\overline{EG}=\sqrt{3^2+3^2}=3\sqrt{2}$이고

$\triangle AEG$에서

$\overline{AG}=\sqrt{(3\sqrt{2})^2+6^2}=\sqrt{54}=3\sqrt{6}$이므로

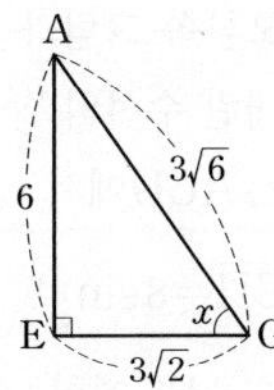

$\sin x=\frac{6}{3\sqrt{6}}=\frac{\sqrt{6}}{3}$, $\cos x=\frac{3\sqrt{2}}{3\sqrt{6}}=\frac{\sqrt{3}}{3}$

$\therefore \sin x+\cos x=\frac{\sqrt{6}}{3}+\frac{\sqrt{3}}{3}$

$=\frac{\sqrt{3}+\sqrt{6}}{3}$

6 $\triangle ABC$에서 $\tan 60^\circ=\frac{\overline{BC}}{2}=\sqrt{3}$ $\quad\therefore \overline{BC}=2\sqrt{3}$

$\triangle DBC$에서 $\sin 45^\circ=\frac{2\sqrt{3}}{\overline{BD}}=\frac{\sqrt{2}}{2}$ $\quad\therefore \overline{BD}=2\sqrt{6}$

7 (직선의 기울기)$=\tan 30^\circ=\frac{\sqrt{3}}{3}$

$y=\frac{\sqrt{3}}{3}x+b$라 하면 이 직선이 점 $(-6, 0)$을 지나므로

$0=\frac{\sqrt{3}}{3}\times(-6)+b$ $\quad\therefore b=2\sqrt{3}$

$\therefore y=\frac{\sqrt{3}}{3}x+2\sqrt{3}$

8 ① $\sin 60^\circ\times\cos 45^\circ=\frac{\sqrt{3}}{2}\times\frac{\sqrt{2}}{2}=\frac{\sqrt{6}}{4}$

② $\sin 90^\circ+\tan 30^\circ\times\tan 45^\circ=1+\frac{\sqrt{3}}{3}\times 1=\frac{3+\sqrt{3}}{3}$

③ $\cos 30^\circ\div\tan 60^\circ=\frac{\sqrt{3}}{2}\div\sqrt{3}=\frac{\sqrt{3}}{2}\times\frac{1}{\sqrt{3}}=\frac{1}{2}$

④ $\sin 45^\circ\times\cos 0^\circ\times\tan 45^\circ=\frac{\sqrt{2}}{2}\times 1\times 1=\frac{\sqrt{2}}{2}$

⑤ $\tan 0^\circ-\sin 30^\circ\times\cos 60^\circ=0-\frac{1}{2}\times\frac{1}{2}=-\frac{1}{4}$

따라서 옳지 않은 것은 ⑤이다.

9 $\tan 48^\circ=\frac{\overline{CD}}{\overline{OD}}=\frac{1.1106}{1}=1.1106$

$\triangle AOB$에서 $\angle OAB=180^\circ-(90^\circ+48^\circ)=42^\circ$이므로

$\sin 42^\circ=\frac{\overline{OB}}{\overline{OA}}=\frac{0.6691}{1}=0.6691$

$\therefore \tan 48^\circ+\sin 42^\circ=1.1106+0.6691=1.7797$

10 $0<\sin 37^\circ<\cos 37^\circ<\cos 0^\circ=1$,

$1<\tan 68^\circ<\tan 80^\circ$이므로

작은 것부터 차례로 나열하면

$\sin 37^\circ$, $\cos 37^\circ$, $\cos 0^\circ$, $\tan 68^\circ$, $\tan 80^\circ$

따라서 두 번째로 큰 것은 $\tan 68^\circ$이다.

11 $45^\circ<A<90^\circ$일 때,

$\cos A<\sin A<1$이고 $\tan A>1$이므로

$\cos A<\sin A<\tan A$

12 $\cos x=\frac{80.9}{100}=0.809$ $\quad\therefore x=36^\circ$

13 $\sin 35^\circ=\frac{\overline{AC}}{10}=0.5736$ $\quad\therefore \overline{AC}=5.736$

2 삼각비의 활용

30~40쪽

001 답 **10, 10 sin 33°**

002 답 **4, $\frac{4}{\cos 53°}$**

003 답 **13, 13 tan 47°**

004 답 **1.92**

$x=3\sin 40°=3\times 0.64=1.92$

005 답 **1.38**

$x=2\cos 46°=2\times 0.69=1.38$

006 답 **8**

$x=\frac{6}{\tan 37°}=\frac{6}{0.75}=8$

007 답 **20, 20, 14.6**

008 답 **27 m**

$\overline{AC}=30\sin 65°=30\times 0.9=27(\text{m})$

따라서 건물의 높이는 27 m이다.

009 답 (1) **5.7 m** (2) **7.2 m**

(1) $\overline{BC}=10\sin 35°=10\times 0.57=5.7(\text{m})$

(2) $\overline{CD}=\overline{BD}+\overline{BC}=1.5+5.7=7.2(\text{m})$

따라서 지면에서 연까지의 높이는 7.2 m이다.

010 답 **$(8+4\sqrt{3})$ m**

$\overline{BC}=12\tan 30°=12\times\frac{\sqrt{3}}{3}=4\sqrt{3}(\text{m})$

$\therefore \overline{CD}=\overline{BD}+\overline{BC}=8+4\sqrt{3}(\text{m})$

따라서 (나) 건물의 높이는 $(8+4\sqrt{3})$ m이다.

011 답 (1) **$3\sqrt{3}$ m** (2) **$6\sqrt{3}$ m** (3) **$9\sqrt{3}$ m**

(1) $\overline{AB}=9\tan 30°=9\times\frac{\sqrt{3}}{3}=3\sqrt{3}(\text{m})$

(2) $\overline{AC}=\frac{9}{\cos 30°}=9\times\frac{2}{\sqrt{3}}=6\sqrt{3}(\text{m})$

(3) $\overline{AB}+\overline{AC}=3\sqrt{3}+6\sqrt{3}=9\sqrt{3}(\text{m})$

따라서 부러지기 전 나무의 높이는 $9\sqrt{3}$ m이다.

012 답 **14.04 m**

$\overline{AB}=7.2\tan 34°=7.2\times 0.7=5.04(\text{m})$

$\overline{AC}=\frac{7.2}{\cos 34°}=\frac{7.2}{0.8}=9(\text{m})$

$\therefore \overline{AB}+\overline{AC}=5.04+9=14.04(\text{m})$

따라서 부러지기 전 전봇대의 높이는 14.04 m이다.

013 답 ❷ **60°, $4\sqrt{3}$, 60°, 4** ❸ **6, $4\sqrt{3}$, 6, $2\sqrt{21}$**

014 답 **$2\sqrt{7}$**

오른쪽 그림과 같이 꼭짓점 A에서 $\overline{BC}$에 내린 수선의 발을 H라 하자.

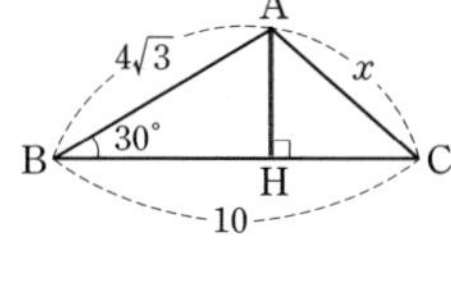

△ABH에서

$\overline{AH}=4\sqrt{3}\sin 30°=4\sqrt{3}\times\frac{1}{2}=2\sqrt{3}$

$\overline{BH}=4\sqrt{3}\cos 30°=4\sqrt{3}\times\frac{\sqrt{3}}{2}=6$

$\overline{CH}=\overline{BC}-\overline{BH}=10-6=4$이므로

△ACH에서 $x=\sqrt{(2\sqrt{3})^2+4^2}=\sqrt{28}=2\sqrt{7}$

015 답 **5**

오른쪽 그림과 같이 꼭짓점 A에서 $\overline{BC}$에 내린 수선의 발을 H라 하자.

△ACH에서

$\overline{AH}=3\sqrt{2}\sin 45°=3\sqrt{2}\times\frac{\sqrt{2}}{2}=3$

$\overline{CH}=3\sqrt{2}\cos 45°=3\sqrt{2}\times\frac{\sqrt{2}}{2}=3$

$\overline{BH}=\overline{BC}-\overline{CH}=7-3=4$이므로

△ABH에서 $x=\sqrt{3^2+4^2}=\sqrt{25}=5$

016 답 **$5\sqrt{7}$**

오른쪽 그림과 같이 꼭짓점 B에서 $\overline{AC}$에 내린 수선의 발을 H라 하자.

△ABH에서

$\overline{BH}=10\sin 60°=10\times\frac{\sqrt{3}}{2}=5\sqrt{3}$

$\overline{AH}=10\cos 60°=10\times\frac{1}{2}=5$

$\overline{CH}=\overline{AC}-\overline{AH}=15-5=10$이므로

△BCH에서 $x=\sqrt{(5\sqrt{3})^2+10^2}=\sqrt{175}=5\sqrt{7}$

017 답 ❷ **45°, $3\sqrt{2}$** ❸ **180°, 60°, 60°, $2\sqrt{6}$**

018 답 **$8\sqrt{2}$**

오른쪽 그림과 같이 꼭짓점 C에서 $\overline{AB}$에 내린 수선의 발을 H라 하자.

△ACH에서

$\overline{CH}=8\sin 45°=8\times\frac{\sqrt{2}}{2}=4\sqrt{2}$

△ABC에서 $\angle B=180°-(105°+45°)=30°$

따라서 △BCH에서 $x=\frac{4\sqrt{2}}{\sin 30°}=4\sqrt{2}\times 2=8\sqrt{2}$

019 답 $2\sqrt{6}$

오른쪽 그림과 같이 꼭짓점 A에서 $\overline{BC}$에 내린 수선의 발을 H라 하자.

△ABH에서

$\overline{AH}=4\sin 60^\circ=4\times\frac{\sqrt{3}}{2}=2\sqrt{3}$

△ABC에서

$\angle C=180^\circ-(60^\circ+75^\circ)=45^\circ$

따라서 △ACH에서

$x=\frac{2\sqrt{3}}{\sin 45^\circ}=2\sqrt{3}\times\frac{2}{\sqrt{2}}=2\sqrt{6}$

020 답 $10\sqrt{2}$

△ABC에서

$\angle A=180^\circ-(105^\circ+30^\circ)=45^\circ$

오른쪽 그림과 같이 꼭짓점 B에서 $\overline{AC}$에 내린 수선의 발을 H라 하자.

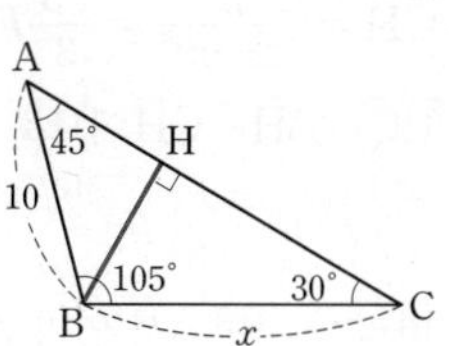

△ABH에서

$\overline{BH}=10\sin 45^\circ=10\times\frac{\sqrt{2}}{2}=5\sqrt{2}$

따라서 △BCH에서

$x=\frac{5\sqrt{2}}{\sin 30^\circ}=5\sqrt{2}\times 2=10\sqrt{2}$

021 답 $2\sqrt{17}$ m

오른쪽 그림과 같이 꼭짓점 C에서 $\overline{AB}$에 내린 수선의 발을 H라 하자.

△CAH에서

$\overline{CH}=10\sin 45^\circ=10\times\frac{\sqrt{2}}{2}=5\sqrt{2}(\text{m})$

$\overline{AH}=10\cos 45^\circ=10\times\frac{\sqrt{2}}{2}=5\sqrt{2}(\text{m})$

$\overline{BH}=\overline{AB}-\overline{AH}=8\sqrt{2}-5\sqrt{2}=3\sqrt{2}(\text{m})$이므로

△CBH에서

$\overline{BC}=\sqrt{(5\sqrt{2})^2+(3\sqrt{2})^2}=\sqrt{68}=2\sqrt{17}(\text{m})$

따라서 두 지점 B, C 사이의 거리는 $2\sqrt{17}$ m이다.

022 답 $3\sqrt{7}$ km

오른쪽 그림과 같이 꼭짓점 A에서 $\overline{BC}$에 내린 수선의 발을 H라 하자.

△ACH에서

$\overline{AH}=6\sqrt{3}\sin 30^\circ$

$=6\sqrt{3}\times\frac{1}{2}=3\sqrt{3}(\text{km})$

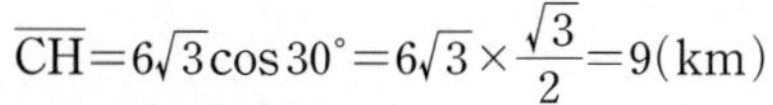

$\overline{CH}=6\sqrt{3}\cos 30^\circ=6\sqrt{3}\times\frac{\sqrt{3}}{2}=9(\text{km})$

$\overline{BH}=\overline{BC}-\overline{CH}=15-9=6(\text{km})$이므로

△ABH에서

$\overline{AB}=\sqrt{(3\sqrt{3})^2+6^2}=\sqrt{63}=3\sqrt{7}(\text{km})$

따라서 두 건물 A, B 사이의 거리는 $3\sqrt{7}$ km이다.

023 답 $4\sqrt{6}$ m

오른쪽 그림과 같이 꼭짓점 A에서 $\overline{BC}$에 내린 수선의 발을 H라 하자.

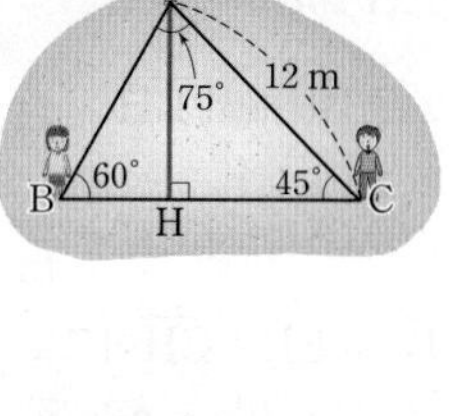

△ACH에서

$\overline{AH}=12\sin 45^\circ=12\times\frac{\sqrt{2}}{2}=6\sqrt{2}(\text{m})$

△ABC에서

$\angle B=180^\circ-(75^\circ+45^\circ)=60^\circ$

△ABH에서

$\overline{AB}=\frac{6\sqrt{2}}{\sin 60^\circ}=6\sqrt{2}\times\frac{2}{\sqrt{3}}=4\sqrt{6}(\text{m})$

따라서 두 학생 A, B 사이의 거리는 $4\sqrt{6}$ m이다.

024 답 $30\sqrt{2}$ m

오른쪽 그림과 같이 점 C에서 $\overline{AB}$에 내린 수선의 발을 H라 하자.

△BCH에서

$\overline{CH}=60\sin 30^\circ=60\times\frac{1}{2}=30(\text{m})$

△ABC에서

$\angle A=180^\circ-(30^\circ+105^\circ)=45^\circ$

△AHC에서

$\overline{AC}=\frac{30}{\sin 45^\circ}=30\times\frac{2}{\sqrt{2}}=30\sqrt{2}(\text{m})$

따라서 두 지점 A, C 사이의 거리는 $30\sqrt{2}$ m이다.

025 답 ❶ 30°, $\sqrt{3}h$ ❷ 45°, h ❸ $\sqrt{3}+1$, $6(\sqrt{3}-1)$

026 답 $2(3-\sqrt{3})$

△ABH에서 $\overline{BH}=\frac{h}{\tan 60^\circ}=\frac{\sqrt{3}}{3}h$

△ACH에서 $\overline{CH}=\frac{h}{\tan 45^\circ}=h$

$\overline{BC}=\overline{BH}+\overline{CH}$이므로

$4=\frac{\sqrt{3}}{3}h+h$, $\frac{\sqrt{3}+3}{3}h=4$ $\quad\therefore h=2(3-\sqrt{3})$

027 답 $5(\sqrt{3}-1)$

△ABH에서 $\overline{BH}=\frac{h}{\tan 45^\circ}=h$

△ACH에서 $\overline{CH}=\frac{h}{\tan 30^\circ}=\sqrt{3}h$

$\overline{BC}=\overline{BH}+\overline{CH}$이므로

$10=h+\sqrt{3}h$, $(1+\sqrt{3})h=10$ $\quad\therefore h=5(\sqrt{3}-1)$

028 답 $\frac{15}{4}$

△ABH에서 $\overline{BH}=\frac{h}{\tan 30^\circ}=\sqrt{3}h$

△ACH에서 $\overline{CH}=\frac{h}{\tan 60^\circ}=\frac{\sqrt{3}}{3}h$

$\overline{BC}=\overline{BH}+\overline{CH}$이므로

$5\sqrt{3}=\sqrt{3}h+\frac{\sqrt{3}}{3}h$, $\frac{4\sqrt{3}}{3}h=5\sqrt{3}$ $\quad\therefore h=\frac{15}{4}$

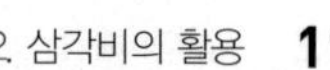

029 답 $\frac{9(3-\sqrt{3})}{2}$ m

$\overline{AH}=h$ m라 하면

$\triangle$ABH에서 $\overline{BH}=\frac{h}{\tan 45^\circ}=h(\text{m})$

$\triangle$ACH에서 $\overline{CH}=\frac{h}{\tan 60^\circ}=\frac{\sqrt{3}}{3}h(\text{m})$

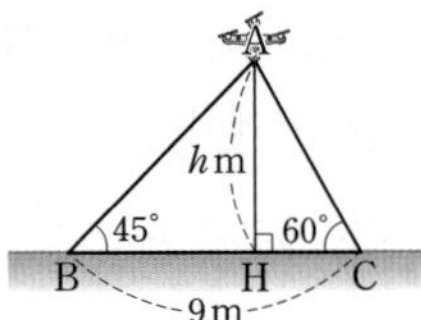

$\overline{BC}=\overline{BH}+\overline{CH}$이므로

$9=h+\frac{\sqrt{3}}{3}h,\ \frac{3+\sqrt{3}}{3}h=9 \quad \therefore h=\frac{9(3-\sqrt{3})}{2}$

따라서 지면에서 드론까지의 높이 $\overline{AH}$는 $\frac{9(3-\sqrt{3})}{2}$ m이다.

030 답 ❶ 30°, $\sqrt{3}h$ ❷ 60°, $\frac{\sqrt{3}}{3}h$ ❸ $\frac{2\sqrt{3}}{3}$, $5\sqrt{3}$

다른 풀이 $\triangle$ABC에서 $60^\circ=\angle BAC+30^\circ$이므로 $\angle BAC=30^\circ$

즉, $\triangle$ABC는 이등변삼각형이므로 $\overline{AC}=\overline{BC}=10$

따라서 $\triangle$ACH에서 $h=10\sin 60^\circ=10\times\frac{\sqrt{3}}{2}=5\sqrt{3}$

031 답 $4(\sqrt{3}+1)$

$\triangle$ABH에서 $\overline{BH}=\frac{h}{\tan 30^\circ}=\sqrt{3}h$

$\triangle$ACH에서 $\overline{CH}=\frac{h}{\tan 45^\circ}=h$

$\overline{BC}=\overline{BH}-\overline{CH}$이므로

$8=\sqrt{3}h-h,\ (\sqrt{3}-1)h=8 \quad \therefore h=4(\sqrt{3}+1)$

다른 풀이 $\triangle$ACH에서 $\angle CAH=180^\circ-(45^\circ+90^\circ)=45^\circ$

즉, $\triangle$ACH는 이등변삼각형이므로 $\overline{CH}=\overline{AH}=h$

$\therefore \overline{BH}=\overline{BC}+\overline{CH}=8+h$

$\triangle$ABH에서 $h=(8+h)\tan 30^\circ$이므로

$h=\frac{\sqrt{3}}{3}(8+h),\ (3-\sqrt{3})h=8\sqrt{3} \quad \therefore h=4(\sqrt{3}+1)$

032 답 $2(3+\sqrt{3})$

$\triangle$ABH에서 $\overline{BH}=\frac{h}{\tan 45^\circ}=h$

$\triangle$ACH에서 $\overline{CH}=\frac{h}{\tan 60^\circ}=\frac{\sqrt{3}}{3}h$

$\overline{BC}=\overline{BH}-\overline{CH}$이므로

$4=h-\frac{\sqrt{3}}{3}h,\ \frac{3-\sqrt{3}}{3}h=4 \quad \therefore h=2(3+\sqrt{3})$

다른 풀이 $\triangle$ABH에서 $\angle BAH=180^\circ-(45^\circ+90^\circ)=45^\circ$

즉, $\triangle$ABH는 이등변삼각형이므로 $\overline{BH}=\overline{AH}=h$

$\overline{CH}=\overline{BH}-\overline{BC}=h-4$

$\triangle$ACH에서 $h=(h-4)\tan 60^\circ$이므로

$h=\sqrt{3}(h-4),\ (\sqrt{3}-1)h=4\sqrt{3} \quad \therefore h=2(3+\sqrt{3})$

033 답 $7(\sqrt{3}+1)$

$\triangle$ABH에서 $\overline{BH}=\frac{h}{\tan 30^\circ}=\sqrt{3}h$

$\triangle$ACH에서

$\angle ACH=180^\circ-135^\circ=45^\circ$이므로

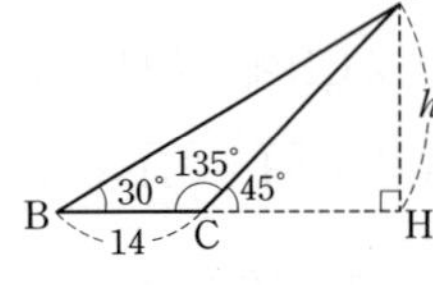

$\overline{CH}=\frac{h}{\tan 45^\circ}=h$

$\overline{BC}=\overline{BH}-\overline{CH}$이므로

$14=\sqrt{3}h-h,\ (\sqrt{3}-1)h=14 \quad \therefore h=7(\sqrt{3}+1)$

다른 풀이 $\triangle$ACH에서 $\angle CAH=180^\circ-(45^\circ+90^\circ)=45^\circ$

즉, $\triangle$ACH는 이등변삼각형이므로 $\overline{CH}=\overline{AH}=h$

$\overline{BH}=\overline{BC}+\overline{CH}=14+h$

$\triangle$ABH에서 $h=(14+h)\tan 30^\circ$이므로

$h=\frac{\sqrt{3}}{3}(14+h),\ (3-\sqrt{3})h=14\sqrt{3} \quad \therefore h=7(\sqrt{3}+1)$

034 답 $2\sqrt{3}$ m

$\overline{AH}=h$ m라 하면

$\triangle$ABH에서

$\overline{BH}=\frac{h}{\tan 30^\circ}=\sqrt{3}h(\text{m})$

$\triangle$ACH에서

$\overline{CH}=\frac{h}{\tan 60^\circ}=\frac{\sqrt{3}}{3}h(\text{m})$

$\overline{BC}=\overline{BH}-\overline{CH}$이므로

$4=\sqrt{3}h-\frac{\sqrt{3}}{3}h,\ \frac{2\sqrt{3}}{3}h=4 \quad \therefore h=2\sqrt{3}$

따라서 지면에서 열기구까지의 높이 $\overline{AH}$는 $2\sqrt{3}$ m이다.

다른 풀이 $\triangle$ABC에서 $60^\circ=\angle BAC+30^\circ$이므로 $\angle BAC=30^\circ$

즉, $\triangle$ABC는 이등변삼각형이므로 $\overline{AC}=\overline{BC}=4$ m

$\triangle$ACH에서 $h=4\sin 60^\circ=4\times\frac{\sqrt{3}}{2}=2\sqrt{3}$

따라서 지면에서 열기구까지의 높이 $\overline{AH}$는 $2\sqrt{3}$ m이다.

035 답 4, 60°, $6\sqrt{3}$

036 답 $14\sqrt{2}$

$\triangle ABC=\frac{1}{2}\times 8\times 7\times\sin 45^\circ$

$=\frac{1}{2}\times 8\times 7\times\frac{\sqrt{2}}{2}=14\sqrt{2}$

037 답 15

$\triangle ABC=\frac{1}{2}\times 6\times 10\times\sin 30^\circ$

$=\frac{1}{2}\times 6\times 10\times\frac{1}{2}=15$

038 답 $21\sqrt{2}$

$\angle A=180^\circ-(100^\circ+35^\circ)=45^\circ$이므로

$\triangle ABC=\frac{1}{2}\times 7\times 12\times\sin 45^\circ$

$=\frac{1}{2}\times 7\times 12\times\frac{\sqrt{2}}{2}=21\sqrt{2}$

039 답 25

$\angle A=180^\circ-(75^\circ+75^\circ)=30^\circ$이므로

$\triangle ABC=\frac{1}{2}\times 10\times 10\times\sin 30^\circ$

$=\frac{1}{2}\times 10\times 10\times\frac{1}{2}=25$

040 답 $2\sqrt{3}$

$\overline{AB}=\overline{AC}$이므로 $\angle C=\angle B=60^\circ$

$\therefore \angle A=180^\circ-(60^\circ+60^\circ)=60^\circ$

즉, $\triangle ABC$는 정삼각형이므로 $\overline{AB}=\overline{BC}=2\sqrt{2}$

$\therefore \triangle ABC=\frac{1}{2}\times 2\sqrt{2}\times 2\sqrt{2}\times \sin 60^\circ$

$=\frac{1}{2}\times 2\sqrt{2}\times 2\sqrt{2}\times \frac{\sqrt{3}}{2}$

$=2\sqrt{3}$

041 답 8, 120°, 8, 60°, $10\sqrt{3}$

042 답 $3\sqrt{6}$

$\triangle ABC=\frac{1}{2}\times 4\times 3\sqrt{3}\times \sin(180^\circ-135^\circ)$

$=\frac{1}{2}\times 4\times 3\sqrt{3}\times \sin 45^\circ$

$=\frac{1}{2}\times 4\times 3\sqrt{3}\times \frac{\sqrt{2}}{2}$

$=3\sqrt{6}$

043 답 $3\sqrt{3}$

$\angle B=180^\circ-(25^\circ+35^\circ)=120^\circ$이므로

$\triangle ABC=\frac{1}{2}\times 3\times 4\times \sin(180^\circ-120^\circ)$

$=\frac{1}{2}\times 3\times 4\times \sin 60^\circ$

$=\frac{1}{2}\times 3\times 4\times \frac{\sqrt{3}}{2}$

$=3\sqrt{3}$

044 답 9

$\angle C=180^\circ-(15^\circ+15^\circ)=150^\circ$이므로

$\triangle ABC=\frac{1}{2}\times 6\times 6\times \sin(180^\circ-150^\circ)$

$=\frac{1}{2}\times 6\times 6\times \sin 30^\circ$

$=\frac{1}{2}\times 6\times 6\times \frac{1}{2}$

$=9$

045 답 (1) $4\sqrt{3}$ (2) $12\sqrt{3}$ (3) $16\sqrt{3}$

(1) $\triangle ABD=\frac{1}{2}\times 4\times 4\times \sin(180^\circ-120^\circ)$

$=\frac{1}{2}\times 4\times 4\times \sin 60^\circ$

$=\frac{1}{2}\times 4\times 4\times \frac{\sqrt{3}}{2}$

$=4\sqrt{3}$

(2) $\triangle BCD=\frac{1}{2}\times 4\sqrt{3}\times 4\sqrt{3}\times \sin 60^\circ$

$=\frac{1}{2}\times 4\sqrt{3}\times 4\sqrt{3}\times \frac{\sqrt{3}}{2}$

$=12\sqrt{3}$

(3) $\square ABCD=\triangle ABD+\triangle BCD$

$=4\sqrt{3}+12\sqrt{3}=16\sqrt{3}$

046 답 $\frac{7}{2}$

오른쪽 그림과 같이 $\overline{AC}$를 그으면

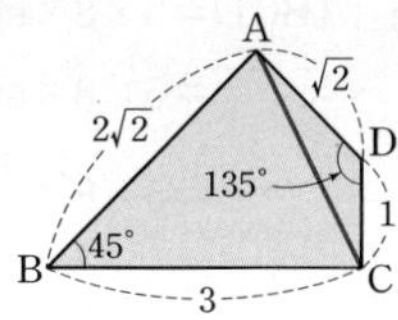

$\triangle ABC=\frac{1}{2}\times 3\times 2\sqrt{2}\times \sin 45^\circ$

$=\frac{1}{2}\times 3\times 2\sqrt{2}\times \frac{\sqrt{2}}{2}$

$=3$

$\triangle ACD=\frac{1}{2}\times \sqrt{2}\times 1\times \sin(180^\circ-135^\circ)$

$=\frac{1}{2}\times \sqrt{2}\times 1\times \sin 45^\circ$

$=\frac{1}{2}\times \sqrt{2}\times 1\times \frac{\sqrt{2}}{2}$

$=\frac{1}{2}$

$\therefore \square ABCD=\triangle ABC+\triangle ACD$

$=3+\frac{1}{2}$

$=\frac{7}{2}$

047 답 $14\sqrt{3}$

오른쪽 그림과 같이 $\overline{AC}$를 그으면

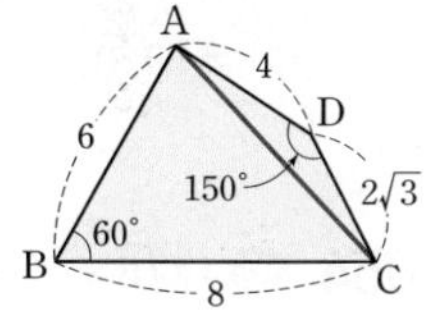

$\triangle ABC=\frac{1}{2}\times 8\times 6\times \sin 60^\circ$

$=\frac{1}{2}\times 8\times 6\times \frac{\sqrt{3}}{2}$

$=12\sqrt{3}$

$\triangle ACD=\frac{1}{2}\times 4\times 2\sqrt{3}\times \sin(180^\circ-150^\circ)$

$=\frac{1}{2}\times 4\times 2\sqrt{3}\times \sin 30^\circ$

$=\frac{1}{2}\times 4\times 2\sqrt{3}\times \frac{1}{2}$

$=2\sqrt{3}$

$\therefore \square ABCD=\triangle ABC+\triangle ACD$

$=12\sqrt{3}+2\sqrt{3}$

$=14\sqrt{3}$

048 답 $12\sqrt{3}$

$\square ABCD=4\times 6\times \sin 60^\circ$

$=4\times 6\times \frac{\sqrt{3}}{2}$

$=12\sqrt{3}$

049 답 $6\sqrt{2}$

$\square ABCD=3\times 4\times \sin 45^\circ$

$=3\times 4\times \frac{\sqrt{2}}{2}$

$=6\sqrt{2}$

050 답 $8\sqrt{3}$

$\square ABCD=4\sqrt{2}\times 2\sqrt{6}\times \sin 30^\circ$

$=4\sqrt{2}\times 2\sqrt{6}\times \frac{1}{2}$

$=8\sqrt{3}$

051 답 **20**

$\square ABCD=5\times8\times\sin(180^\circ-150^\circ)$
$=5\times8\times\sin30^\circ$
$=5\times8\times\frac{1}{2}$
$=20$

052 답 **$27\sqrt{2}$**

$\square ABCD=9\times6\times\sin(180^\circ-135^\circ)$
$=9\times6\times\sin45^\circ$
$=9\times6\times\frac{\sqrt{2}}{2}$
$=27\sqrt{2}$

053 답 **$50\sqrt{2}$**

$\overline{BC}=\overline{AB}=10$이므로
$\square ABCD=10\times10\times\sin45^\circ$
$=10\times10\times\frac{\sqrt{2}}{2}$
$=50\sqrt{2}$

054 답 **$14\sqrt{3}$**

$\square ABCD=\frac{1}{2}\times8\times7\times\sin60^\circ$
$=\frac{1}{2}\times8\times7\times\frac{\sqrt{3}}{2}$
$=14\sqrt{3}$

055 답 **140**

$\square ABCD=\frac{1}{2}\times20\times28\times\sin30^\circ$
$=\frac{1}{2}\times20\times28\times\frac{1}{2}$
$=140$

056 답 **60**

$\square ABCD=\frac{1}{2}\times10\times12\times\sin90^\circ$
$=\frac{1}{2}\times10\times12\times1$
$=60$

057 답 **$18\sqrt{3}$**

$\square ABCD=\frac{1}{2}\times8\times9\times\sin(180^\circ-120^\circ)$
$=\frac{1}{2}\times8\times9\times\sin60^\circ$
$=\frac{1}{2}\times8\times9\times\frac{\sqrt{3}}{2}$
$=18\sqrt{3}$

058 답 **$45\sqrt{2}$**

$\square ABCD=\frac{1}{2}\times12\times15\times\sin(180^\circ-135^\circ)$
$=\frac{1}{2}\times12\times15\times\sin45^\circ$
$=\frac{1}{2}\times12\times15\times\frac{\sqrt{2}}{2}$
$=45\sqrt{2}$

059 답 **13**

$\square ABCD=\frac{1}{2}\times16\times\overline{BD}\times\sin60^\circ=52\sqrt{3}$이므로
$\frac{1}{2}\times16\times\overline{BD}\times\frac{\sqrt{3}}{2}=52\sqrt{3}$
$4\sqrt{3}\,\overline{BD}=52\sqrt{3}$ $\quad\therefore\ \overline{BD}=13$

(기본 문제 × 확인하기) 41쪽

1 (1) 3.8 (2) 5.3 (3) 20
2 (1) $2\sqrt{7}$ (2) 6
3 (1) $3(3-\sqrt{3})$ (2) $6\sqrt{3}$
4 (1) $9\sqrt{3}$ (2) $\frac{63}{2}$
5 (1) $56\sqrt{3}$ (2) 7
6 (1) $4\sqrt{10}$ (2) 15
7 (1) $\frac{45\sqrt{3}}{2}$ (2) $56\sqrt{2}$

1 (1) $x=4\sin72^\circ=4\times0.95=3.8$
(2) $x=10\cos58^\circ=10\times0.53=5.3$
(3) $x=\frac{9}{\tan24^\circ}=\frac{9}{0.45}=20$

2 (1) 오른쪽 그림과 같이 꼭짓점 A에서 $\overline{BC}$에 내린 수선의 발을 H라 하자.
△ACH에서
$\overline{AH}=10\sin30^\circ=10\times\frac{1}{2}=5$
$\overline{CH}=10\cos30^\circ=10\times\frac{\sqrt{3}}{2}=5\sqrt{3}$
$\overline{BH}=\overline{BC}-\overline{CH}=6\sqrt{3}-5\sqrt{3}=\sqrt{3}$이므로
△ABH에서 $x=\sqrt{5^2+(\sqrt{3})^2}=\sqrt{28}=2\sqrt{7}$

(2) 오른쪽 그림과 같이 꼭짓점 A에서 $\overline{BC}$에 내린 수선의 발을 H라 하자.
△ABH에서
$\overline{AH}=2\sqrt{6}\sin60^\circ=2\sqrt{6}\times\frac{\sqrt{3}}{2}=3\sqrt{2}$
△ABC에서 $\angle C=180^\circ-(75^\circ+60^\circ)=45^\circ$
따라서 △ACH에서 $x=\frac{3\sqrt{2}}{\sin45^\circ}=3\sqrt{2}\times\frac{2}{\sqrt{2}}=6$

3 (1) △ABH에서 $\overline{BH}=\frac{h}{\tan 45^\circ}=h$

△ACH에서 $\overline{CH}=\frac{h}{\tan 60^\circ}=\frac{\sqrt{3}}{3}h$

$\overline{BC}=\overline{BH}+\overline{CH}$이므로

$6=h+\frac{\sqrt{3}}{3}h$, $\frac{3+\sqrt{3}}{3}h=6$ $\quad\therefore h=3(3-\sqrt{3})$

(2) △ABH에서 $\overline{BH}=\frac{h}{\tan 30^\circ}=\sqrt{3}h$

△ACH에서 $\overline{CH}=\frac{h}{\tan 60^\circ}=\frac{\sqrt{3}}{3}h$

$\overline{BC}=\overline{BH}-\overline{CH}$이므로

$12=\sqrt{3}h-\frac{\sqrt{3}}{3}h$, $\frac{2\sqrt{3}}{3}h=12$ $\quad\therefore h=6\sqrt{3}$

다른 풀이 △ABC에서 $60^\circ=\angle BAC+30^\circ$이므로 $\angle BAC=30^\circ$

즉, △ABC는 이등변삼각형이므로 $\overline{AC}=\overline{BC}=12$

△ACH에서 $h=12\sin 60^\circ=12\times\frac{\sqrt{3}}{2}=6\sqrt{3}$

4 (1) $\triangle ABC=\frac{1}{2}\times 9\times 4\sqrt{3}\times\sin 30^\circ$

$=\frac{1}{2}\times 9\times 4\sqrt{3}\times\frac{1}{2}$

$=9\sqrt{3}$

(2) $\triangle ABC=\frac{1}{2}\times 3\sqrt{3}\times 14\times\sin(180^\circ-120^\circ)$

$=\frac{1}{2}\times 3\sqrt{3}\times 14\times\sin 60^\circ$

$=\frac{1}{2}\times 3\sqrt{3}\times 14\times\frac{\sqrt{3}}{2}$

$=\frac{63}{2}$

5 (1) $\triangle ABD=\frac{1}{2}\times 8\times 4\sqrt{3}\times\sin(180^\circ-150^\circ)$

$=\frac{1}{2}\times 8\times 4\sqrt{3}\times\sin 30^\circ$

$=\frac{1}{2}\times 8\times 4\sqrt{3}\times\frac{1}{2}$

$=8\sqrt{3}$

$\triangle BCD=\frac{1}{2}\times 16\times 12\times\sin 60^\circ$

$=\frac{1}{2}\times 16\times 12\times\frac{\sqrt{3}}{2}$

$=48\sqrt{3}$

$\therefore \square ABCD=\triangle ABD+\triangle BCD$

$=8\sqrt{3}+48\sqrt{3}=56\sqrt{3}$

(2) $\triangle ABD=\frac{1}{2}\times 2\times\sqrt{2}\times\sin(180^\circ-135^\circ)$

$=\frac{1}{2}\times 2\times\sqrt{2}\times\sin 45^\circ$

$=\frac{1}{2}\times 2\times\sqrt{2}\times\frac{\sqrt{2}}{2}=1$

$\triangle BCD=\frac{1}{2}\times 4\times 3\sqrt{2}\times\sin 45^\circ$

$=\frac{1}{2}\times 4\times 3\sqrt{2}\times\frac{\sqrt{2}}{2}=6$

$\therefore \square ABCD=\triangle ABD+\triangle BCD=1+6=7$

6 (1) $\square ABCD=2\sqrt{5}\times 4\times\sin 45^\circ$

$=2\sqrt{5}\times 4\times\frac{\sqrt{2}}{2}$

$=4\sqrt{10}$

(2) $\square ABCD=5\times 6\times\sin(180^\circ-150^\circ)$

$=5\times 6\times\sin 30^\circ$

$=5\times 6\times\frac{1}{2}$

$=15$

7 (1) $\square ABCD=\frac{1}{2}\times 9\times 10\times\sin 60^\circ$

$=\frac{1}{2}\times 9\times 10\times\frac{\sqrt{3}}{2}$

$=\frac{45\sqrt{3}}{2}$

(2) $\square ABCD=\frac{1}{2}\times 14\times 16\times\sin(180^\circ-135^\circ)$

$=\frac{1}{2}\times 14\times 16\times\sin 45^\circ$

$=\frac{1}{2}\times 14\times 16\times\frac{\sqrt{2}}{2}$

$=56\sqrt{2}$

학교 시험 문제 × 확인하기 42~43쪽

1 ④	2 ③	3 3.36m	4 $5\sqrt{2}$	5 ⑤
6 ②	7 ③	8 60°	9 ④	10 ⑤

11 (1) $4\sqrt{3}$ (2) $2\sqrt{6}$ (3) $8\sqrt{3}$, 12 (4) $8\sqrt{3}+12$ 12 ③

1 ④ $\angle A=180^\circ-(35^\circ+90^\circ)=55^\circ$이므로

$\overline{BC}=\overline{AB}\sin 55^\circ$

2 $\overline{AC}=1000\sin 27^\circ=1000\times 0.45=450(\text{m})$

따라서 지면에서 비행기까지의 높이는 450m이다.

3 $\overline{BC}=6\tan 17^\circ=6\times 0.31=1.86(\text{m})$

$\therefore \overline{BD}=\overline{CD}+\overline{BC}=1.5+1.86=3.36(\text{m})$

따라서 나무의 높이는 3.36m이다.

4 오른쪽 그림과 같이 꼭짓점 A에서 $\overline{BC}$에 내린 수선의 발을 H라 하자.

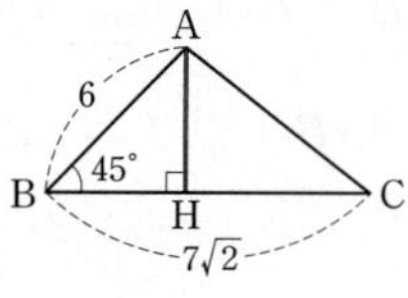

△ABH에서

$\overline{AH}=6\sin 45^\circ=6\times\frac{\sqrt{2}}{2}=3\sqrt{2}$

$\overline{BH}=6\cos 45^\circ=6\times\frac{\sqrt{2}}{2}=3\sqrt{2}$

$\overline{CH}=\overline{BC}-\overline{BH}=7\sqrt{2}-3\sqrt{2}=4\sqrt{2}$

따라서 △ACH에서

$\overline{AC}=\sqrt{(4\sqrt{2})^2+(3\sqrt{2})^2}=\sqrt{50}=5\sqrt{2}$

5 오른쪽 그림과 같이 꼭짓점 C에서 $\overline{AB}$에 내린 수선의 발을 H라 하자.

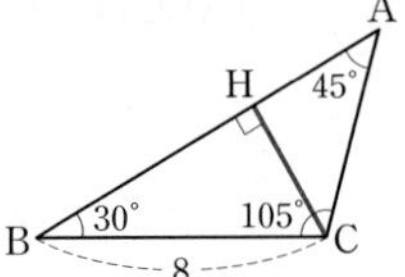

$\triangle BCH$에서 $\overline{CH}=8\sin 30^\circ=8\times\frac{1}{2}=4$

$\triangle ABC$에서

$\angle A=180^\circ-(30^\circ+105^\circ)=45^\circ$

$\triangle ACH$에서 $\overline{AC}=\frac{4}{\sin 45^\circ}=4\times\frac{2}{\sqrt{2}}=4\sqrt{2}$

6 오른쪽 그림과 같이 꼭지점 A에서 $\overline{BC}$에 내린 수선의 발을 H라 하고

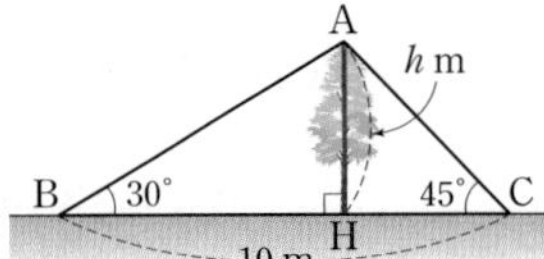

$\overline{AH}=h$m라 하자.

$\triangle ABH$에서

$\overline{BH}=\frac{h}{\tan 30^\circ}=\sqrt{3}h(\text{m})$

$\triangle ACH$에서 $\overline{CH}=\frac{h}{\tan 45^\circ}=h(\text{m})$

$\overline{BC}=\overline{BH}+\overline{CH}$이므로

$10=\sqrt{3}h+h$, $(\sqrt{3}+1)h=10$ $\quad\therefore h=5(\sqrt{3}-1)$

따라서 나무의 높이는 $5(\sqrt{3}-1)$ m이다.

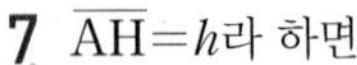

7 $\overline{AH}=h$라 하면

$\triangle ABH$에서 $\overline{BH}=\frac{h}{\tan 45^\circ}=h$

$\triangle ABC$에서

$\angle ACH=45^\circ+15^\circ=60^\circ$이므로

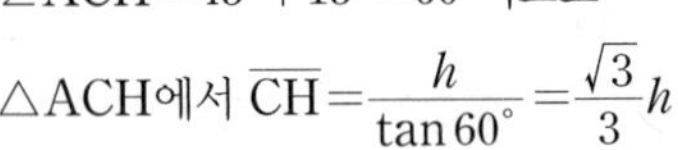

$\triangle ACH$에서 $\overline{CH}=\frac{h}{\tan 60^\circ}=\frac{\sqrt{3}}{3}h$

$\overline{BC}=\overline{BH}-\overline{CH}$이므로

$6=h-\frac{\sqrt{3}}{3}h$, $\frac{3-\sqrt{3}}{3}h=6$ $\quad\therefore h=3(3+\sqrt{3})$

따라서 $\triangle ABC$의 높이 $\overline{AH}$는 $3(3+\sqrt{3})$이다.

다른 풀이 $\overline{AH}=h$라 하면

$\triangle ABH$에서 $\angle BAH=180^\circ-(45^\circ+90^\circ)=45^\circ$

즉, $\triangle ABH$는 이등변삼각형이므로 $\overline{BH}=\overline{AH}=h$

$\overline{CH}=\overline{BH}-\overline{BC}=h-6$

$\triangle ACH$에서 $h=(h-6)\tan 60^\circ$이므로

$h=\sqrt{3}(h-6)$, $(\sqrt{3}-1)h=6\sqrt{3}$ $\quad\therefore h=3(3+\sqrt{3})$

따라서 $\triangle ABC$의 높이 $\overline{AH}$는 $3(3+\sqrt{3})$이다.

8 $\triangle ABC=\frac{1}{2}\times4\times7\times\sin B=7\sqrt{3}$이므로

$\sin B=\frac{\sqrt{3}}{2}$ $\quad\therefore \angle B=60^\circ$

9 $\triangle ABC=\frac{1}{2}\times\overline{BC}\times8\times\sin(180^\circ-135^\circ)=10\sqrt{2}$에서

$\frac{1}{2}\times\overline{BC}\times8\times\sin 45^\circ=10\sqrt{2}$

$\frac{1}{2}\times\overline{BC}\times8\times\frac{\sqrt{2}}{2}=10\sqrt{2}$

$2\sqrt{2}\,\overline{BC}=10\sqrt{2}$ $\quad\therefore \overline{BC}=5$

10 오른쪽 그림과 같이 $\overline{AC}$를 그으면

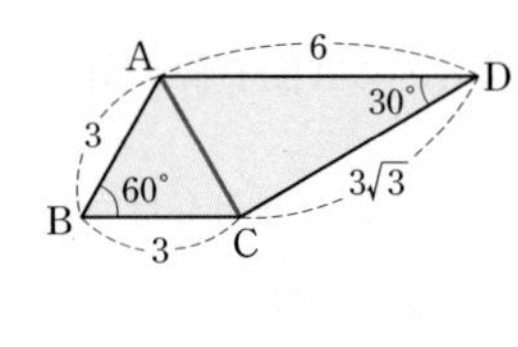

$\triangle ABC=\frac{1}{2}\times3\times3\times\sin 60^\circ$

$=\frac{1}{2}\times3\times3\times\frac{\sqrt{3}}{2}$

$=\frac{9\sqrt{3}}{4}$

$\triangle ACD=\frac{1}{2}\times6\times3\sqrt{3}\times\sin 30^\circ$

$=\frac{1}{2}\times6\times3\sqrt{3}\times\frac{1}{2}$

$=\frac{9\sqrt{3}}{2}$

$\therefore \square ABCD=\triangle ABC+\triangle ACD$

$=\frac{9\sqrt{3}}{4}+\frac{9\sqrt{3}}{2}$

$=\frac{27\sqrt{3}}{4}$

11 (1) $\triangle ABC$에서 $\overline{AC}=8\cos 30^\circ=8\times\frac{\sqrt{3}}{2}=4\sqrt{3}$

(2) $\triangle ACD$에서 $\overline{AD}=4\sqrt{3}\cos 45^\circ=4\sqrt{3}\times\frac{\sqrt{2}}{2}=2\sqrt{6}$

(3) $\triangle ABC=\frac{1}{2}\times8\times4\sqrt{3}\times\sin 30^\circ$

$=\frac{1}{2}\times8\times4\sqrt{3}\times\frac{1}{2}$

$=8\sqrt{3}$

$\triangle ACD=\frac{1}{2}\times2\sqrt{6}\times4\sqrt{3}\times\sin 45^\circ$

$=\frac{1}{2}\times2\sqrt{6}\times4\sqrt{3}\times\frac{\sqrt{2}}{2}$

$=12$

(4) $\square ABCD=\triangle ABC+\triangle ACD$

$=8\sqrt{3}+12$

12 $\square ABCD=6\times8\times\sin B=24\sqrt{2}$이므로

$\sin B=\frac{\sqrt{2}}{2}$ $\quad\therefore \angle B=45^\circ$

3 원과 직선

46~57쪽

001 답 **4**

$x=\overline{AM}=4$

002 답 **3**

$x=\overline{AM}=3$

003 답 **12**

$x=2\overline{BM}=2\times6=12$

004 답 **7**

$x=\frac{1}{2}\overline{AB}=\frac{1}{2}\times14=7$

005 답 **3, 4, 4, 8**

006 답 **$2\sqrt{21}$**

직각삼각형 OAM에서

$\overline{AM}=\sqrt{5^2-2^2}=\sqrt{21}$

$\therefore x=2\overline{AM}=2\times\sqrt{21}=2\sqrt{21}$

007 답 **13**

$\overline{AM}=\frac{1}{2}\overline{AB}=\frac{1}{2}\times24=12$

직각삼각형 OAM에서

$x=\sqrt{12^2+5^2}=\sqrt{169}=13$

008 답 **$\sqrt{11}$**

$\overline{BM}=\frac{1}{2}\overline{AB}=\frac{1}{2}\times10=5$

직각삼각형 OBM에서

$x=\sqrt{6^2-5^2}=\sqrt{11}$

009 답 **17, 17, 15, 15, 30**

010 답 **8**

오른쪽 그림과 같이 $\overline{OA}$를 그으면

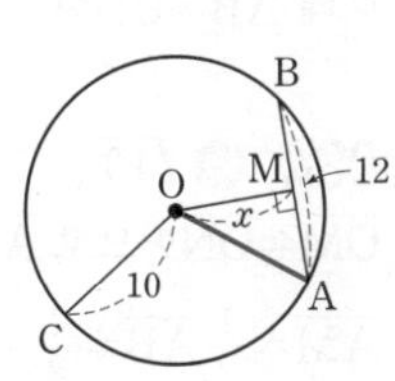

$\overline{OA}=\overline{OC}=10$

$\overline{AM}=\frac{1}{2}\overline{AB}=\frac{1}{2}\times12=6$

직각삼각형 OAM에서

$x=\sqrt{10^2-6^2}=\sqrt{64}=8$

011 답 **$12\sqrt{3}$**

오른쪽 그림과 같이 $\overline{OA}$를 그으면

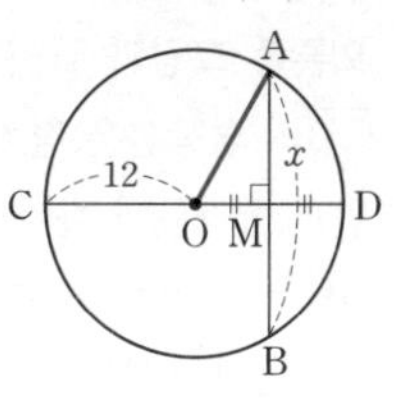

$\overline{OA}=\overline{OD}=\overline{OC}=12$이므로

$\overline{OM}=\frac{1}{2}\overline{OD}=\frac{1}{2}\times12=6$

직각삼각형 OAM에서

$\overline{AM}=\sqrt{12^2-6^2}=\sqrt{108}=6\sqrt{3}$

$\therefore x=2\overline{AM}=2\times6\sqrt{3}=12\sqrt{3}$

012 답 **$8\sqrt{3}$**

오른쪽 그림과 같이 $\overline{OA}$를 그으면

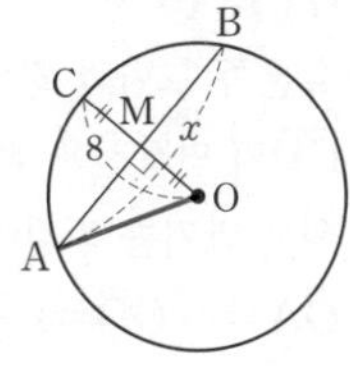

$\overline{OA}=\overline{OC}=8$

$\overline{OM}=\frac{1}{2}\overline{OC}=\frac{1}{2}\times8=4$

직각삼각형 OAM에서

$\overline{AM}=\sqrt{8^2-4^2}=\sqrt{48}=4\sqrt{3}$

$\therefore x=2\overline{AM}=2\times4\sqrt{3}=8\sqrt{3}$

013 답 **$x-4$, 8, 8, $x-4$, 10**

014 답 **$2\sqrt{6}$**

$\overline{OM}=\overline{OC}-\overline{MC}=7-2=5$, $\overline{AM}=\overline{BM}=x$이므로

직각삼각형 OAM에서

$x^2+5^2=7^2$, $x^2=24$

이때 $x>0$이므로 $x=2\sqrt{6}$

015 답 **15**

$\overline{AM}=\frac{1}{2}\overline{AB}=\frac{1}{2}\times24=12$,

$\overline{OM}=\overline{OC}-\overline{MC}=x-6$이므로

직각삼각형 OAM에서

$12^2+(x-6)^2=x^2$, $144+x^2-12x+36=x^2$

$12x=180 \qquad \therefore x=15$

016 답 **6**

$\overline{AM}=\frac{1}{2}\overline{AB}=\frac{1}{2}\times8\sqrt{2}=4\sqrt{2}$,

$\overline{OM}=\overline{OC}-\overline{MC}=x-4$이므로

직각삼각형 OAM에서

$(4\sqrt{2})^2+(x-4)^2=x^2$, $32+x^2-8x+16=x^2$

$8x=48 \qquad \therefore x=6$

017 답 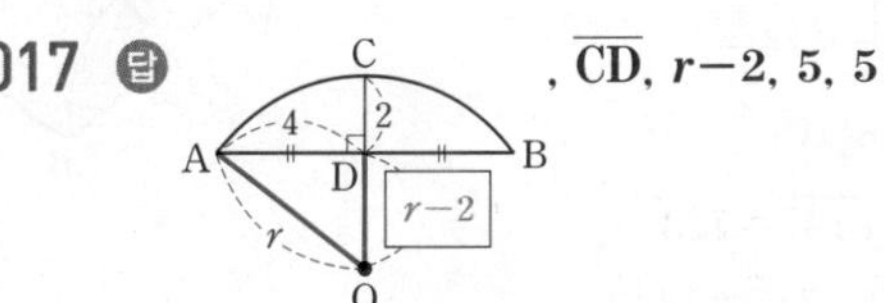

, $\overline{CD}$, $r-2$, 5, 5

018 답 13

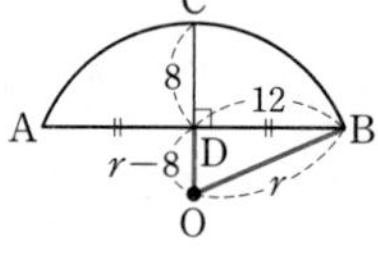

오른쪽 그림과 같이 원의 중심을 O라 하면
$\overline{CD}$의 연장선은 점 O를 지난다.
원의 반지름의 길이를 r라 하면
$\overline{OB}=r$, $\overline{OD}=r-8$이므로
직각삼각형 OBD에서
$12^2+(r-8)^2=r^2$, $144+r^2-16r+64=r^2$
$16r=208$ $\quad\therefore r=13$
따라서 원의 반지름의 길이는 13이다.

019 답 8

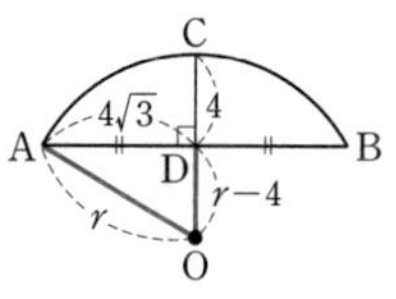

오른쪽 그림과 같이 원의 중심을 O라 하면
$\overline{CD}$의 연장선은 점 O를 지난다.
원의 반지름의 길이를 r라 하면
$\overline{OA}=r$, $\overline{OD}=r-4$이므로
직각삼각형 OAD에서
$(4\sqrt{3})^2+(r-4)^2=r^2$, $48+r^2-8r+16=r^2$
$8r=64$ $\quad\therefore r=8$
따라서 원의 반지름의 길이는 8이다.

020 답 5

$\overline{AD}=\frac{1}{2}\overline{AB}=\frac{1}{2}\times6=3$

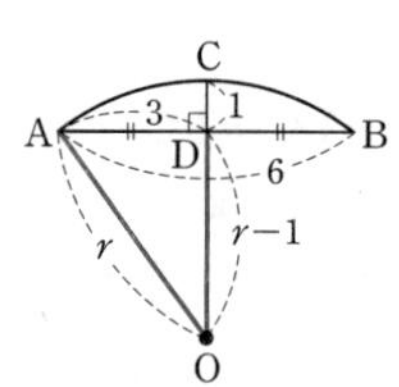

오른쪽 그림과 같이 원의 중심을 O라 하면
$\overline{CD}$의 연장선은 점 O를 지난다.
원의 반지름의 길이를 r라 하면
$\overline{OA}=r$, $\overline{OD}=r-1$이므로
직각삼각형 OAD에서
$3^2+(r-1)^2=r^2$, $9+r^2-2r+1=r^2$
$2r=10$ $\quad\therefore r=5$
따라서 원의 반지름의 길이는 5이다.

021 답 20, 20, 10, 20, 10, $10\sqrt{3}$, $10\sqrt{3}$, $20\sqrt{3}$

022 답 $4\sqrt{3}$

오른쪽 그림과 같이 원의 중심 O에서 현 AB에
내린 수선의 발을 M이라 하면
$\overline{OA}=4$, $\overline{OM}=\frac{1}{2}\times4=2$
직각삼각형 OAM에서
$\overline{AM}=\sqrt{4^2-2^2}=\sqrt{12}=2\sqrt{3}$
$\therefore \overline{AB}=2\overline{AM}=2\times2\sqrt{3}=4\sqrt{3}$

023 답 $14\sqrt{3}$

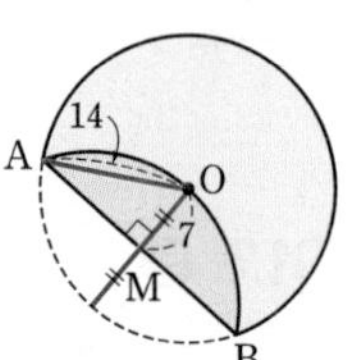

오른쪽 그림과 같이 원의 중심 O에서 현 AB에
내린 수선의 발을 M이라 하면
$\overline{OA}=14$, $\overline{OM}=\frac{1}{2}\times14=7$
직각삼각형 OAM에서
$\overline{AM}=\sqrt{14^2-7^2}=\sqrt{147}=7\sqrt{3}$
$\therefore \overline{AB}=2\overline{AM}=2\times7\sqrt{3}=14\sqrt{3}$

024 답 12

오른쪽 그림과 같이 원의 중심 O에서 현 AB에
내린 수선의 발을 M이라 하면
$\overline{OA}=4\sqrt{3}$, $\overline{OM}=\frac{1}{2}\times4\sqrt{3}=2\sqrt{3}$
직각삼각형 OAM에서
$\overline{AM}=\sqrt{(4\sqrt{3})^2-(2\sqrt{3})^2}=\sqrt{36}=6$
$\therefore \overline{AB}=2\overline{AM}=2\times6=12$

025 답 6

$\overline{OM}=\overline{ON}$이므로 $x=\overline{CD}=6$

026 답 10

$\overline{OM}=\overline{ON}$이므로
$x=\overline{CD}=2\overline{CN}=2\times5=10$

027 답 8

$\overline{OM}=\overline{ON}$이므로 $\overline{CD}=\overline{AB}=16$
$\therefore x=\frac{1}{2}\overline{CD}=\frac{1}{2}\times16=8$

028 답 7

$\overline{OM}=\overline{ON}$이므로 $\overline{AB}=\overline{CD}=14$
$\therefore x=\frac{1}{2}\overline{AB}=\frac{1}{2}\times14=7$

029 답 5

$\overline{AB}=\overline{CD}$이므로 $x=\overline{OM}=5$

030 답 6

$\overline{AB}=2\overline{AM}=2\times9=18$
$\overline{AB}=\overline{CD}$이므로 $x=\overline{OM}=6$

031 답 3, 4, 4, 8, 8

032 답 $4\sqrt{5}$

직각삼각형 OCN에서 $\overline{CN}=\sqrt{6^2-4^2}=\sqrt{20}=2\sqrt{5}$이므로
$\overline{CD}=2\overline{CN}=2\times2\sqrt{5}=4\sqrt{5}$
이때 $\overline{OM}=\overline{ON}$이므로 $x=\overline{CD}=4\sqrt{5}$

033 답 $2\sqrt{6}$

$\overline{DN}=\frac{1}{2}\overline{CD}=\frac{1}{2}\times10=5$
직각삼각형 ODN에서 $\overline{ON}=\sqrt{7^2-5^2}=\sqrt{24}=2\sqrt{6}$
이때 $\overline{AB}=\overline{CD}$이므로 $x=\overline{ON}=2\sqrt{6}$

034 답 $\sqrt{13}$

$\overline{OM}=\overline{ON}$이므로 $\overline{AB}=\overline{CD}=6$
$\overline{AM}=\frac{1}{2}\overline{AB}=\frac{1}{2}\times6=3$
직각삼각형 OAM에서 $x=\sqrt{3^2+2^2}=\sqrt{13}$

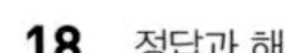

035 답 이등변, $70°$

036 답 $55°$

$\overline{OM}=\overline{ON}$이므로 $\overline{AB}=\overline{AC}$

따라서 $\triangle ABC$는 이등변삼각형이므로

$\angle x=\angle C=55°$

037 답 $65°$

$\overline{OM}=\overline{ON}$이므로 $\overline{AB}=\overline{AC}$

따라서 $\triangle ABC$는 이등변삼각형이므로

$\angle x=\frac{1}{2}\times(180°-50°)=65°$

038 답 $70°$

$\angle AMO=\angle ANO=90°$이므로

$\square AMON$에서 $\angle A=360°-(90°+140°+90°)=40°$

$\overline{OM}=\overline{ON}$이므로 $\overline{AB}=\overline{AC}$

따라서 $\triangle ABC$는 이등변삼각형이므로

$\angle x=\frac{1}{2}\times(180°-40°)=70°$

039 답 $30°$

$\square APBO$에서 $\angle PAO=\angle PBO=90°$이므로

$\angle x=360°-(90°+150°+90°)=30°$

040 답 $135°$

$\square APBO$에서 $\angle PAO=\angle PBO=90°$이므로

$\angle x=360°-(90°+45°+90°)=135°$

041 답 $245°$

$\square APBO$에서 $\angle PAO=\angle PBO=90°$이므로

$\angle AOB=360°-(90°+65°+90°)=115°$

$\therefore \angle x=360°-115°=245°$

042 답 3π

$\square AOBP$에서 $\angle PAO=\angle PBO=90°$이므로

$\angle AOB=360°-(90°+60°+90°)=120°$

따라서 색칠한 부분의 넓이는

$\pi\times3^2\times\frac{120}{360}=3\pi$

043 답 $3\sqrt{5}$

$\overline{OA}=\overline{OM}=2$, $\overline{OP}=2+5=7$

$\angle OAP=90°$이므로 직각삼각형 OAP에서

$x=\sqrt{7^2-2^2}=\sqrt{45}=3\sqrt{5}$

044 답 $8\sqrt{2}$

$\overline{OM}=\overline{OA}=4$이므로 $\overline{OP}=4+8=12$

$\angle OAP=90°$이므로 직각삼각형 OAP에서

$x=\sqrt{12^2-4^2}=\sqrt{128}=8\sqrt{2}$

045 답 3

$\overline{OA}=\overline{OM}=x$, $\overline{OP}=x+2$

$\angle OAP=90°$이므로 직각삼각형 OAP에서

$4^2+x^2=(x+2)^2$, $16+x^2=x^2+4x+4$

$4x=12 \quad \therefore x=3$

046 답 5

047 답 13

048 답 6

$4x=24 \quad \therefore x=6$

049 답 4

$2x+1=3x-3 \quad \therefore x=4$

050 답 $4\sqrt{3}$

$\angle PAO=90°$이므로 직각삼각형 OAP에서

$\overline{PA}=\sqrt{8^2-4^2}=\sqrt{48}=4\sqrt{3}$

$\therefore x=\overline{PA}=4\sqrt{3}$

051 답 $2\sqrt{14}$

$\angle OBP=90°$이므로 직각삼각형 OBP에서

$\overline{PB}=\sqrt{9^2-5^2}=\sqrt{56}=2\sqrt{14}$

$\therefore x=\overline{PB}=2\sqrt{14}$

052 답 $3\sqrt{5}$

$\overline{OM}=\overline{OA}=2$이므로 $\overline{OP}=2+5=7$

$\angle PAO=90°$이므로 직각삼각형 OAP에서

$\overline{PA}=\sqrt{7^2-2^2}=\sqrt{45}=3\sqrt{5}$

$\therefore x=\overline{PA}=3\sqrt{5}$

053 답 15

$\overline{OM}=\overline{OB}=8$이므로 $\overline{OP}=8+9=17$

$\angle PBO=90°$이므로 직각삼각형 OPB에서

$\overline{PB}=\sqrt{17^2-8^2}=\sqrt{225}=15$

$\therefore x=\overline{PB}=15$

054 답 $\overline{PB}$, 이등변, $70°$, $55°$

055 답 $63°$

$\overline{PA}=\overline{PB}$이므로 $\triangle PAB$는 이등변삼각형이다.

$\therefore \angle x=\frac{1}{2}\times(180°-54°)=63°$

056 답 $50°$

$\overline{PA}=\overline{PB}$이므로 $\triangle PAB$는 이등변삼각형이다.

$\therefore \angle x=180°-(65°+65°)=50°$

057 답 21°
$\overline{PA}=\overline{PB}$이므로 $\triangle PAB$는 이등변삼각형이다.

$\angle PAB=\frac{1}{2}\times(180^\circ-42^\circ)=69^\circ$

이때 $\angle PAO=90^\circ$이므로

$\angle x=90^\circ-69^\circ=21^\circ$

058 답 7, 7, 3, 3, 5

059 답 7
$\overline{PT}=\overline{PT'}=10$이므로

$\overline{AC}=\overline{AT}=\overline{PT}-\overline{PA}=10-7=3$

$\overline{BC}=\overline{BT'}=\overline{PT'}-\overline{PB}=10-6=4$

$\therefore x=\overline{AC}+\overline{BC}=3+4=7$

060 답 11
$\overline{AC}=\overline{AT}=\overline{PT}-\overline{PA}=13-9=4$

$\overline{BT'}=\overline{BC}=\overline{AB}-\overline{AC}=6-4=2$

$\overline{PT'}=\overline{PT}=13$이므로

$x=\overline{PT'}-\overline{BT'}=13-2=11$

061 답 9
$\overline{BC}=\overline{BT'}=\overline{PT'}-\overline{PB}=12-7=5$

$\overline{AT}=\overline{AC}=\overline{AB}-\overline{BC}=8-5=3$

$\overline{PT}=\overline{PT'}=12$이므로

$x=\overline{PT}-\overline{AT}=12-3=9$

062 답 3, 8, 4
$\overline{AD}=\overline{AF}$이므로 $x=3$

$\overline{BE}=\overline{BD}$이므로 $y=8$

$\overline{CF}=\overline{CE}$이므로 $z=4$

063 답 4, 3, 5
$\overline{BD}=\overline{BE}$이므로 $x=4$

$\overline{CE}=\overline{CF}$이므로 $y=3$

$\overline{AF}=\overline{AD}$이므로 $z=5$

064 답 40
($\triangle ABC$의 둘레의 길이)$=2\times(5+8+7)=40$

065 답 16
($\triangle ABC$의 둘레의 길이)$=2\times(2+4+2)=16$

066 답 12
$\overline{BD}=\overline{BE}=8$, $\overline{CF}=\overline{CE}=5$

$\overline{AD}=\overline{AF}=\overline{AC}-\overline{CF}=9-5=4$

$\therefore x=\overline{AD}+\overline{BD}=4+8=12$

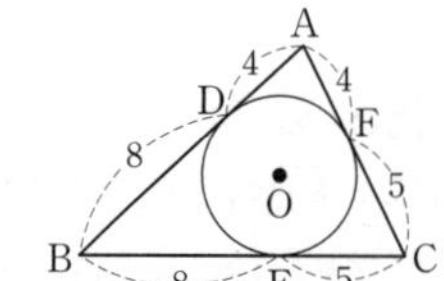

067 답 7
$\overline{CE}=\overline{CF}=4$, $\overline{AD}=\overline{AF}=2$

$\overline{BE}=\overline{BD}=\overline{AB}-\overline{AD}=5-2=3$

$\therefore x=\overline{BE}+\overline{CE}=3+4=7$

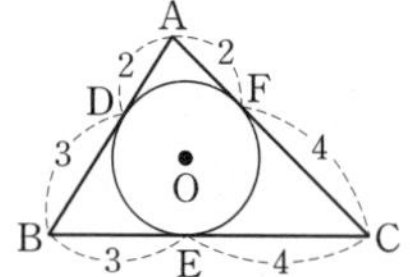

068 답
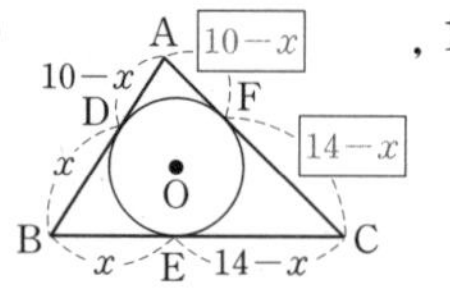

, **14−x, 6**

069 답 3
$\overline{AD}=\overline{AF}=x$이므로

$\overline{BE}=\overline{BD}=8-x$,

$\overline{CE}=\overline{CF}=10-x$

$\overline{BC}=\overline{BE}+\overline{CE}$이므로

$12=(8-x)+(10-x)\qquad\therefore x=3$

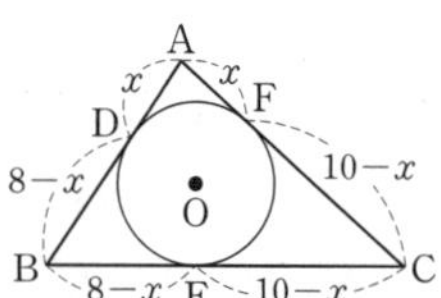

070 답 8
$\overline{BE}=\overline{BD}=x$이므로

$\overline{AF}=\overline{AD}=14-x$,

$\overline{CF}=\overline{CE}=13-x$

$\overline{AC}=\overline{AF}+\overline{CF}$이므로

$11=(14-x)+(13-x)\qquad\therefore x=8$

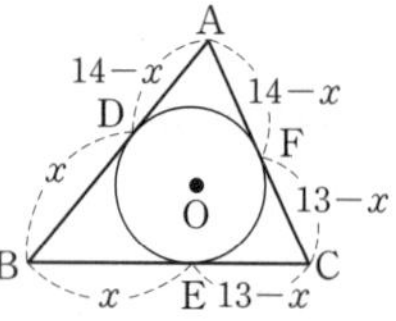

071 답 5
$\overline{CE}=\overline{CF}=x$이므로

$\overline{AD}=\overline{AF}=13-x$,

$\overline{BD}=\overline{BE}=17-x$

$\overline{AB}=\overline{AD}+\overline{BD}$이므로

$20=(13-x)+(17-x)\qquad\therefore x=5$

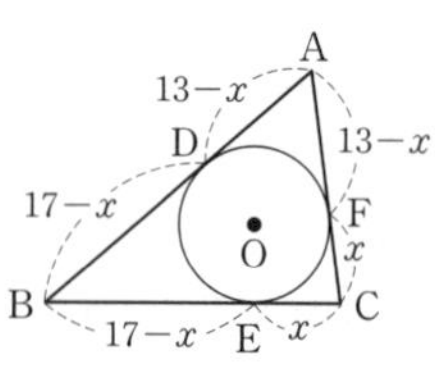

072 답
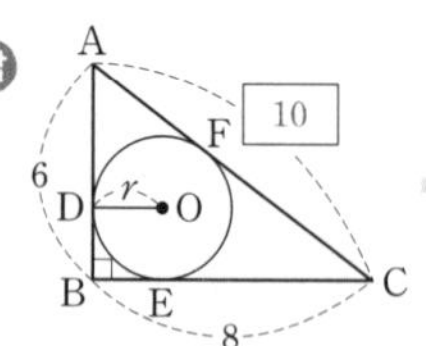

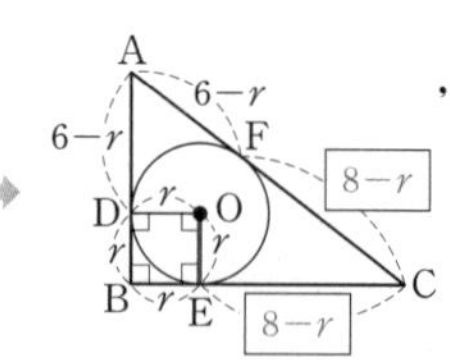

,

10, 8−r, 2

다른 풀이 $\overline{AC}=10$, $\triangle ABC=\frac{1}{2}\times8\times6=24$이므로

$\frac{1}{2}\times r\times(6+8+10)=24\qquad\therefore r=2$

073 답 3
직각삼각형 ABC에서 $\overline{AC}=\sqrt{15^2+8^2}=\sqrt{289}=17$

오른쪽 그림과 같이 $\overline{OE}$를 그으면

□DBEO는 정사각형이므로

$\overline{BD}=\overline{BE}=r$,

$\overline{AF}=\overline{AD}=8-r$,

$\overline{CF}=\overline{CE}=15-r$

$\overline{AC}=\overline{AF}+\overline{CF}$이므로 $17=(8-r)+(15-r)\qquad\therefore r=3$

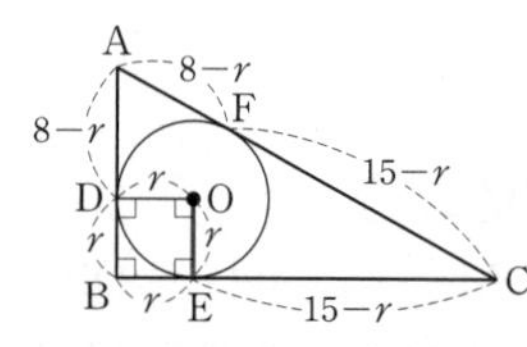

다른 풀이 $\overline{AC}=17$, $\triangle ABC=\frac{1}{2}\times15\times8=60$이므로

$\frac{1}{2}\times r\times(8+15+17)=60 \qquad \therefore r=3$

074 답 3

직각삼각형 ABC에서 $\overline{AC}=\sqrt{15^2-9^2}=\sqrt{144}=12$

오른쪽 그림과 같이 $\overline{OF}$를 그으면

□ADOF는 정사각형이므로

$\overline{AD}=\overline{AF}=r$,

$\overline{BE}=\overline{BD}=9-r$,

$\overline{CE}=\overline{CF}=12-r$

$\overline{BC}=\overline{BE}+\overline{CE}$이므로 $15=(9-r)+(12-r) \qquad \therefore r=3$

다른 풀이 $\overline{AC}=12$, $\triangle ABC=\frac{1}{2}\times9\times12=54$이므로

$\frac{1}{2}\times r\times(9+15+12)=54 \qquad \therefore r=3$

075 답 2

오른쪽 그림과 같이 $\overline{OE}$, $\overline{OF}$를 긋고

원 O의 반지름의 길이를 r라 하면

□OECF는 정사각형이므로

$\overline{CE}=\overline{CF}=r$,

$\overline{AF}=\overline{AD}=3$,

$\overline{BE}=\overline{BD}=10$이므로

$\overline{BC}=10+r$, $\overline{AC}=3+r$

직각삼각형 ABC에서

$(10+r)^2+(3+r)^2=(10+3)^2$

$100+20r+r^2+9+6r+r^2=169$

$r^2+13r-30=0$, $(r+15)(r-2)=0$

이때 $r>0$이므로 $r=2$

따라서 원 O의 반지름의 길이는 2이다.

076 답 7

$\overline{AB}+\overline{CD}=\overline{AD}+\overline{BC}$이므로

$8+10=x+11 \qquad \therefore x=7$

077 답 10

$\overline{AB}+\overline{CD}=\overline{AD}+\overline{BC}$이므로

$14+x=9+15 \qquad \therefore x=10$

078 답 15

$\overline{AB}+\overline{CD}=\overline{AD}+\overline{BC}$이므로

$13+12=10+x \qquad \therefore x=15$

079 답 $x=5$, $y=4$

$\overline{AS}=\overline{AP}=3$, $\overline{DS}=\overline{DR}=2$이므로

$x=\overline{AS}+\overline{DS}=3+2=5$

$\overline{AB}+\overline{CD}=\overline{AD}+\overline{BC}$이므로

$(3+5)+(2+y)=5+9 \qquad \therefore y=4$

080 답 $x=8$, $y=8$

$\overline{AP}=\overline{AS}=4$, $\overline{BP}=\overline{BQ}=4$이므로

$x=\overline{AP}+\overline{BP}=4+4=8$

$\overline{AB}+\overline{CD}=\overline{AD}+\overline{BC}$이므로

$8+10=(4+2)+(4+y) \qquad \therefore y=8$

081 답 $x=2$, $y=7$

$\overline{DR}=\overline{DC}-\overline{RC}=5-3=2$이므로

$x=\overline{DR}=2$

$\overline{AB}+\overline{CD}=\overline{AD}+\overline{BC}$이므로

$8+5=(4+2)+y \qquad \therefore y=7$

082 답 10, 15, 15, 30

083 답 26

$\overline{AB}+\overline{CD}=\overline{AD}+\overline{BC}=6+7=13$이므로

(□ABCD의 둘레의 길이)$=2\times13=26$

084 답 40

$\overline{AD}+\overline{BC}=\overline{AB}+\overline{CD}=8+12=20$이므로

(□ABCD의 둘레의 길이)$=2\times20=40$

085 답 7 cm

$\overline{AB}+\overline{DC}=\overline{AD}+\overline{BC}$이고

□ABCD의 둘레의 길이가 32 cm이므로

$\overline{AD}+\overline{BC}=\frac{1}{2}\times32=16(\text{cm})$

$\therefore \overline{BC}=16-9=7(\text{cm})$

086 답 x, 8, 5

087 답 14

오른쪽 그림과 같이 $\overline{OQ}$를 그으면

□PBQO는 정사각형이므로

$\overline{BQ}=\overline{PO}=10$

$\overline{AB}+\overline{CD}=\overline{AD}+\overline{BC}$이므로

$19+22=17+(10+x) \qquad \therefore x=14$

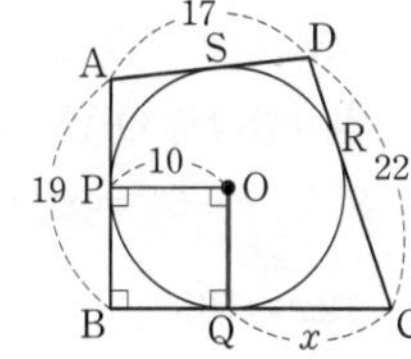

088 답 3

$\overline{CD}$는 원 O의 지름의 길이와 같으므로

$\overline{CD}=2\times5=10$

오른쪽 그림과 같이 $\overline{OR}$를 그으면

□SORD는 정사각형이므로

$\overline{SD}=\overline{SO}=5$

$\overline{AB}+\overline{CD}=\overline{AD}+\overline{BC}$이므로

$11+10=(x+5)+13 \qquad \therefore x=3$

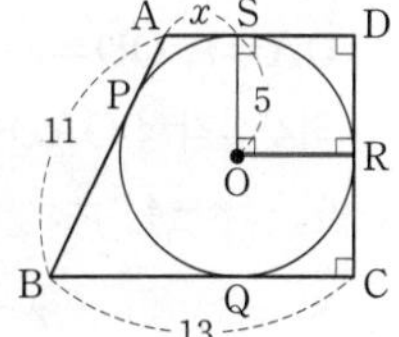

089 답 **10**

$\overline{CD}$는 원 O의 지름의 길이와 같으므로

$\overline{CD}=2\times4=8$

오른쪽 그림과 같이 $\overline{OQ}$를 그으면

□OQCR는 정사각형이므로

$\overline{CQ}=\overline{OR}=4$

$\overline{AB}+\overline{CD}=\overline{AD}+\overline{BC}$이므로

$x+8=6+(8+4)\qquad\therefore x=10$

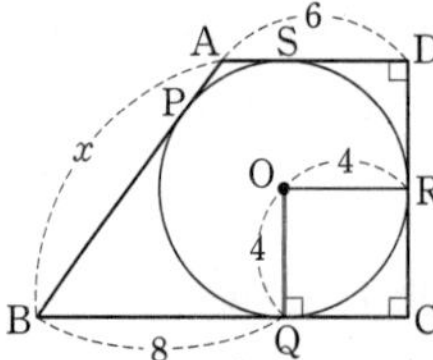

(기본 문제 × 확인하기) 58~59쪽

1 (1) 10 (2) $16\sqrt{2}$ (3) $\frac{25}{3}$

2 (1) $\frac{13}{2}$ (2) $\frac{39}{2}$

3 (1) 2 (2) $2\sqrt{5}$ (3) 8

4 (1) 62° (2) 151°

5 (1) 24 (2) $\frac{161}{16}$

6 (1) 8 (2) 9 (3) 50 (4) 94

7 (1) 13 (2) 11

8 (1) 34 (2) 100

9 (1) 4 (2) 6 (3) $\frac{21}{2}$

10 (1) 17 (2) 12

1 (1) $\overline{AM}=\frac{1}{2}\overline{AB}=\frac{1}{2}\times16=8$

직각삼각형 OAM에서

$x=\sqrt{8^2+6^2}=\sqrt{100}=10$

(2) 오른쪽 그림과 같이 $\overline{OA}$를 그으면

$\overline{OA}=\overline{OC}=12$

직각삼각형 OAM에서

$\overline{AM}=\sqrt{12^2-4^2}=\sqrt{128}=8\sqrt{2}$

$\therefore x=2\overline{AM}=2\times8\sqrt{2}=16\sqrt{2}$

(3) $\overline{AM}=\overline{BM}=8$,

$\overline{OM}=\overline{OC}-\overline{MC}=x-6$이므로

직각삼각형 OAM에서

$8^2+(x-6)^2=x^2,\ 64+x^2-12x+36=x^2$

$12x=100\qquad\therefore x=\frac{25}{3}$

2 (1) 오른쪽 그림과 같이 원의 중심을 O라 하면 $\overline{CD}$의 연장선은 점 O를 지난다.

원의 반지름의 길이를 r라 하면

$\overline{OA}=r,\ \overline{OD}=r-4$이므로

직각삼각형 OAD에서

$6^2+(r-4)^2=r^2,\ 36+r^2-8r+16=r^2$

$8r=52\qquad\therefore r=\frac{13}{2}$

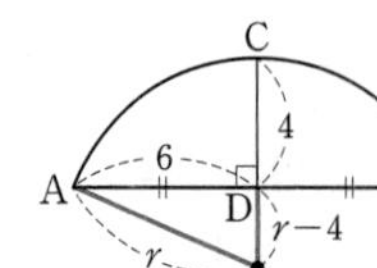

(2) 오른쪽 그림과 같이 원의 중심을 O라 하면 $\overline{CD}$의 연장선은 점 O를 지난다.

원의 반지름의 길이를 r라 하면

$\overline{OA}=r,\ \overline{OD}=r-3$이므로

직각삼각형 OAD에서

$(6\sqrt{3})^2+(r-3)^2=r^2,\ 108+r^2-6r+9=r^2$

$6r=117\qquad\therefore r=\frac{39}{2}$

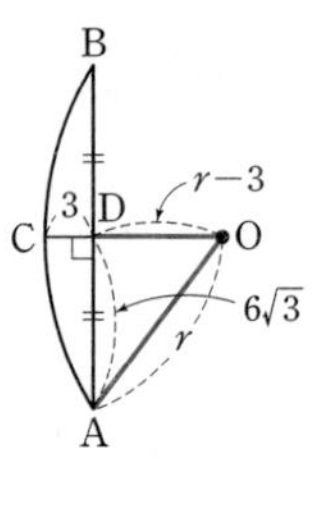

3 (1) $\overline{AB}=\overline{CD}$이므로 $x=2$

(2) $\overline{OM}=\overline{ON}$이므로 $\overline{AB}=\overline{AC}=4\sqrt{5}$

$\therefore x=\frac{1}{2}\overline{AB}=\frac{1}{2}\times4\sqrt{5}=2\sqrt{5}$

(3) $\overline{OM}=\overline{ON}=4$이므로 $\overline{CD}=\overline{AB}=8\sqrt{3}$

즉, $\overline{DN}=\frac{1}{2}\overline{CD}=\frac{1}{2}\times8\sqrt{3}=4\sqrt{3}$이므로

직각삼각형 ODN에서

$x=\sqrt{(4\sqrt{3})^2+4^2}=\sqrt{64}=8$

4 (1) □APBO에서 $\angle PAO=\angle PBO=90°$이므로

$\angle x=360°-(90°+118°+90°)=62°$

(2) □APBO에서 $\angle PAO=\angle PBO=90°$이므로

$\angle x=360°-(90°+29°+90°)=151°$

5 (1) $\overline{OM}=\overline{OA}=7$

$\angle OAP=90°$이므로 직각삼각형 OAP에서

$x=\sqrt{(7+18)^2-7^2}=\sqrt{576}=24$

(2) $\overline{OM}=\overline{OA}=x$

$\angle OAP=90°$이므로 직각삼각형 OAP에서

$x^2+15^2=(x+8)^2,\ x^2+225=x^2+16x+64$

$16x=161\qquad\therefore x=\frac{161}{16}$

6 (1) $x+5=13\qquad\therefore x=8$

(2) $3x+2=2x+11\qquad\therefore x=9$

(3) $\overline{PA}=\overline{PB}$이므로 △PAB는 이등변삼각형이다.

따라서 $x°=\frac{1}{2}\times(180°-80°)=50°$이므로 $x=50$

(4) $\overline{PA}=\overline{PB}$이므로 △PAB는 이등변삼각형이다.

따라서 $x°=180°-(43°+43°)=94°$이므로 $x=94$

7 (1) $\overline{PT}=\overline{PT'}=22$이므로

$\overline{AC}=\overline{AT}=\overline{PT}-\overline{PA}=22-17=5$

$\overline{BC}=\overline{BT'}=\overline{PT'}-\overline{PB}=22-14=8$

$\therefore x=\overline{AC}+\overline{BC}=5+8=13$

(2) $\overline{AC}=\overline{AT}=\overline{PT}-\overline{PA}=16-12=4$

$\overline{BT'}=\overline{BC}=\overline{AB}-\overline{AC}=9-4=5$

$\overline{PT'}=\overline{PT}=16$이므로

$x=\overline{PT'}-\overline{BT'}=16-5=11$

8 (1) ($\triangle$ABC의 둘레의 길이)$=2\times(6+7+4)=34$
(2) ($\triangle$ABC의 둘레의 길이)$=2\times(17+14+19)=100$

9 (1) $\overline{BE}=\overline{BD}=5$이므로
$\overline{CE}=\overline{BC}-\overline{BE}=13-5=8$
$\overline{CF}=\overline{CE}=8$이므로
$\overline{AF}=\overline{AC}-\overline{CF}=12-8=4$
$\therefore x=\overline{AF}=4$
(2) $\overline{AD}=\overline{AF}=x$이므로
$\overline{BE}=\overline{BD}=18-x$,
$\overline{CE}=\overline{CF}=14-x$
$\overline{BC}=\overline{BE}+\overline{CE}$이므로
$20=(18-x)+(14-x)$
$\therefore x=6$

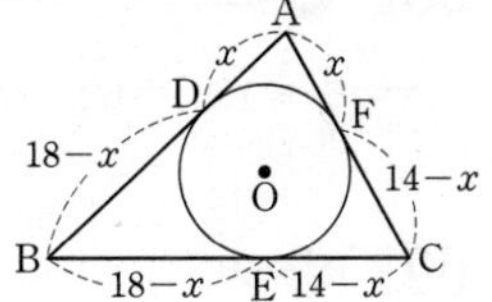

(3) $\overline{CE}=\overline{CF}=x$이므로
$\overline{AD}=\overline{AF}=17-x$,
$\overline{BD}=\overline{BE}=15-x$
$\overline{AB}=\overline{AD}+\overline{BD}$이므로
$11=(17-x)+(15-x)$
$\therefore x=\dfrac{21}{2}$

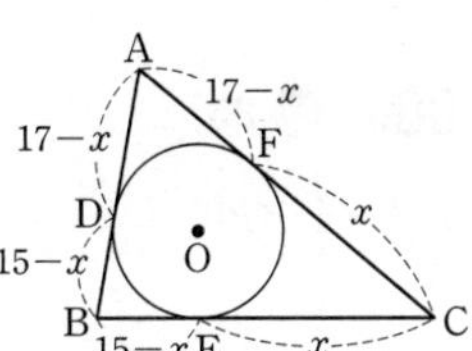

10 (1) $\overline{AB}+\overline{CD}=\overline{AD}+\overline{BC}$이므로
$11+x=10+18 \quad \therefore x=17$
(2) $\overline{AB}+\overline{CD}=\overline{AD}+\overline{BC}$이므로
$20+18=16+(x+10) \quad \therefore x=12$

학교 시험 문제 × 확인하기 60~61쪽

1 $6\sqrt{3}\pi$	2 ②	3 ⑤	4 ⑤	5 ④
6 ③	7 ①	8 6	9 ④	10 ①
11 8	12 1	13 ⑤	14 ③	

1 $\overline{AM}=\dfrac{1}{2}\overline{AB}=\dfrac{1}{2}\times6\sqrt{2}=3\sqrt{2}$
오른쪽 그림과 같이 $\overline{OA}$를 그으면
직각삼각형 OAM에서
$\overline{OA}=\sqrt{(3\sqrt{2})^2+3^2}=\sqrt{27}=3\sqrt{3}$
$\therefore$ (원 O의 둘레의 길이)$=2\pi\times3\sqrt{3}=6\sqrt{3}\pi$

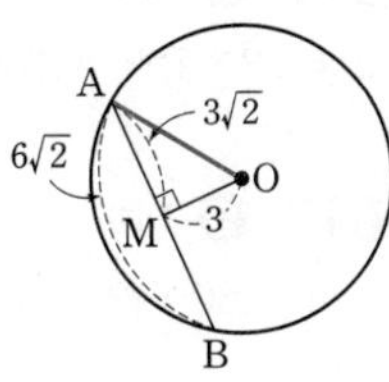

2 $\overline{AM}=\overline{BM}=3\sqrt{3}$,
$\overline{OM}=\overline{OC}-\overline{CM}=x-3$이므로
직각삼각형 OAM에서
$(3\sqrt{3})^2+(x-3)^2=x^2$, $27+x^2-6x+9=x^2$
$6x=36 \quad \therefore x=6$

3 오른쪽 그림과 같이 원의 중심을 O라 하면
$\overline{CD}$의 연장선은 점 O를 지난다.
원의 반지름의 길이를 r cm라 하면
$\overline{OA}=r$ cm, $\overline{OD}=r-4$(cm)

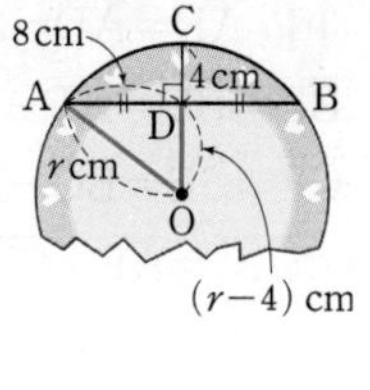

이때 $\overline{AD}=\dfrac{1}{2}\overline{AB}=\dfrac{1}{2}\times16=8$(cm)이므로
직각삼각형 OAD에서
$8^2+(r-4)^2=r^2$, $64+r^2-8r+16=r^2$
$8r=80 \quad \therefore r=10$
따라서 깨지기 전 원래 접시의 반지름의 길이가 10 cm이므로
(접시의 넓이)$=\pi\times10^2=100\pi$(cm^2)

4 원의 중심 O에서 현 AB에 내린 수선의 발을
M이라 하면

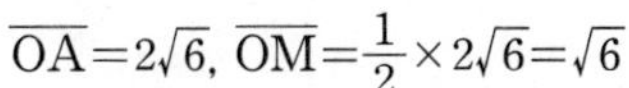

$\overline{OA}=2\sqrt{6}$, $\overline{OM}=\dfrac{1}{2}\times2\sqrt{6}=\sqrt{6}$
직각삼각형 OAM에서
$\overline{AM}=\sqrt{(2\sqrt{6})^2-(\sqrt{6})^2}=3\sqrt{2}$
$\therefore \overline{AB}=2\overline{AM}=2\times3\sqrt{2}=6\sqrt{2}$

5 $\overline{OD}=\overline{OE}=\overline{OF}$이므로 $\overline{AB}=\overline{BC}=\overline{CA}$

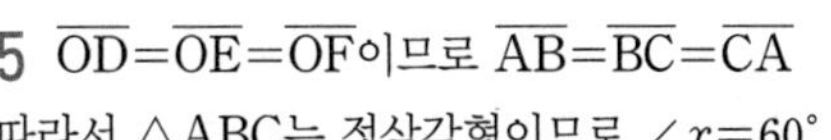

따라서 $\triangle$ABC는 정삼각형이므로 $\angle x=60°$

6 □APBO에서 $\angle PAO=\angle PBO=90°$이므로

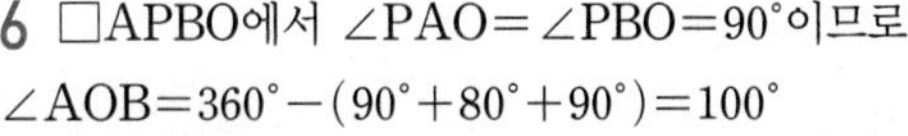

$\angle AOB=360°-(90°+80°+90°)=100°$
따라서 $\widehat{AB}$의 길이는
$2\pi\times3\times\dfrac{100}{360}=\dfrac{5}{3}\pi$(cm)

7 $\overline{PB}=\overline{PA}=5$, $\overline{QB}=\overline{QC}=6$이므로
$x=\overline{PB}+\overline{QB}=5+6=11$

8 $\overline{PA}=\overline{PB}$이므로 $\triangle$PAB는 이등변삼각형이다.
$\therefore \angle PAB=\angle PBA=\dfrac{1}{2}\times(180°-60°)=60°$
따라서 $\triangle$PAB는 정삼각형이므로
$\overline{AB}=\overline{PA}=6$

9 $\overline{OM}=\overline{OB}=7$이므로 $\overline{OP}=7+2=9$
$\angle OBP=90°$이므로 직각삼각형 OBP에서
$\overline{PB}=\sqrt{9^2-7^2}=4\sqrt{2}$
$\therefore \overline{PA}=\overline{PB}=4\sqrt{2}$

10 $\overline{AC}=\overline{AT}=\overline{PT}-\overline{PA}=x-4$
$\overline{PT'}=\overline{PT}=x$이므로
$\overline{BC}=\overline{BT'}=\overline{PT'}-\overline{PB}=x-5$
$\overline{AB}=\overline{AC}+\overline{BC}$에서 $7=(x-4)+(x-5)$
$2x=16 \quad \therefore x=8$

11 $\overline{AF}=\overline{AD}=5$

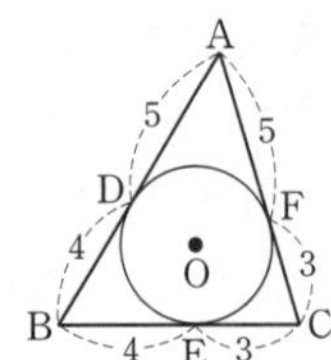

$\overline{BE}=\overline{BD}=\overline{AB}-\overline{AD}=9-5=4$
$\overline{CF}=\overline{CE}=\overline{BC}-\overline{BE}=7-4=3$
$\therefore\ \overline{AC}=\overline{AF}+\overline{CF}=5+3=8$

12 직각삼각형 ABC에서 $\overline{AC}=\sqrt{5^2-3^2}=\sqrt{16}=4$
오른쪽 그림과 같이 $\overline{OD}$, $\overline{OF}$를 긋고
원 O의 반지름의 길이를 r라 하면
□ADOF는 정사각형이므로
$\overline{AD}=\overline{AF}=r$,
$\overline{BE}=\overline{BD}=3-r$,
$\overline{CE}=\overline{CF}=4-r$
$\overline{BC}=\overline{BE}+\overline{CE}$이므로
$5=(3-r)+(4-r)\qquad \therefore\ r=1$
따라서 원 O의 반지름의 길이는 1이다.

다른 풀이 $\overline{AC}=4$, $\triangle ABC=\frac{1}{2}\times3\times4=6$이므로
$\frac{1}{2}\times r\times(3+4+5)=6\qquad \therefore\ r=1$
따라서 원 O의 반지름의 길이는 1이다.

13 $\overline{AB}+\overline{CD}=\overline{AD}+\overline{BC}$이므로
$10+9=8+(6+x)\qquad \therefore\ x=5$

14 $\overline{AB}$는 원 O의 지름의 길이와 같으므로
$\overline{AB}=2\times4=8(\text{cm})$
$\therefore\ \overline{AD}+\overline{BC}=\overline{AB}+\overline{CD}$
$=8+12$
$=20(\text{cm})$

4 원주각

64~77쪽

001 답 $\frac{1}{2}$, $\frac{1}{2}$, $70°$

002 답 $62°$
$\angle x=\frac{1}{2}\times124°=62°$

003 답 $50°$
$\angle x=\frac{1}{2}\times100°=50°$

004 답 $35°$
$\angle x=\frac{1}{2}\times70°=35°$

005 답 $105°$
$\angle x=\frac{1}{2}\times210°=105°$

006 답 $115°$
$\angle x=\frac{1}{2}\times230°=115°$

007 답 $80°$
$\angle x=\frac{1}{2}\times(360°-200°)=80°$

008 답 $95°$
$\angle x=\frac{1}{2}\times(360°-170°)=95°$

009 답 2, 2, $120°$

010 답 $54°$
$\angle x=2\times27°=54°$

011 답 $218°$
$\angle x=2\times109°=218°$

012 답 $140°$
$\angle x=360°-2\times110°=140°$

013 답 15π
$\angle BOC=2\times75°=150°$이므로
(색칠한 부분의 넓이)$=\pi\times6^2\times\frac{150}{360}=15\pi$

014 답 $50°$, $130°$, $130°$, $65°$

015 답 **68°**

오른쪽 그림과 같이 $\overline{OA}$, $\overline{OB}$를 그으면

$\angle PAO=\angle PBO=90°$이므로

□AOBP에서

$\angle AOB=360°-(90°+44°+90°)$

$=136°$

$\therefore \angle x=\frac{1}{2}\angle AOB=\frac{1}{2}\times136°=68°$

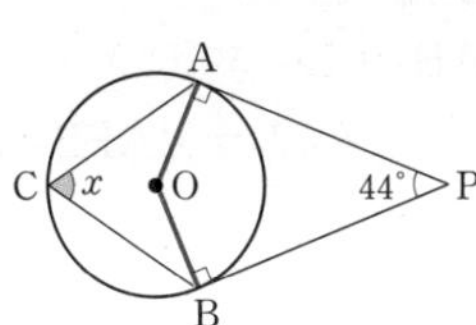

016 답 **40°**

오른쪽 그림과 같이 $\overline{OA}$, $\overline{OB}$를 그으면

$\angle AOB=2\times70°=140°$

$\angle PAO=\angle PBO=90°$이므로

□AOBP에서

$\angle x=360°-(90°+140°+90°)=40°$

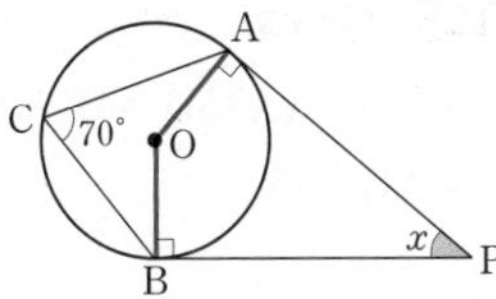

017 답 **60°**

오른쪽 그림과 같이 $\overline{OA}$, $\overline{OB}$를 그으면

$\angle AOB=2\times60°=120°$

$\angle PAO=\angle PBO=90°$이므로

□APBO에서

$\angle x=360°-(90°+120°+90°)=60°$

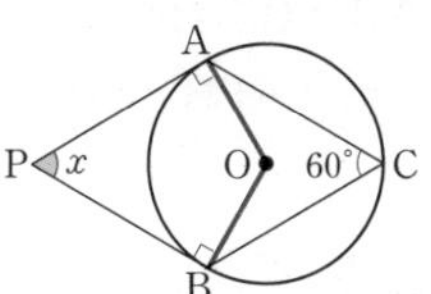

018 답 $\angle x=35°$, $\angle y=50°$

$\angle x=\angle BAC=35°$

$\angle y=\angle ACD=50°$

019 답 $\angle x=60°$, $\angle y=25°$

$\angle x=\angle BDC=60°$

$\angle y=\angle ABD=25°$

020 답 $\angle x=40°$, $\angle y=30°$

$\angle x=\angle BAC=40°$

$\angle y=\angle ACD=30°$

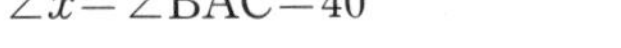

021 답 $\angle x=45°$, $\angle y=90°$

$\angle x=\angle ADB=45°$

$\angle y=2\times45°=90°$

022 답 $\angle x=30°$, $\angle y=60°$

$\angle x=\angle BDC=30°$

$\angle y=2\times30°=60°$

023 답 $\angle x=52°$, $\angle y=104°$

$\angle x=\angle BAC=52°$

$\angle y=2\times52°=104°$

024 답 **50°, 50°, 85°**

025 답 $\angle x=58°$, $\angle y=124°$

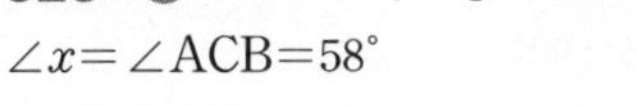

$\angle x=\angle ACB=58°$

$\triangle DAP$에서

$\angle y=58°+66°=124°$

026 답 $\angle x=42°$, $\angle y=33°$

$\angle x=\angle DBC=42°$

$\triangle DAP$에서

$75°=\angle y+42°$ $\quad\therefore \angle y=33°$

027 답 $\angle x=26°$, $\angle y=58°$

$\angle x=\angle ACB=26°$

$\triangle DAP$에서

$84°=\angle y+26°$ $\quad\therefore \angle y=58°$

028 답 20°, 25°, **25°, 45°**

029 답 **60°**

오른쪽 그림과 같이 $\overline{QB}$를 그으면

$\angle AQB=\angle APB=45°$

$\angle BQC=\angle BRC=15°$

$\therefore \angle x=\angle AQB+\angle BQC$

$=45°+15°=60°$

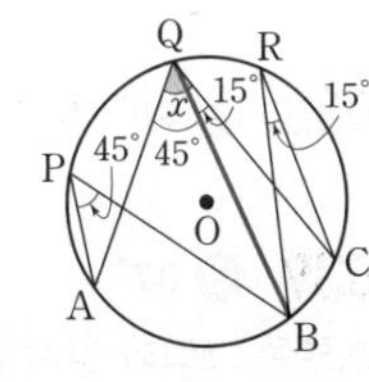

030 답 **23°**

오른쪽 그림과 같이 $\overline{QB}$를 그으면

$\angle AQB=\angle APB=27°$

$\angle BQC=\angle BRC=\angle x$

$\therefore \angle x=\angle AQC-\angle AQB$

$=50°-27°=23°$

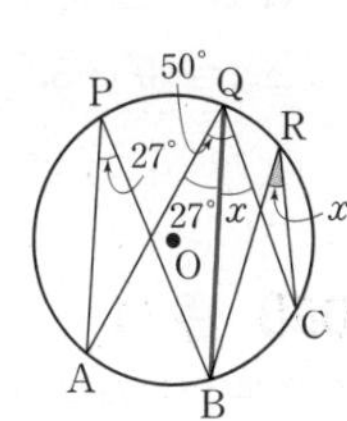

031 답 **25°**

오른쪽 그림과 같이 $\overline{QB}$를 그으면

$\angle BQC=\frac{1}{2}\angle BOC=\frac{1}{2}\times70°=35°$

$\angle AQB=\angle APB=\angle x$

$\therefore \angle x=\angle AQC-\angle BQC$

$=60°-35°=25°$

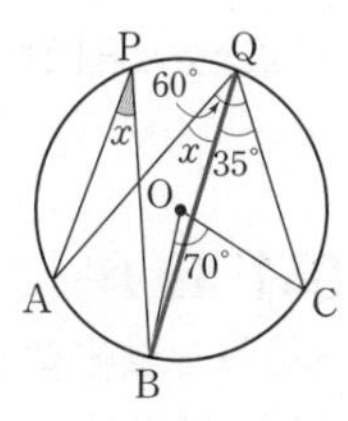

032 답 **96°**

오른쪽 그림과 같이 $\overline{PC}$를 그으면

$\angle BPC=\angle BQC=26°$

$\angle APC=\angle APB+\angle BPC$

$=22°+26°=48°$

$\therefore \angle x=2\angle APC=2\times48°=96°$

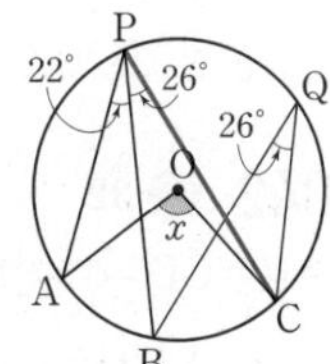

033 답 **57°**
$\overline{AB}$가 원 O의 지름이므로 $\angle ACB=90°$
$\triangle ABC$에서
$\angle x=180°-(33°+90°)=57°$

034 답 **28°**
$\overline{AB}$가 원 O의 지름이므로 $\angle ACB=90°$
$\triangle ABC$에서
$\angle x=180°-(62°+90°)=28°$

035 답 **90°, 35°, 90°, 55°**

036 답 **67°**
$\overline{AB}$가 원 O의 지름이므로 $\angle ADB=90°$
$\angle BDC=\angle BAC=23°$이므로
$\angle x=90°-23°=67°$

037 답 **61°**
$\overline{AB}$가 원 O의 지름이므로 $\angle ACB=90°$
$\angle CAB=\angle CDB=\angle x$이므로
$\triangle ABC$에서
$\angle x=180°-(90°+29°)=61°$

038 답 **90°, 60°, 90°, 60°, 30°**

039 답 **37°**
오른쪽 그림과 같이 $\overline{PB}$를 그으면
$\overline{AB}$는 원 O의 지름이므로 $\angle APB=90°$
$\angle RPB=\angle RQB=53°$
$\therefore \angle x=90°-53°=37°$

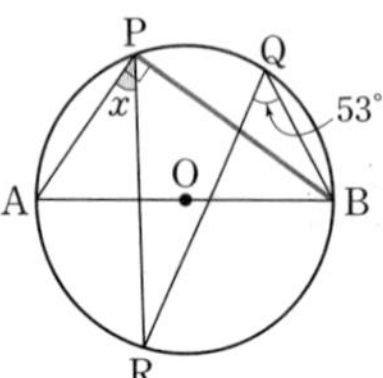

040 답 **51°**
오른쪽 그림과 같이 $\overline{PB}$를 그으면
$\overline{AB}$는 원 O의 지름이므로
$\angle APB=90°$
$\therefore \angle x=\angle RPB=90°-39°=51°$

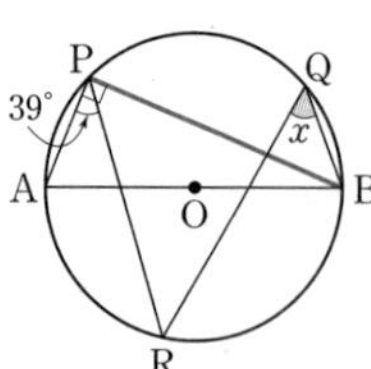

041 답 **48°**
오른쪽 그림과 같이 $\overline{PB}$를 그으면
$\overline{AB}$는 원 O의 지름이므로
$\angle APB=90°$
$\therefore \angle x=\angle RPB=90°-42°=48°$

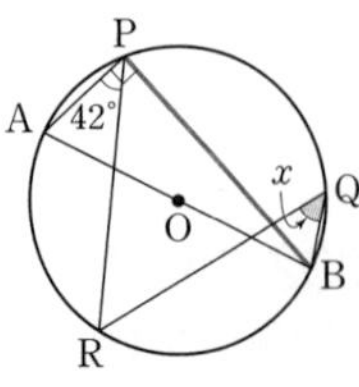

042 답 **32**
$\widehat{AB}=\widehat{CD}=10$이므로
$x°=\angle CQD=\angle APB=32°$ $\therefore x=32$

043 답 **30**
$\widehat{AB}=\widehat{CD}=5$이므로
$x°=\angle CQD=\angle APB=30°$
$\therefore x=30$

044 답 **6**
$\angle APB=\angle BQC=40°$이므로
$x=\widehat{AB}=6$

045 답 **15**
$\angle APB=\angle CQD=47°$이므로
$x=\widehat{AB}=15$

046 답 **40**
($\widehat{BC}$에 대한 원주각의 크기)$=\frac{1}{2}\times 80°=40°$
$\widehat{AB}=\widehat{BC}=9$이므로
$x°=\angle APB=40°$ $\therefore x=40$

047 답 **70**
($\widehat{BC}$에 대한 중심각의 크기)$=2\times 35°=70°$
$\widehat{AB}=\widehat{BC}=11$이므로
$x°=\angle AOB=70°$ $\therefore x=70$

048 답 **20**
$6:3=40°:x°$ $\therefore x=20$

049 답 **24**
$8:12=x°:36°$ $\therefore x=24$

050 답 **24**
$15:5=72°:x°$ $\therefore x=24$

051 답 **68**
$(11+6):6=x°:24°$ $\therefore x=68$

052 답 **16**
$x:12=60°:45°$ $\therefore x=16$

053 답 **10**
$16:x=40°:25°$ $\therefore x=10$

054 답 **21**
$\overline{AB}$가 원 O의 지름이므로 $\angle ACB=90°$
$x:7=90°:30°$
$\therefore x=21$

055 답 **3, 4, 40°, 3, 60°, 4, 80°**

056 답 $\angle x=45°$, $\angle y=60°$, $\angle z=75°$

$\angle x : \angle y : \angle z = \widehat{AB} : \widehat{BC} : \widehat{CA} = 3 : 4 : 5$

$\therefore \angle x = 180° \times \frac{3}{3+4+5} = 45°$

$\angle y = 180° \times \frac{4}{3+4+5} = 60°$

$\angle z = 180° \times \frac{5}{3+4+5} = 75°$

057 답 $\angle x=60°$, $\angle y=30°$, $\angle z=90°$

$\angle x : \angle y : \angle z = \widehat{AB} : \widehat{BC} : \widehat{CA} = 2 : 1 : 3$

$\therefore \angle x = 180° \times \frac{2}{2+1+3} = 60°$

$\angle y = 180° \times \frac{1}{2+1+3} = 30°$

$\angle z = 180° \times \frac{3}{2+1+3} = 90°$

058 답 ○

$\angle BAC = \angle BDC$이므로 네 점 A, B, C, D는 한 원 위에 있다.

059 답 ×

$\angle BAC = \angle BDC$인지 알 수 없으므로 네 점 A, B, C, D는 한 원 위에 있는지 알 수 없다.

060 답 ○

△ABC에서 $\angle A = 180° - (75° + 45°) = 60°$

즉, $\angle BAC = \angle BDC$이므로 네 점 A, B, C, D는 한 원 위에 있다.

061 답 ×

$108° = \angle BDC + 43°$ $\therefore \angle BDC = 65°$

즉, $\angle BAC \neq \angle BDC$이므로 네 점 A, B, C, D는 한 원 위에 있지 않다.

062 답 **80°**

네 점이 한 원 위에 있으려면

$\angle BAC = \angle BDC = 50°$이어야 하므로

$\angle x = 180° - (50° + 50°) = 80°$

063 답 **20°**

네 점이 한 원 위에 있으려면

$\angle BDC = \angle BAC = 40°$이어야 하므로

$\angle x = 180° - (40° + 120°) = 20°$

064 답 **70°**

네 점이 한 원 위에 있으려면

$\angle ACD = \angle ABD = 30°$이어야 하므로

$\angle x + 30° = 100°$ $\therefore \angle x = 70°$

065 답 **75°**

네 점이 한 원 위에 있으려면

$\angle CAD = \angle CBD = 35°$이어야 하므로

$\angle x = 35° + 40° = 75°$

066 답 $\angle x=80°$, $\angle y=120°$

$\angle x + 100° = 180°$ $\therefore \angle x = 80°$

$\angle y + 60° = 180°$ $\therefore \angle y = 120°$

067 답 $\angle x=95°$, $\angle y=105°$

$\angle x + 85° = 180°$ $\therefore \angle x = 95°$

$75° + \angle y = 180°$ $\therefore \angle y = 105°$

068 답 $\angle x=82°$, $\angle y=70°$

$\angle x + 98° = 180°$ $\therefore \angle x = 82°$

$110° + \angle y = 180°$ $\therefore \angle y = 70°$

069 답 **180°, 65°, 65°, 115°**

070 답 **110°**

△ABD에서 $\angle BAD = 180° - (30° + 80°) = 70°$

□ABCD가 원에 내접하므로

$\angle x + 70° = 180°$ $\therefore \angle x = 110°$

071 답 **40°**

□ABCD가 원에 내접하므로

$\angle ABC + 105° = 180°$ $\therefore \angle ABC = 75°$

△ABC에서 $\angle x = 180° - (65° + 75°) = 40°$

072 답 **118°**

$\overline{BC}$가 원 O의 지름이므로 $\angle BDC = 90°$

△BCD에서 $\angle BCD = 180° - (90° + 28°) = 62°$

□ABCD가 원 O에 내접하므로

$\angle x + 62° = 180°$ $\therefore \angle x = 118°$

073 답 $\frac{1}{2}$, $\frac{1}{2}$, **40°, 40°, 140°**

074 답 $\angle x=70°$, $\angle y=110°$

$\angle x = \frac{1}{2} \times 140° = 70°$

□ABCD가 원 O에 내접하므로

$\angle y + 70° = 180°$ $\therefore \angle y = 110°$

075 답 **83°**

$\angle x = \angle BAD = 83°$

076 답 **105°**

$\angle x=\angle ADC=105^\circ$

077 답 **45°**

$70^\circ+\angle x=115^\circ \quad \therefore \angle x=45^\circ$

078 답 **30°**

$\angle x+50^\circ=80^\circ \quad \therefore \angle x=30^\circ$

079 답 **180°, 80°, 80°**

080 답 **60°**

△ABD에서 $\angle BAD=180^\circ-(72^\circ+48^\circ)=60^\circ$

$\therefore \angle x=\angle BAD=60^\circ$

081 답 ×

$\angle A+\angle C=100^\circ+70^\circ=170^\circ\neq180^\circ$이므로

□ABCD는 원에 내접하지 않는다.

082 답 ○

△BCD에서 $\angle C=180^\circ-(30^\circ+50^\circ)=100^\circ$

$\angle A+\angle C=80^\circ+100^\circ=180^\circ$이므로 □ABCD는 원에 내접한다.

083 답 ×

$\angle ABE\neq\angle ADC$이므로 □ABCD는 원에 내접하지 않는다.

084 답 ○

$\angle BAC=\angle BDC$이므로 □ABCD는 원에 내접한다.

085 답 **90°**

□ABCD가 원에 내접하려면 $\angle B+\angle D=180^\circ$이어야 하므로

$90^\circ+\angle x=180^\circ \quad \therefore \angle x=90^\circ$

086 답 **105°**

□ABCD가 원에 내접하려면 $\angle BAD=75^\circ$이어야 하므로

$\angle x=180^\circ-75^\circ=105^\circ$

087 답 **50°**

□ABCD가 원에 내접하려면

$\angle BAC=\angle BDC=60^\circ$이어야 하므로

$\angle x+60^\circ=110^\circ \quad \therefore \angle x=50^\circ$

088 답 **36°**

□ABCD가 원에 내접하려면

$\angle ACB=\angle ADB=48^\circ$이어야 하므로

$84^\circ=\angle x+48^\circ \quad \therefore \angle x=36^\circ$

089 답 **50°**

$\angle x=\angle BAP=50^\circ$

090 답 **95°**

$\angle x=\angle ABP=95^\circ$

091 답 **100°**

$\angle x=\angle APT=100^\circ$

092 답 **45°**

△APB에서 $\angle BAP=180^\circ-(60^\circ+75^\circ)=45^\circ$

$\therefore \angle x=\angle BAP=45^\circ$

다른 풀이 $\angle APT'=\angle ABP=75^\circ$이므로

$75^\circ+60^\circ+\angle x=180^\circ \quad \therefore \angle x=45^\circ$

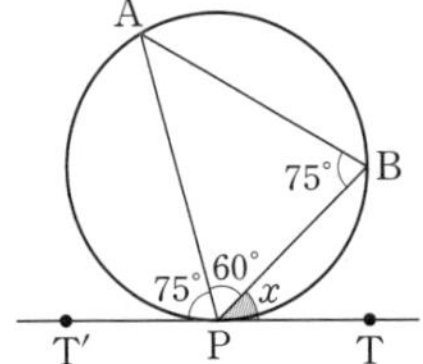

093 답 **80°**

$\angle ABP=\angle APT=65^\circ$이므로

△APB에서 $\angle x=180^\circ-(65^\circ+35^\circ)=80^\circ$

다른 풀이 $\angle BPT'=\angle BAP=\angle x$이므로

$65^\circ+35^\circ+\angle x=180^\circ \quad \therefore \angle x=80^\circ$

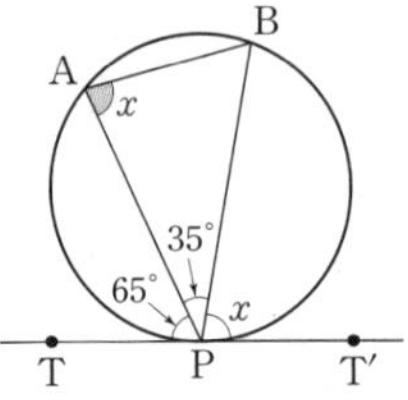

094 답 **20°**

$\angle BAP=\angle BPT=100^\circ$이므로

△APB에서 $\angle x=180^\circ-(60^\circ+100^\circ)=20^\circ$

다른 풀이 $\angle APT'=\angle ABP=60^\circ$이므로

$60^\circ+\angle x+100^\circ=180^\circ \quad \therefore \angle x=20^\circ$

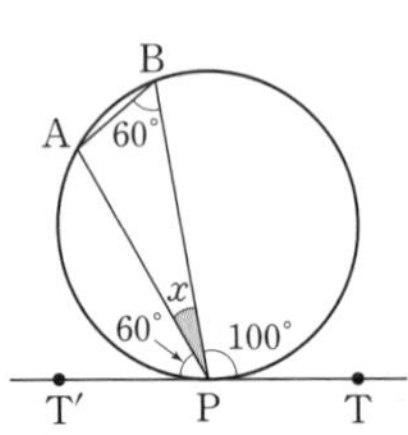

095 답 **110°**

$\angle ABP=\angle APT=55^\circ$이므로

$\angle x=2\times55^\circ=110^\circ$

다른 풀이 $\angle TPO=90^\circ$이므로 $\angle APO=90^\circ-55^\circ=35^\circ$

△OAP에서 $\overline{OA}=\overline{OP}$이므로 $\angle x=180^\circ-(35^\circ+35^\circ)=110^\circ$

096 답 **80°**

$\angle BAP=\angle BPT=40^\circ$이므로

$\angle x=2\times40^\circ=80^\circ$

다른 풀이 $\angle TPO=90^\circ$이므로 $\angle BPO=90^\circ-40^\circ=50^\circ$

△OPB에서 $\overline{OB}=\overline{OP}$이므로 $\angle x=180^\circ-(50^\circ+50^\circ)=80^\circ$

097 답 **30°**

$\angle ABP=\frac{1}{2}\times60^\circ=30^\circ$이므로 $\angle x=\angle ABP=30^\circ$

다른 풀이 △OAP에서 $\overline{OA}=\overline{OP}$이므로

$\angle APO=\frac{1}{2}\times(180^\circ-60^\circ)=60^\circ$

$\angle TPO=90^\circ$이므로 $\angle x=90^\circ-60^\circ=30^\circ$

098 답 **70°**

$\angle BAP=\frac{1}{2}\times 140°=70°$이므로

$\angle x=\angle BAP=70°$

다른 풀이 $\triangle OPB$에서 $\overline{OB}=\overline{OP}$이므로

$\angle BPO=\frac{1}{2}\times(180°-140°)=20°$

$\angle TPO=90°$이므로 $\angle x=90°-20°=70°$

099 답 **55°**

$\angle ABP=\angle APT=35°$

$\overline{AB}$가 원 O의 지름이므로 $\angle APB=90°$

$\triangle APB$에서 $\angle x=180°-(35°+90°)=55°$

다른 풀이 $\angle BPT'=\angle BAP=\angle x$이므로

$35°+90°+\angle x=180°$

$\therefore \angle x=55°$

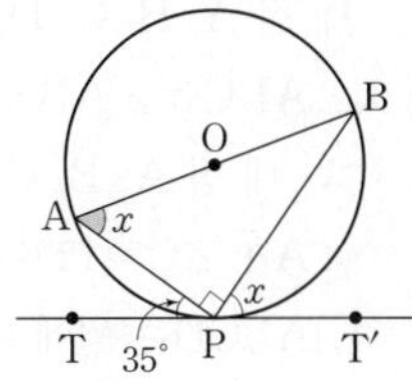

100 답 **30°**

$\angle BAP=\angle BPT=60°$

$\overline{AB}$가 원 O의 지름이므로 $\angle APB=90°$

$\triangle APB$에서 $\angle x=180°-(60°+90°)=30°$

다른 풀이 $\angle APT'=\angle ABP=\angle x$이므로

$\angle x+90°+60°=180°$

$\therefore \angle x=30°$

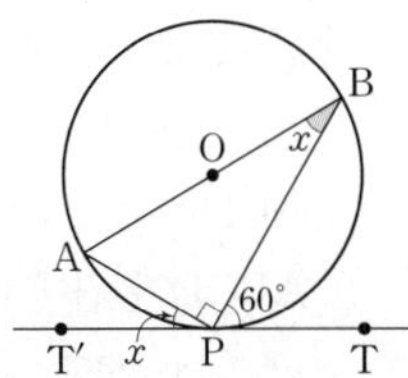

101 답 **65°**

$\angle ABP=\angle APT=\angle x$

$\overline{AB}$가 원 O의 지름이므로 $\angle APB=90°$

$\triangle APB$에서 $\angle x=180°-(25°+90°)=65°$

다른 풀이 $\angle BPT'=\angle BAP=25°$이므로

$\angle x+90°+25°=180°$

$\therefore \angle x=65°$

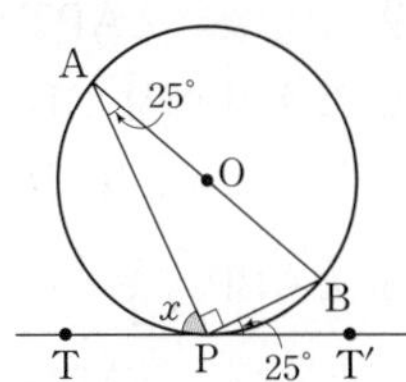

102 답 **70°**

$\angle BAP=\angle BPT=40°$

$\overline{AB}=\overline{AP}$이므로 $\angle ABP=\angle APB$

$\triangle APB$에서 $\angle x=\frac{1}{2}\times(180°-40°)=70°$

103 답 **CPT, 60°, 105°, 75°, 60°, 75°, 45°**

104 답 **$\angle x=45°$, $\angle y=95°$**

$\angle x=\angle APT=45°$

$\triangle APC$에서 $\angle APC=180°-(50°+45°)=85°$

$\square APCB$가 원에 내접하므로

$\angle y+85°=180°$ $\therefore \angle y=95°$

105 답 **$\angle x=50°$, $\angle y=110°$**

$\angle x=50°$

$\angle APC=180°-(60°+50°)=70°$

$\square APCB$가 원에 내접하므로

$\angle y+70°=180°$ $\therefore \angle y=110°$

106 답 **$\angle x=40°$, $\angle y=55°$**

$\angle x=\angle APT=40°$

$\square APCB$가 원에 내접하므로

$(35°+\angle y)+(50°+40°)=180°$ $\therefore \angle y=55°$

107 답 **90°, 63°, 90°, 63°, 27°, 27°, 36°**

다른 풀이 $63°+90°+\angle BPC=180°$ $\therefore \angle BPC=27°$

$\angle ABP=\angle APT=63°$이므로

$\triangle BPC$에서 $63°=27°+\angle x$ $\therefore \angle x=36°$

108 답 **20°**

$\overline{AB}$가 원 O의 지름이므로

$\angle APB=90°$

$\angle ABP=\angle APT=55°$이므로

$\triangle ABP$에서

$\angle BAP=180°-(90°+55°)=35°$

$\triangle APC$에서

$55°=35°+\angle x$ $\therefore \angle x=20°$

다른 풀이 $55°+90°+\angle BPC=180°$ $\therefore \angle BPC=35°$

$\triangle BPC$에서 $55°=35°+\angle x$ $\therefore \angle x=20°$

109 답 **26°**

오른쪽 그림과 같이 $\overline{BP}$를 그으면

$\overline{AB}$가 원 O의 지름이므로

$\angle APB=90°$

$\angle ABP=\angle APT=58°$이므로

$\triangle ABP$에서

$\angle BAP=180°-(90°+58°)=32°$

$\triangle ACP$에서 $58°=\angle x+32°$ $\therefore \angle x=26°$

다른 풀이 $\angle BPC+90°+58°=180°$ $\therefore \angle BPC=32°$

$\triangle BCP$에서 $58°=32°+\angle x$ $\therefore \angle x=26°$

110 답 **40°**

오른쪽 그림과 같이 $\overline{BP}$를 그으면

$\overline{AB}$가 원 O의 지름이므로

$\angle APB=90°$

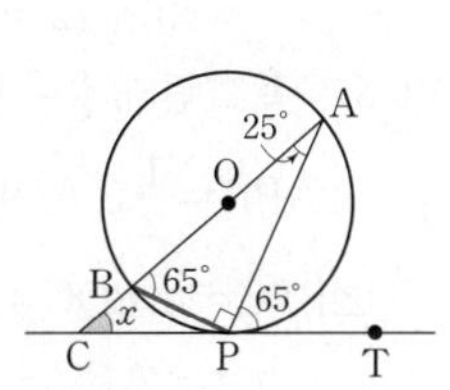

$\angle ABP=\angle APT=65°$이므로

$\triangle ABP$에서

$\angle BAP=180°-(90°+65°)=25°$

$\triangle ACP$에서 $65°=\angle x+25°$ $\therefore \angle x=40°$

다른 풀이 $\angle BPC+90°+65°=180°$ $\therefore \angle BPC=25°$

$\triangle BCP$에서 $65°=25°+\angle x$ $\therefore \angle x=40°$

기본 문제 × 확인하기 78~79쪽

1 (1) 32° (2) 101° (3) 66° (4) 226° **2** (1) 77° (2) 64°
3 (1) $\angle x=25°$, $\angle y=50°$ (2) $\angle x=28°$, $\angle y=56°$
4 (1) 65° (2) 53° **5** (1) 50° (2) 52°
6 (1) 22 (2) 18 **7** (1) ○ (2) × (3) ○ (4) ○
8 (1) $\angle x=105°$, $\angle y=48°$ (2) $\angle x=75°$, $\angle y=150°$
(3) $\angle x=95°$, $\angle y=95°$ (4) $\angle x=50°$, $\angle y=83°$
9 (1) 117° (2) 52° (3) 40° (4) 23° **10** (1) 28° (2) 50°

1 (1) $\angle x=\frac{1}{2}\times 64°=32°$

(2) $\angle x=\frac{1}{2}\times(360°-158°)=101°$

(3) $\angle x=2\times 33°=66°$

(4) $\angle x=2\times 113°=226°$

2 (1) 오른쪽 그림과 같이 $\overline{OA}$, $\overline{OB}$를 그으면

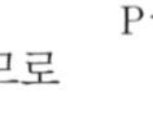

$\angle PAO=\angle PBO=90°$이므로
□APBO에서
$\angle AOB=360°-(90°+26°+90°)=154°$
$\therefore \angle x=\frac{1}{2}\times 154°=77°$

(2) 오른쪽 그림과 같이 $\overline{OA}$, $\overline{OB}$를 그으면

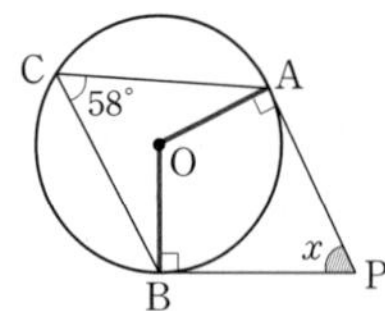

$\angle AOB=2\times 58°=116°$
$\angle PAO=\angle PBO=90°$이므로
□AOBP에서
$\angle x=360°-(90°+116°+90°)=64°$

3 (1) $\angle x=\angle ACB=25°$
$\angle y=2\times 25°=50°$

(2) $\angle x=\angle ACB=28°$
△APD에서 $84°=28°+\angle y$ $\therefore \angle y=56°$

4 (1) 오른쪽 그림과 같이 $\overline{QB}$를 그으면

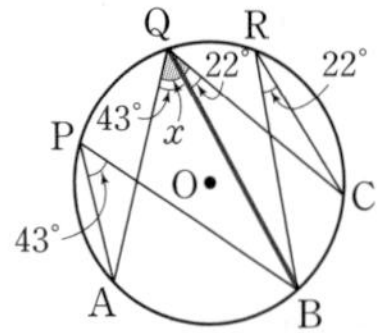

$\angle AQB=\angle APB=43°$
$\angle BQC=\angle BRC=22°$
$\therefore \angle x=\angle AQB+\angle BQC$
$=43°+22°=65°$

(2) 오른쪽 그림과 같이 $\overline{PB}$를 그으면

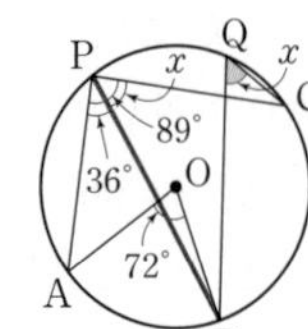

$\angle APB=\frac{1}{2}\angle AOB=\frac{1}{2}\times 72°=36°$
$\angle BPC=\angle BQC=\angle x$
$\therefore \angle x=\angle APC-\angle APB$
$=89°-36°=53°$

5 (1) $\overline{AB}$가 원 O의 지름이므로 $\angle ACB=90°$
△ABC에서 $\angle x=180°-(40°+90°)=50°$

(2) $\overline{AB}$가 원 O의 지름이므로 $\angle ADB=90°$
$\angle CDB=\angle CAB=38°$이므로
$\angle x=90°-38°=52°$

6 (1) $\widehat{AB}=\widehat{BC}=6$이므로
$x°=22°$ $\therefore x=22$

(2) $x:12=54°:36°$ $\therefore x=18$

7 (1) $\angle BAC=\angle BDC$이므로
네 점 A, B, C, D는 한 원 위에 있다.

(2) $115°=\angle BDC+40°$ $\therefore \angle BDC=75°$
즉, $\angle BAC\neq\angle BDC$이므로
네 점 A, B, C, D는 한 원 위에 있지 않다.

(3) $\angle ADC=\angle ABE$이므로 □ABCD는 원에 내접한다.
즉, 네 점 A, B, C, D는 한 원 위에 있다.

(4) $\angle A+\angle C=123°+57°=180°$이므로
□ABCD는 원에 내접한다.
즉, 네 점 A, B, C, D는 한 원 위에 있다.

8 (1) $\angle x+75°=180°$ $\therefore \angle x=105°$
$132°+\angle y=180°$ $\therefore \angle y=48°$

(2) □ABCD가 원에 내접하므로
$\angle x+105°=180°$ $\therefore \angle x=75°$
$\therefore \angle y=2\times 75°=150°$

(3) △ACD에서 $\angle x=180°-(55°+30°)=95°$
□ABCD가 원에 내접하므로
$\angle y=\angle x=95°$

(4) $\angle x=\angle BDC=50°$
□ABCD가 원에 내접하므로
$\angle y+50°=133°$ $\therefore \angle y=83°$

9 (1) $\angle x=\angle APT=117°$

(2) △APB에서 $\angle BAP=180°-(44°+84°)=52°$
$\therefore \angle x=\angle BAP=52°$

(3) $\angle ABP=\frac{1}{2}\times 80°=40°$
$\therefore \angle x=\angle ABP=40°$

(4) $\overline{AB}$는 원 O의 지름이므로 $\angle APB=90°$
$\angle BAP=\angle BPT=67°$이므로
△APB에서 $\angle x=180°-(67°+90°)=23°$

10 (1) $\overline{AB}$가 원 O의 지름이므로 $\angle APB=90°$
$\angle ABP=\angle APT=59°$이므로
△ABP에서 $\angle BAP=180°-(90°+59°)=31°$
△APC에서 $59°=31°+\angle x$ $\therefore \angle x=28°$

(2) $\overline{AB}$가 원 O의 지름이므로 $\angle APB=90°$
$\angle ABP=\angle APT=70°$이므로
△ABP에서 $\angle BAP=180°-(90°+70°)=20°$
△APC에서 $70°=\angle x+20°$ $\therefore \angle x=50°$

학교 시험 문제 × 확인하기 80~81쪽

1 ③	2 70°	3 ②	4 ①	5 84°
6 ①	7 ④	8 (1) 78° (2) 80°	9 ③	
10 65°	11 ⑤	12 ㄱ, ㄹ	13 ②	14 29°
15 26°				

1 $\angle BOC=2\times 66°=132°$
$\triangle OBC$에서 $\overline{OB}=\overline{OC}$이므로 $\angle x=\frac{1}{2}\times(180°-132°)=24°$

2 오른쪽 그림과 같이 $\overline{OA}$, $\overline{OB}$를 그으면

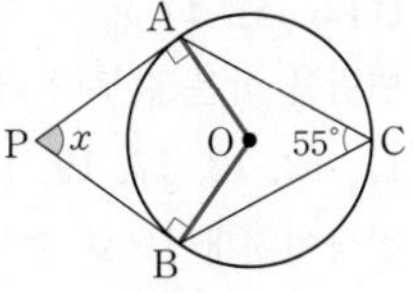

$\angle AOB=2\times 55°=110°$
$\angle PAO=\angle PBO=90°$이므로
$\square APBO$에서
$\angle x=360°-(90°+110°+90°)=70°$

3 오른쪽 그림과 같이 $\overline{PC}$를 그으면

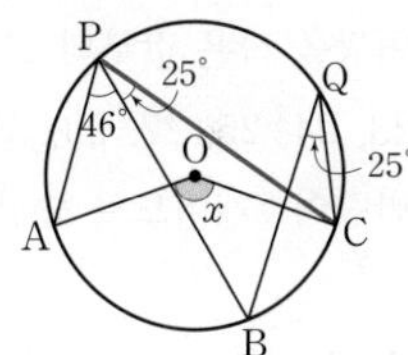

$\angle BPC=\angle BQC=25°$
$\angle APC=\angle APB+\angle BPC$
$=46°+25°=71°$
$\therefore \angle x=2\angle APC=2\times 71°=142°$

4 오른쪽 그림과 같이 $\overline{BC}$를 그으면

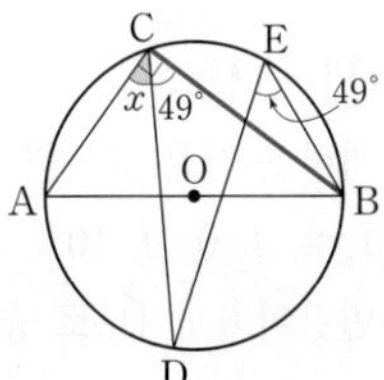

$\overline{AB}$는 원 O의 지름이므로 $\angle ACB=90°$
$\angle DCB=\angle DEB=49°$
$\therefore \angle x=90°-49°=41°$

5 $\widehat{AB}=\widehat{CD}$이므로 $\angle DBC=\angle ACB=42°$
따라서 $\triangle PBC$에서 $\angle x=42°+42°=84°$

6 $\angle x=\frac{1}{2}\times 60°=30°$
$4:6=30°:\angle y \qquad \therefore \angle y=45°$
$\therefore \angle y-\angle x=45°-30°=15°$

7 $\angle x:\angle y:\angle z=\widehat{AB}:\widehat{BC}:\widehat{CA}=4:5:6$이므로
$\angle x=180°\times\frac{4}{4+5+6}=48°$
$\angle y=180°\times\frac{5}{4+5+6}=60°$
$\angle z=180°\times\frac{6}{4+5+6}=72°$
$\therefore \angle x+\angle y-\angle z=48°+60°-72°=36°$

8 (1) 네 점이 한 원 위에 있으려면
$\angle BDC=\angle BAC=30°$이어야 하므로
$108°=\angle x+30° \qquad \therefore \angle x=78°$
(2) $\triangle ABC$에서 $\angle ABC=180°-(45°+35°)=100°$
네 점이 한 원 위에 있으려면 $\square ABCD$가 원에 내접해야 한다.
즉, $\angle x+100°=180°$이어야 하므로 $\angle x=80°$

9 $\square ABCD$가 원 O에 내접하므로
$112°+\angle BCD=180° \qquad \therefore \angle BCD=68°$
$\overline{BC}$가 원 O의 지름이므로 $\angle BDC=90°$
$\triangle BCD$에서 $\angle x=180°-(90°+68°)=22°$

10 $\angle BAD=\frac{1}{2}\times 130°=65°$
따라서 $\square ABCD$가 원 O에 내접하므로
$\angle x=\angle BAD=65°$

11 $\square ABCD$가 원에 내접하므로
$(40°+\angle x)+110°=180° \qquad \therefore \angle x=30°$
$\angle BAC=\angle x=30°$이므로
$\angle y=\angle DAB=35°+30°=65°$
$\therefore \angle x+\angle y=30°+65°=95°$

12 ㄱ. $\triangle ABC$에서 $\angle B=180°-(40°+45°)=95°$이므로
$\angle B+\angle D=95°+85°=180°$
즉, $\square ABCD$는 원에 내접한다.
ㄴ. $\angle DAB=180°-86°=94°$이므로
$\angle DAB+\angle BCD=94°+104°=198°\neq 180°$
즉, $\square ABCD$는 원에 내접하지 않는다.
ㄷ. $110°=\angle BAC+40°$에서 $\angle BAC=70°$이므로
$\angle BAC\neq\angle BDC$
즉, $\square ABCD$는 원에 내접하지 않는다.
ㄹ. $\triangle ABC$에서 $\angle BAC=180°-(60°+30°)=90°$이므로
$\angle BAC=\angle BDC$
즉, $\square ABCD$는 원에 내접한다.
따라서 $\square ABCD$가 원에 내접하는 것은 ㄱ, ㄹ이다.

13 $\angle ABP=\angle APT=35°$이므로
$\triangle BTP$에서 $48°+(35°+\angle APB)+35°=180°$
$\therefore \angle APB=62°$

14 $\square ABPC$가 원 O에 내접하므로
$119°+\angle ACP=180° \qquad \therefore \angle ACP=61°$
$\overline{AC}$가 원 O의 지름이므로 $\angle APC=90°$
$\triangle APC$에서 $\angle CAP=180°-(90°+61°)=29°$
$\therefore \angle CPT=\angle CAP=29°$
다른 풀이 $\angle APT=\angle ABP=119°$, $\angle APC=90°$이므로
$\angle CPT=119°-90°=29°$

15 오른쪽 그림과 같이 $\overline{AP}$를 그으면

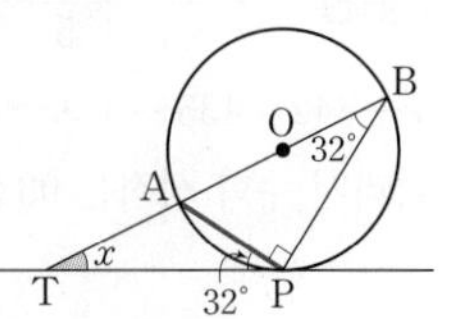

$\angle APT=\angle ABP=32°$
$\overline{AB}$가 원 O의 지름이므로 $\angle APB=90°$
따라서 $\triangle BTP$에서
$\angle x=180°-\{(32°+90°)+32°\}=26°$

5 대푯값과 산포도

84~93쪽

001 답 **5, 4**

002 답 **10**

$(\text{평균})=\frac{10+9+12+14+8+7}{6}=\frac{60}{6}=10$

003 답 **6**

$(\text{평균})=\frac{9+11+2+5+8+4+3}{7}=\frac{42}{7}=6$

004 답 **16**

$(\text{평균})=\frac{12+15+10+25+13+22+15}{7}=\frac{112}{7}=16$

005 답 **54 kg**

$(\text{평균})=\frac{46+51+52+54+60+61}{6}=\frac{324}{6}=54(\text{kg})$

006 답 **4, 36, 10**

007 답 **6**

$(\text{평균})=\frac{7+x+10+9}{4}=8$이므로

$x+26=32 \quad \therefore x=6$

008 답 **14**

$(\text{평균})=\frac{11+16+10+x+9}{5}=12$이므로

$x+46=60 \quad \therefore x=14$

009 답 **35**

$(\text{평균})=\frac{34+x+26+32+28+25}{6}=30$이므로

$x+145=180 \quad \therefore x=35$

010 답 **93점**

수학 성적을 x점이라 하면

$(\text{평균})=\frac{96+72+x+88+86}{5}=87$이므로

$x+342=435 \quad \therefore x=93$

따라서 수학 성적은 93점이다.

011 답 ❶ **0, 1, 4, 8, 9** ❷ **홀수, 4**

012 답 **6**

변량을 작은 값부터 크기순으로 나열하면

2, 2, 6, 7, 8

변량이 5개이므로 중앙값은 가운데 있는 값인 6이다.

013 답 **11**

변량을 작은 값부터 크기순으로 나열하면

8, 9, 11, 14, 17

변량이 5개이므로 중앙값은 가운데 있는 값인 11이다.

014 답 **17**

변량을 작은 값부터 크기순으로 나열하면

11, 12, 13, 17, 19, 19, 50

변량이 7개이므로 중앙값은 가운데 있는 값인 17이다.

015 답 **27**

변량을 작은 값부터 크기순으로 나열하면

23, 24, 25, 27, 29, 31, 33

변량이 7개이므로 중앙값은 가운데 있는 값인 27이다.

016 답 ❶ **5, 12, 12, 14, 16, 30** ❷ **짝수, 12, 14, 13**

017 답 **5**

변량을 작은 값부터 크기순으로 나열하면

1, 2, 4, 6, 9, 10

변량이 6개이므로 중앙값은 가운데 있는 두 값 4와 6의 평균인

$\frac{4+6}{2}=5$이다.

018 답 **8**

변량을 작은 값부터 크기순으로 나열하면

2, 4, 4, 5, 11, 14, 16, 19

변량이 8개이므로 중앙값은 가운데 있는 두 값 5와 11의 평균인

$\frac{5+11}{2}=8$이다.

019 답 **30**

변량을 작은 값부터 크기순으로 나열하면

18, 18, 22, 27, 33, 34, 34, 41

변량이 8개이므로 중앙값은 가운데 있는 두 값 27과 33의 평균인

$\frac{27+33}{2}=30$이다.

020 답 **6.5**

변량을 작은 값부터 크기순으로 나열하면

3, 4, 5, 6, 6, 7, 7, 9, 14, 20

변량이 10개이므로 중앙값은 가운데 있는 두 값 6과 7의 평균인

$\frac{6+7}{2}=6.5$이다.

021 답 **2, 18, 12**

022 답 **7**

(중앙값)$=\frac{x+9}{2}=8$이므로

$x+9=16 \quad \therefore x=7$

023 답 **20**

(중앙값)$=\frac{14+x}{2}=17$이므로

$14+x=34 \quad \therefore x=20$

024 답 **25**

(중앙값)$=\frac{17+x}{2}=21$이므로

$17+x=42 \quad \therefore x=25$

025 답 **10**

(중앙값)$=\frac{x+18}{2}=14$이므로

$x+18=28 \quad \therefore x=10$

026 답 **22**

(중앙값)$=\frac{12+x}{2}=17$이므로

$12+x=34 \quad \therefore x=22$

027 답 **7**

7이 세 번으로 변량 중에서 가장 많이 나타나므로 최빈값은 7이다.

028 답 **5**

5가 세 번으로 변량 중에서 가장 많이 나타나므로 최빈값은 5이다.

029 답 **4, 6**

4와 6이 각각 두 번으로 변량 중에서 가장 많이 나타나므로 최빈값은 4, 6이다.

030 답 **AB형**

AB형이 7명으로 가장 많으므로 최빈값은 AB형이다.

031 답 **수학**

수학이 9명으로 가장 많으므로 최빈값은 수학이다.

032 답 **중앙값: 8점, 최빈값: 7점, 9점**

변량을 작은 값부터 크기순으로 나열하면

6, 7, 7, 9, 9, 10

변량이 6개이므로 중앙값은 가운데 있는 두 값 7과 9의 평균인

$\frac{7+9}{2}=8$(점)이다.

7점과 9점이 각각 두 번으로 변량 중에서 가장 많이 나타나므로 최빈값은 7점, 9점이다.

033 답 **9%**

줄기와 잎 그림에서 주어진 자료는 다음과 같다.

(단위: %)

2, 3, 3, 6, 10, 13, 15, 20

$\therefore$ (평균)$=\frac{2+3+3+6+10+13+15+20}{8}=\frac{72}{8}=9(\%)$

034 답 **8%**

변량이 8개이므로 중앙값은 4번째와 5번째 값 6%와 10%의 평균인

$\frac{6+10}{2}=8(\%)$이다.

035 답 **3%**

3%가 2편으로 가장 많으므로 최빈값은 3%이다.

036 답 **20편**

줄기와 잎 그림에서 주어진 자료는 다음과 같다.

(단위: 편)

7, 9, 10, 12, 12, 15, 18, 19, 21, 21, 24, 26, 27, 30, 33, 36

$\therefore$ (평균)

$=\frac{7+9+10+12+12+15+18+19+21+21+24+26+27+30+33+36}{16}$

$=\frac{320}{16}=20$(편)

037 답 **20편**

변량이 16개이므로 중앙값은 8번째와 9번째 값 19편과 21편의 평균인

$\frac{19+21}{2}=20$(편)이다.

038 답 **12편, 21편**

12편과 21편이 각각 2명으로 가장 많으므로 최빈값은 12편, 21편이다.

039 답 ○

040 답 ×

변량의 개수가 짝수인 경우에는 중앙값은 자료에 있는 값이 아닐 수도 있다.

041 답 ×

자료에 극단적인 값이 있는 경우에는 평균보다 중앙값이 그 자료 전체의 특징을 잘 나타낸다.

042 답 ×

최빈값은 여러 개 있을 수도 있다.

043 답 ○

044 답 ○

045 답 풀이 참조

변량	3	7	4	6
편차	-2	2	-1	1

046 답 풀이 참조

변량	12	30	14	20	24
편차	-8	10	-6	0	4

047 답 풀이 참조

변량	9	2	8	11	5
편차	2	-5	1	4	-2

048 답 풀이 참조

변량	15	16	23	12	14
편차	-1	0	7	-4	-2

049 답 풀이 참조

(평균)$=\frac{5+12+6+9}{4}=\frac{32}{4}=\boxed{8}$

변량	5	12	6	9
편차	-3	4	-2	1

050 답 풀이 참조

(평균)$=\frac{8+14+11+15}{4}=\frac{48}{4}=\boxed{12}$

변량	8	14	11	15
편차	-4	2	-1	3

051 답 풀이 참조

(평균)$=\frac{15+27+36+17+30}{5}=\frac{125}{5}=\boxed{25}$

변량	15	27	36	17	30
편차	-10	2	11	-8	5

052 답 풀이 참조

(평균)$=\frac{40+30+38+37+35}{5}=\frac{180}{5}=\boxed{36}$

변량	40	30	38	37	35
편차	4	-6	2	1	-1

053 답 **0, -6**

054 답 **2**

편차의 총합은 0이므로

$x+0+(-4)+2=0$

$x-2=0 \quad \therefore x=2$

055 답 **-9**

편차의 총합은 0이므로

$(-1)+(-5)+7+x+8=0$

$x+9=0 \quad \therefore x=-9$

056 답 **4**

편차의 총합은 0이므로

$1+15+(-4)+(-6)+x+(-10)=0$

$x-4=0 \quad \therefore x=4$

057 답 **0**

편차의 총합은 0이므로

$3+(-1.5)+x+(-2)+0.5=0$

$\therefore x=0$

058 답 **-2**

편차의 총합은 0이므로

$(2x-3)+(-x+1)+5+7+(-8)=0$

$x+2=0 \quad \therefore x=-2$

059 답 ❶ **0, -2** ❷ **-2, 73**

060 답 **24회**

지수의 수요일의 줄넘기 기록의 편차를 x회라 하면

편차의 총합은 0이므로

$3+2+x+5+(-4)=0$

$x+6=0 \quad \therefore x=-6$

$\therefore$ (수요일의 기록)$=$(평균)$+$(편차)

$=30+(-6)=24$(회)

061 답 **7회**

혜진이가 2월에 서점에 간 횟수의 편차를 x회라 하면

편차의 총합은 0이므로

$3+x+(-2)+(-4)+1=0$

$x-2=0 \quad \therefore x=2$

$\therefore$ (2월에 서점에 간 횟수)$=$(평균)$+$(편차)

$=5+2=7$(회)

062 답 **169 cm**

승환이의 키의 편차를 x cm라 하면

편차의 총합은 0이므로

$6+(-7)+x+2+(-5)=0$

$x-4=0 \quad \therefore x=4$

$\therefore$ (승환이의 키)$=$(평균)$+$(편차)

$=165+4=169$(cm)

063 답 ❶ 3 ❷ −1, 0, 2, −2, 1 ❸ 10 ❹ 2 ❺ $\sqrt{2}$

❶ 평균 구하기	$(평균)=\frac{2+3+5+1+4}{5}=\frac{15}{5}=3$
❷ 각 변량의 편차 구하기	$-1,\ 0,\ 2,\ -2,\ 1$
❸ $(편차)^2$의 총합 구하기	$(-1)^2+0^2+2^2+(-2)^2+1^2=10$
❹ 분산 구하기	$(분산)=\frac{10}{5}=2$
❺ 표준편차 구하기	$(표준편차)=\sqrt{2}$

064 답 ❶ 16 ❷ 1, 0, −2, 2, −4, 3 ❸ 34 ❹ $\frac{17}{3}$ ❺ $\frac{\sqrt{51}}{3}$

❶ 평균 구하기	$(평균)=\frac{17+16+14+18+12+19}{6}=\frac{96}{6}=16$
❷ 각 변량의 편차 구하기	$1,\ 0,\ -2,\ 2,\ -4,\ 3$
❸ $(편차)^2$의 총합 구하기	$1^2+0^2+(-2)^2+2^2+(-4)^2+3^2=34$
❹ 분산 구하기	$(분산)=\frac{34}{6}=\frac{17}{3}$
❺ 표준편차 구하기	$(표준편차)=\sqrt{\frac{17}{3}}=\frac{\sqrt{51}}{3}$

065 답 분산: 6, 표준편차: $\sqrt{6}$

$(평균)=\frac{8+11+12+9+15}{5}=\frac{55}{5}=11$이므로

각 변량의 편차를 구하면

$-3,\ 0,\ 1,\ -2,\ 4$

$\therefore\ (분산)=\frac{(-3)^2+0^2+1^2+(-2)^2+4^2}{5}=\frac{30}{5}=6$

$(표준편차)=\sqrt{6}$

066 답 분산: 28, 표준편차: $2\sqrt{7}$

$(평균)=\frac{7+15+9+21+8}{5}=\frac{60}{5}=12$이므로

각 변량의 편차를 구하면

$-5,\ 3,\ -3,\ 9,\ -4$

$\therefore\ (분산)=\frac{(-5)^2+3^2+(-3)^2+9^2+(-4)^2}{5}=\frac{140}{5}=28$

$(표준편차)=\sqrt{28}=2\sqrt{7}$

067 답 분산: 18, 표준편차: $3\sqrt{2}$

$(평균)=\frac{5+13+10+11+19+14}{6}=\frac{72}{6}=12$이므로

각 변량의 편차를 구하면

$-7,\ 1,\ -2,\ -1,\ 7,\ 2$

$\therefore\ (분산)=\frac{(-7)^2+1^2+(-2)^2+(-1)^2+7^2+2^2}{6}=\frac{108}{6}=18$

$(표준편차)=\sqrt{18}=3\sqrt{2}$

068 답 분산: 12, 표준편차: $2\sqrt{3}$분

$(평균)=\frac{14+13+20+19+14+10}{6}=\frac{90}{6}=15(분)$이므로

각 변량의 편차를 구하면

$-1,\ -2,\ 5,\ 4,\ -1,\ -5$

$\therefore\ (분산)=\frac{(-1)^2+(-2)^2+5^2+4^2+(-1)^2+(-5)^2}{6}=\frac{72}{6}=12$

$(표준편차)=\sqrt{12}=2\sqrt{3}(분)$

069 답 ❶ −1 ❷ 20 ❸ 5 ❹ $\sqrt{5}$

❶ x의 값 구하기	편차의 총합은 0이므로 $3+1+x+(-3)=0$ $x+1=0\quad \therefore\ x=-1$
❷ $(편차)^2$의 총합 구하기	$3^2+1^2+(-1)^2+(-3)^2=20$
❸ 분산 구하기	$(분산)=\frac{20}{4}=5$
❹ 표준편차 구하기	$(표준편차)=\sqrt{5}$

070 답 분산: $\frac{15}{2}$, 표준편차: $\frac{\sqrt{30}}{2}$

편차의 총합은 0이므로

$2+(-1)+(-4)+x=0$

$x-3=0\quad \therefore\ x=3$

$\therefore\ (분산)=\frac{2^2+(-1)^2+(-4)^2+3^2}{4}=\frac{30}{4}=\frac{15}{2}$

$(표준편차)=\sqrt{\frac{15}{2}}=\frac{\sqrt{30}}{2}$

071 답 분산: 16, 표준편차: 4

편차의 총합은 0이므로

$1+(-3)+(-6)+x+3=0$

$x-5=0\quad \therefore\ x=5$

$\therefore\ (분산)=\frac{1^2+(-3)^2+(-6)^2+5^2+3^2}{5}=\frac{80}{5}=16$

$(표준편차)=\sqrt{16}=4$

072 답 분산: $\frac{28}{3}$, 표준편차: $\frac{2\sqrt{21}}{3}$

편차의 총합은 0이므로

$4+(-2)+1+3+(-5)+x=0$

$x+1=0\quad \therefore\ x=-1$

$\therefore\ (분산)=\frac{4^2+(-2)^2+1^2+3^2+(-5)^2+(-1)^2}{6}=\frac{56}{6}=\frac{28}{3}$

$(표준편차)=\sqrt{\frac{28}{3}}=\frac{2\sqrt{7}}{\sqrt{3}}=\frac{2\sqrt{21}}{3}$

073 답 ❶ 3 ❷ 30 ❸ 6 ❹ $\sqrt{6}$

❶ x의 값 구하기	평균이 5이므로 $\frac{2+x+5+6+9}{5}=5$ $x+22=25 \quad \therefore x=3$
❷ $(\text{편차})^2$의 총합 구하기	각 변량의 편차를 구하면 $-3, -2, 0, 1, 4$ $\therefore (-3)^2+(-2)^2+0^2+1^2+4^2=30$
❸ 분산 구하기	$(\text{분산})=\frac{30}{5}=6$
❹ 표준편차 구하기	$(\text{표준편차})=\sqrt{6}$

074 답 분산: $\frac{16}{3}$, 표준편차: $\frac{4\sqrt{3}}{3}$

평균이 6이므로

$\frac{7+3+5+x+4+10}{6}=6$, $x+29=36 \quad \therefore x=7$

각 변량의 편차를 구하면

$1, -3, -1, 1, -2, 4$

$\therefore (\text{분산})=\frac{1^2+(-3)^2+(-1)^2+1^2+(-2)^2+4^2}{6}=\frac{32}{6}=\frac{16}{3}$

$(\text{표준편차})=\sqrt{\frac{16}{3}}=\frac{4}{\sqrt{3}}=\frac{4\sqrt{3}}{3}$

075 답 분산: $\frac{14}{3}$, 표준편차: $\frac{\sqrt{42}}{3}$

평균이 14이므로

$\frac{15+13+x+16+11+17}{6}=14$, $x+72=84 \quad \therefore x=12$

각 변량의 편차를 구하면

$1, -1, -2, 2, -3, 3$

$\therefore (\text{분산})=\frac{1^2+(-1)^2+(-2)^2+2^2+(-3)^2+3^2}{6}=\frac{28}{6}=\frac{14}{3}$

$(\text{표준편차})=\sqrt{\frac{14}{3}}=\frac{\sqrt{42}}{3}$

076 답 분산: 28, 표준편차: $2\sqrt{7}$

평균이 13이므로

$\frac{23+17+x+12+11+8+14}{7}=13$, $x+85=91 \quad \therefore x=6$

각 변량의 편차를 구하면

$10, 4, -7, -1, -2, -5, 1$

$\therefore (\text{분산})=\frac{10^2+4^2+(-7)^2+(-1)^2+(-2)^2+(-5)^2+1^2}{7}$

$=\frac{196}{7}=28$

$(\text{표준편차})=\sqrt{28}=2\sqrt{7}$

077 답 ㄹ

표준편차가 가장 큰 것은 변량들이 평균 5를 중심으로 가장 멀리 떨어져 있는 ㄹ이다.

078 답 ㄷ

표준편차가 가장 작은 것은 변량들이 평균 5 가까이에 가장 많이 모여 있는 ㄷ이다.

079 답 A 모둠

산포도가 가장 큰 모둠은 평균 3회에서 멀리 떨어진 변량들의 도수의 합이 가장 큰 A 모둠이다.

080 답 C 모둠

산포도가 가장 작은 모둠은 평균 3회에 가까운 변량들의 도수의 합이 가장 큰 C 모둠이다.

081 답 ○

A반의 과학 성적의 평균이 B반의 과학 성적의 평균보다 높으므로 A반의 과학 성적이 B반의 과학 성적보다 우수하다.

082 답 ×

A반의 과학 성적의 표준편차가 B반의 과학 성적의 표준편차보다 작으므로 A반의 과학 성적이 B반의 과학 성적보다 고르다.

083 답 ×

과학 성적이 90점 이상인 학생 수는 어느 반이 더 많은지 알 수 없다.

084 답 ×

수연이의 독서 시간의 평균이 연홍이의 독서 시간의 평균보다 크므로 수연이의 독서 시간이 연홍이의 독서 시간보다 길다.

085 답 ○

연홍이의 독서 시간의 표준편차가 수연이의 독서 시간의 표준편차보다 작으므로 연홍이의 독서 시간이 수연이의 독서 시간보다 규칙적이다.

086 답 ○

E반의 앉은키의 평균이 A반의 앉은키의 평균보다 크므로 E반의 앉은키가 A반의 앉은키보다 크다.

087 답 ○

D반의 학생들의 앉은키의 표준편차가 가장 작으므로 앉은키가 가장 고른 반은 D반이다.

088 답 ×

학생 수는 어느 반이 더 적은지 알 수 없다.

089 답 ○

A반의 앉은키의 표준편차가 B반의 앉은키의 표준편차보다 작으므로 A반의 앉은키의 산포도가 B반의 앉은키의 산포도보다 고르다.

090 답 ×

앉은키가 가장 작은 학생은 어느 반에 있는지 알 수 없다.

091 답 ×

편차의 총합은 항상 0이다.

092 답 ○

093 답 ○

094 답 ×

분산이 클수록 자료의 변량들이 평균에서 멀리 떨어져 있다.

095 답 ×

산포도로 자료의 흩어진 정도를 알 수 있다.

096 답 ○

기본 문제 × 확인하기 94~95쪽

1 (1) 8 (2) 8 (3) 7 **2** (1) 11 (2) 6 (3) 6

3 (1) 7 (2) 13 (3) 8 (4) 10

4 (1) 8 (2) 12 (3) 15 (4) 11 **5** (1) 4 (2) 1, 6 (3) 3

6 (1) 14,

변량	12	6	14	16	22
편차	−2	−8	0	2	8

(2) 21,

변량	13	23	27	15	27
편차	−8	2	6	−6	6

(3) 11,

변량	18	6	15	14	8	5
편차	7	−5	4	3	−3	−6

7 (1) −7 (2) 1 **8** (1) 71 (2) 78

9 (1) 분산: 6.8, 표준편차: $\sqrt{6.8}$ (2) 분산: 32, 표준편차: $4\sqrt{2}$

10 (1) 분산: 6, 표준편차: $\sqrt{6}$ (2) 분산: 31.6, 표준편차: $\sqrt{31.6}$

11 (1) 분산: $\frac{10}{3}$, 표준편차: $\frac{\sqrt{30}}{3}$

(2) 분산: $\frac{25}{3}$, 표준편차: $\frac{5\sqrt{3}}{3}$

12 (1) 3반 (2) 1반

13 (1) × (2) ○ (3) ○ (4) × (5) × (6) ○ (7) ○ (8) ×

1 (1) $(\text{평균})=\frac{7+9+7+7+10}{5}=\frac{40}{5}=8$

(2) $(\text{평균})=\frac{3+8+7+8+9+13}{6}=\frac{48}{6}=8$

(3) $(\text{평균})=\frac{3+12+4+7+10+6}{6}=\frac{42}{6}=7$

2 (1) $(\text{평균})=\frac{7+4+x+10}{4}=8$이므로

$x+21=32 \quad \therefore x=11$

(2) $(\text{평균})=\frac{12+5+9+x+3}{5}=7$이므로

$x+29=35 \quad \therefore x=6$

(3) $(\text{평균})=\frac{22+8+x+14+5+11}{6}=11$이므로

$x+60=66 \quad \therefore x=6$

3 (1) 변량을 작은 값부터 크기순으로 나열하면

3, 5, 7, 9, 13

변량이 5개이므로 중앙값은 가운데 있는 값인 7이다.

(2) 변량을 작은 값부터 크기순으로 나열하면

2, 9, 10, 16, 18, 25

변량이 6개이므로 중앙값은 가운데 있는 두 값 10과 16의 평균인

$\frac{10+16}{2}=13$이다.

(3) 변량을 작은 값부터 크기순으로 나열하면

6, 7, 8, 8, 10, 11, 14

변량이 7개이므로 중앙값은 가운데 있는 값인 8이다.

(4) 변량을 작은 값부터 크기순으로 나열하면

4, 8, 8, 10, 10, 10, 14, 15

변량이 8개이므로 중앙값은 가운데 있는 두 값 10과 10의 평균인

$\frac{10+10}{2}=10$이다.

4 (1) $(\text{중앙값})=x=8$

(2) $(\text{중앙값})=\frac{6+x}{2}=9$이므로 $6+x=18 \quad \therefore x=12$

(3) $(\text{중앙값})=\frac{13+x}{2}=14$이므로 $13+x=28 \quad \therefore x=15$

(4) $(\text{중앙값})=\frac{x+13}{2}=12$이므로 $x+13=24 \quad \therefore x=11$

5 (1) 4가 두 번으로 변량 중에서 가장 많이 나타나므로

최빈값은 4이다.

(2) 1과 6이 각각 두 번으로 변량 중에서 가장 많이 나타나므로

최빈값은 1, 6이다.

(3) 3이 세 번으로 변량 중에서 가장 많이 나타나므로

최빈값은 3이다.

6 (1) $(\text{평균})=\frac{12+6+14+16+22}{5}=\frac{70}{5}=14$

변량	12	6	14	16	22
편차	−2	−8	0	2	8

(2) $(\text{평균})=\frac{13+23+27+15+27}{5}=\frac{105}{5}=21$

변량	13	23	27	15	27
편차	−8	2	6	−6	6

(3) $(\text{평균})=\frac{18+6+15+14+8+5}{6}=\frac{66}{6}=11$

변량	18	6	15	14	8	5
편차	7	−5	4	3	−3	−6

7 (1) 편차의 총합은 0이므로

$(-1)+x+0+5+3=0,\ x+7=0 \quad \therefore x=-7$

(2) 편차의 총합은 0이므로

$2+(-5)+x+6+(-4)=0,\ x-1=0 \quad \therefore x=1$

8 (1) 학생 A의 사회 성적의 편차를 x점이라 하면

편차의 총합은 0이므로

$(-5)+10+(-4)+x+(-4)=0,\ x-3=0 \quad \therefore x=3$

$\therefore$ (학생 A의 사회 성적)=(평균)+(편차)

$=68+3=71$(점)

(2) 학생 B의 사회 성적의 편차를 x점이라 하면

편차의 총합은 0이므로

$3+(-4)+7+x+1=0,\ x+7=0 \quad \therefore x=-7$

$\therefore$ (학생 B의 사회 성적)=(평균)+(편차)

$=85+(-7)=78$(점)

9 (1) (평균)$=\dfrac{11+16+14+9+10}{5}=\dfrac{60}{5}=12$이므로

각 변량의 편차를 구하면

$-1,\ 4,\ 2,\ -3,\ -2$

$\therefore$ (분산)$=\dfrac{(-1)^2+4^2+2^2+(-3)^2+(-2)^2}{5}=\dfrac{34}{5}=6.8$

(표준편차)$=\sqrt{6.8}$

(2) (평균)$=\dfrac{22+17+32+28+31+20}{6}=\dfrac{150}{6}=25$이므로

각 변량의 편차를 구하면

$-3,\ -8,\ 7,\ 3,\ 6,\ -5$

$\therefore$ (분산)$=\dfrac{(-3)^2+(-8)^2+7^2+3^2+6^2+(-5)^2}{6}=\dfrac{192}{6}=32$

(표준편차)$=\sqrt{32}=4\sqrt{2}$

10 (1) 편차의 총합은 0이므로

$(-3)+1+x+4+(-2)=0 \quad \therefore x=0$

$\therefore$ (분산)$=\dfrac{(-3)^2+1^2+0^2+4^2+(-2)^2}{5}=\dfrac{30}{5}=6$

(표준편차)$=\sqrt{6}$

(2) 편차의 총합은 0이므로

$(-2)+10+x+(-5)+2=0,\ x+5=0 \quad \therefore x=-5$

$\therefore$ (분산)$=\dfrac{(-2)^2+10^2+(-5)^2+(-5)^2+2^2}{5}=\dfrac{158}{5}=31.6$

(표준편차)$=\sqrt{31.6}$

11 (1) (평균)$=\dfrac{10+8+8+x+5+6}{6}=7$이므로

$x+37=42 \quad \therefore x=5$

각 변량의 편차를 구하면

$3,\ 1,\ 1,\ -2,\ -2,\ -1$

$\therefore$ (분산)$=\dfrac{3^2+1^2+1^2+(-2)^2+(-2)^2+(-1)^2}{6}=\dfrac{20}{6}=\dfrac{10}{3}$

(표준편차)$=\sqrt{\dfrac{10}{3}}=\dfrac{\sqrt{30}}{3}$

(2) (평균)$=\dfrac{12+9+x+8+6+10}{6}=8$이므로

$x+45=48 \quad \therefore x=3$

각 변량의 편차를 구하면

$4,\ 1,\ -5,\ 0,\ -2,\ 2$

$\therefore$ (분산)$=\dfrac{4^2+1^2+(-5)^2+0^2+(-2)^2+2^2}{6}=\dfrac{50}{6}=\dfrac{25}{3}$

(표준편차)$=\sqrt{\dfrac{25}{3}}=\dfrac{5}{\sqrt{3}}=\dfrac{5\sqrt{3}}{3}$

12 (1) 책의 수의 표준편차가 가장 큰 반은 평균 6권에서 멀리 떨어진 변량들의 도수의 합이 가장 큰 3반이다.

(2) 책의 수의 표준편차가 가장 작은 반은 평균 6권에 가까운 변량들의 도수의 합이 가장 큰 1반이다.

13 (1) 자료에 매우 크거나 매우 작은 값이 있는 경우에는 자료의 대푯값으로서 평균보다 중앙값이 적절하다.

(4) 평균은 대푯값이다.

(5) 편차는 변량에서 평균을 뺀 값이다.

(8) 표준편차가 작을수록 자료의 분포 상태가 고르다.

학교 시험 문제 × 확인하기

96~97쪽

1 ⑤	2 ④	3 ②	4 250 mm	5 ②
6 ②	7 $\dfrac{23}{3}$	8 ①	9 ⑤	10 ④
11 ㄷ, ㄴ	12 ⑤			

1 줄기와 잎 그림에서 주어진 자료는 다음과 같다.

(단위: 시간)

6, 8, 12, 14, 14, 17, 20, 23, 26, 35

(평균)$=\dfrac{6+8+12+14+14+17+20+23+26+35}{10}$

$=\dfrac{175}{10}=17.5$(시간)

변량이 10개이므로 중앙값은 5번째와 6번째 값 14시간, 17시간의 평균인 $\dfrac{14+17}{2}=15.5$(시간)

14시간이 두 번으로 변량 중에서 가장 많이 나타나므로 최빈값은 14시간이다.

따라서 $a=17.5,\ b=15.5,\ c=14$이므로

$a+b+c=17.5+15.5+14=47$

2 $(\text{평균})=\frac{4+9+x+5+12+16}{6}=10$이므로

$x+46=60 \quad \therefore x=14$

3 x를 제외하고 변량을 작은 값부터 크기순으로 나열하면

0.2, 0.5, 0.6, 0.9, 1.5, 1.5, 2.0

이때 변량이 8개이므로 중앙값은 4번째와 5번째 값의 평균이고, 중앙값은 0.8이므로 x는 0.6과 0.9 사이에 있어야 한다.

즉, $(\text{중앙값})=\frac{x+0.9}{2}=0.8$이므로

$x+0.9=1.6 \quad \therefore x=0.7$

4 250 mm가 7명으로 가장 많으므로 최빈값은 250 mm이다.

5 ② 주어진 변량에 극단적인 값 200이 있으므로 중앙값이 평균보다 자료의 중심 경향을 더 잘 나타낸다.

6 ① 편차의 총합은 0이므로

$(-3)+2+(-1)+x+6=0$

$x+4=0 \quad \therefore x=-4$

② $(\text{학생 B의 몸무게})=(\text{평균})+(\text{편차})$
$=47+2=49(\text{kg})$

③ 학생 C의 편차가 음수이므로 학생 C는 몸무게가 평균보다 적게 나간다.

④ $(\text{학생 D의 몸무게})=(\text{평균})+(\text{편차})=47+(-4)=43(\text{kg})$

⑤ 몸무게가 평균보다 많이 나가는 학생은 편차가 양수인 학생 B, E의 2명이다.

따라서 옳지 않은 것은 ②이다.

7 $(\text{평균})=\frac{17+11+12+19+15+16}{6}=\frac{90}{6}=15(\text{회})$이므로

각 변량의 편차를 구하면

2, -4, -3, 4, 0, 1

$\therefore (\text{분산})=\frac{2^2+(-4)^2+(-3)^2+4^2+0^2+1^2}{6}=\frac{46}{6}=\frac{23}{3}$

8 편차의 총합은 0이므로

$4+(-5)+7+x+(-4)=0$

$x+2=0 \quad \therefore x=-2$

$(\text{분산})=\frac{4^2+(-5)^2+7^2+(-2)^2+(-4)^2}{5}=\frac{110}{5}=22$

$\therefore (\text{표준편차})=\sqrt{22}(\text{점})$

9 $(\text{평균})=\frac{3+10+x+7+5+4}{6}=6$이므로

$x+29=36 \quad \therefore x=7$

각 변량의 편차를 구하면

-3, 4, 1, 1, -1, -2

$\therefore (\text{분산})=\frac{(-3)^2+4^2+1^2+1^2+(-1)^2+(-2)^2}{6}=\frac{32}{6}=\frac{16}{3}$

10 ㄱ. 변량의 개수가 짝수이면 중앙값은 주어진 자료 중에 없을 수도 있다.

ㄴ. 편차의 총합은 0이므로 편차의 평균도 0이다. 즉, 편차의 평균으로는 자료의 흩어진 정도를 알 수 없다.

ㄹ. 표준편차는 자료가 흩어져 있는 정도를 나타내므로 평균이 서로 달라도 표준편차는 같을 수 있다.

따라서 옳지 않은 것은 ㄴ, ㄹ이다.

11 표준편차가 가장 큰 것은 변량들이 평균 4를 중심으로 가장 멀리 떨어져 있는 ㄷ이다.

표준편차가 가장 작은 것은 변량들이 평균 4 가까이에 가장 많이 모여 있는 ㄴ이다.

따라서 표준편차가 가장 큰 것과 가장 작은 것을 차례로 고르면 ㄷ, ㄴ이다.

12 ① 1반의 학생 수가 2반의 학생 수보다 많은지 알 수 없다.

② 2반의 국어 성적의 평균이 5반의 국어 성적의 평균보다 높으므로 2반의 국어 성적은 5반의 국어 성적보다 높다.

③ 국어 성적이 가장 높은 학생이 어느 반에 속해 있는지 알 수 없다.

④ 1반과 2반에서 국어 성적이 90점 이상인 학생 수는 비교할 수 없다.

⑤ 국어 성적이 가장 고른 반은 표준편차가 가장 작은 반인 4반이다.

따라서 옳은 것은 ⑤이다.

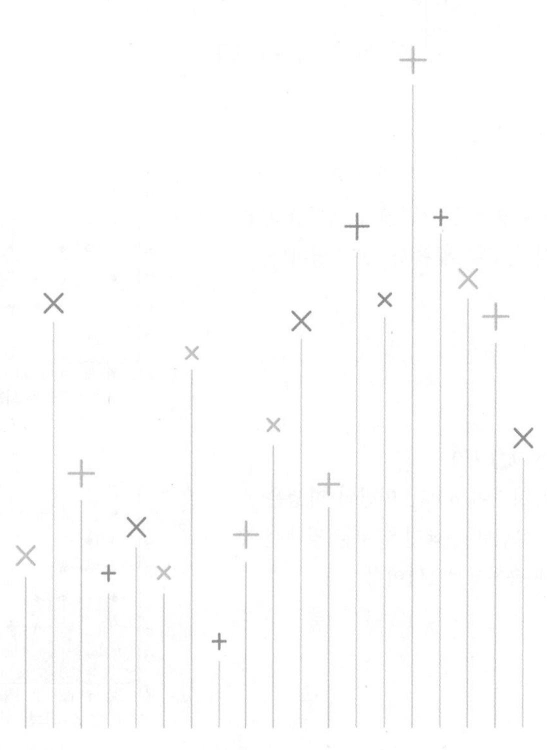

6 상관관계

100~105쪽

001 답

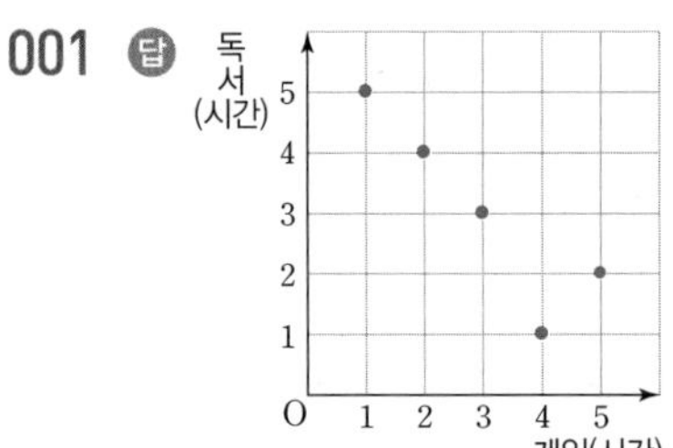

002 답

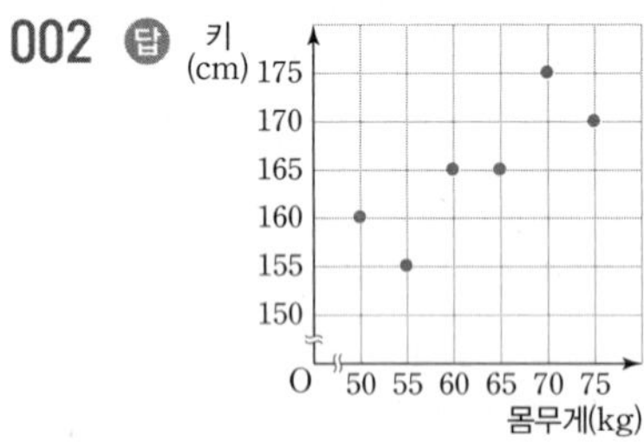

003 답

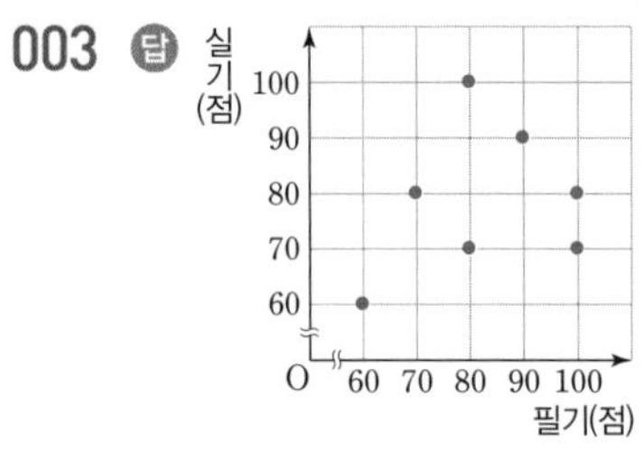

004 답

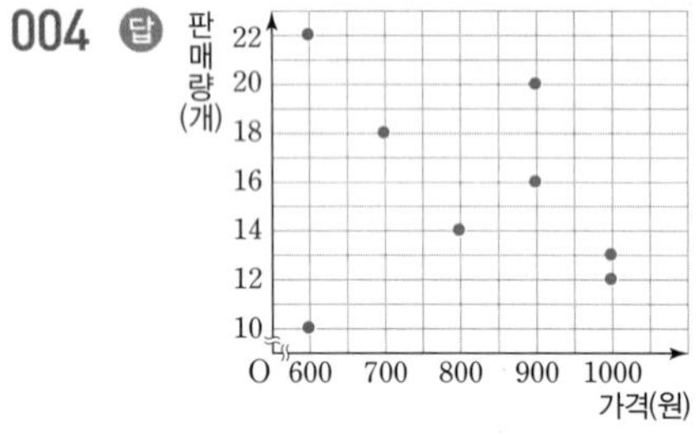

005 답 3명

스마트폰 사용 시간이 150분 이상인 학생은 오른쪽 그림에서 색칠한 부분(경계선 포함)에 속하므로 3명이다.

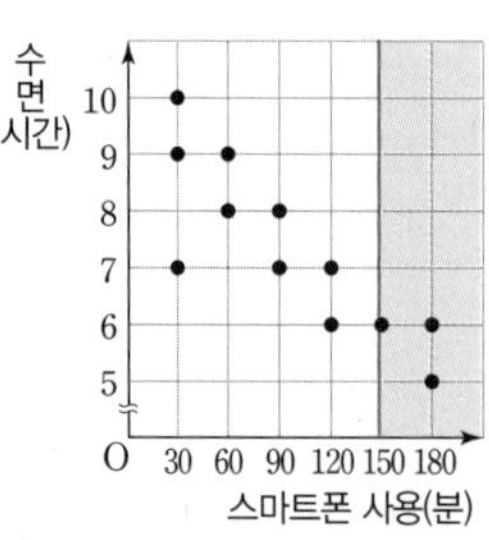

006 답 1명

수면 시간이 6시간 미만인 학생은 오른쪽 그림에서 색칠한 부분(경계선 제외)에 속하므로 1명이다.

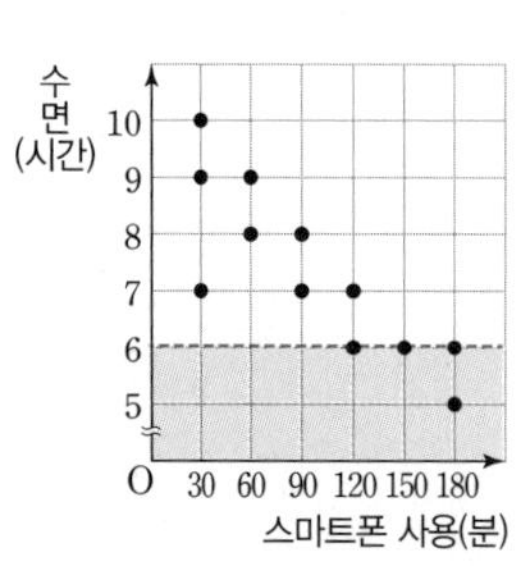

007 답 4명

스마트폰 사용 시간이 90분 이상 120분 이하인 학생은 오른쪽 그림에서 색칠한 부분(경계선 포함)에 속하므로 4명이다.

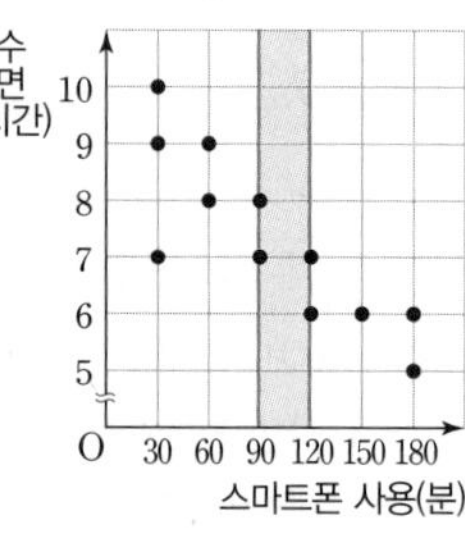

008 답 4명

수면 시간이 7시간 이상 10시간 미만이고 스마트폰 사용 시간이 60분 이하인 학생은 오른쪽 그림에서 색칠한 부분(경계선 중 실선은 포함, 점선은 제외)에 속하므로 4명이다.

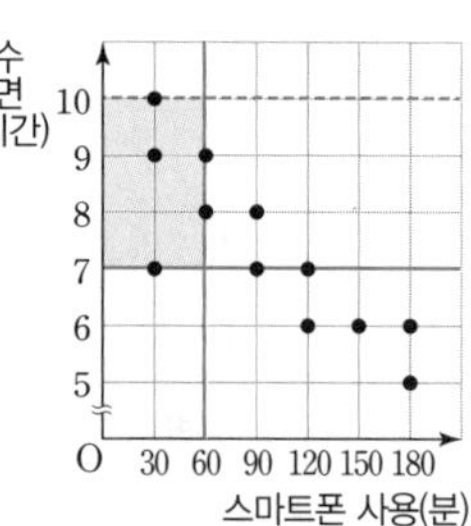

009 답 3명

1차 수행평가 점수와 2차 수행평가 점수가 같은 학생은 오른쪽 그림에서 대각선 위에 있으므로 3명이다.

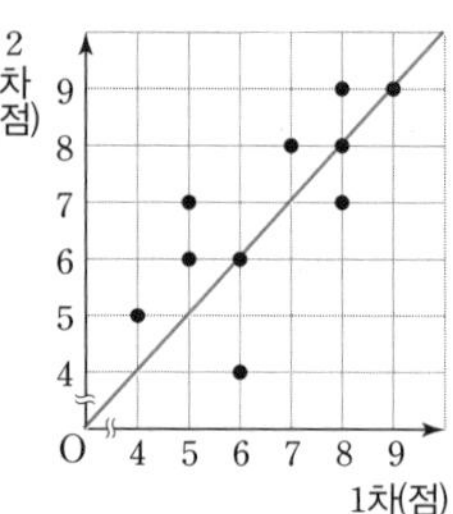

010 답 2명

1차 수행평가 점수가 2차 수행평가 점수보다 높은 학생은 오른쪽 그림에서 색칠한 부분(경계선 제외)에 속하므로 2명이다.

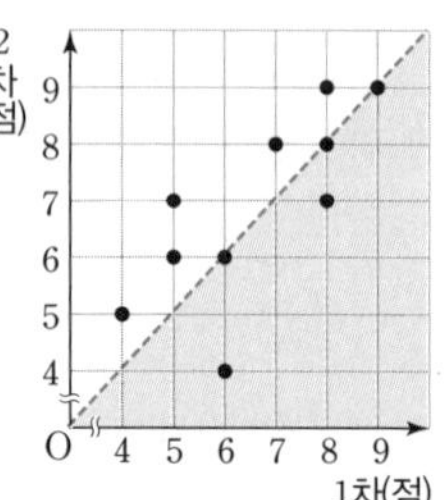

011 답 5명

2차 수행평가 점수가 1차 수행평가 점수보다 높은 학생은 오른쪽 그림에서 색칠한 부분(경계선 제외)에 속하므로 5명이다.

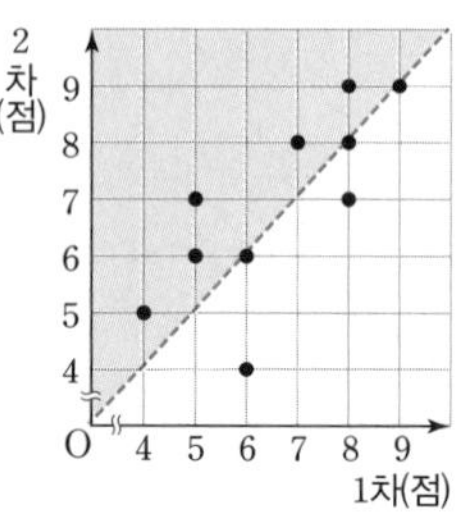

012 답 35회

1차 기록이 가장 높은 학생의 1차 기록은 40회이고, 이 학생의 2차 기록은 35회이다.

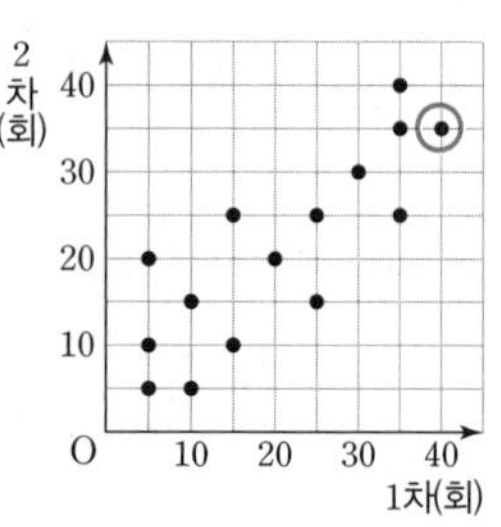

013 답 20 %

1차 기록과 2차 기록이 모두 35회 이상인 학생은 오른쪽 그림에서 색칠한 부분(경계선 포함)에 속하므로 3명이다.

$\therefore \frac{3}{15} \times 100 = 20(\%)$

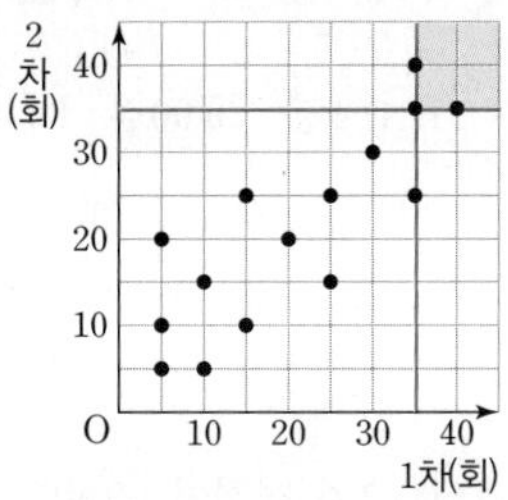

014 답 5명

1차 기록이 2차 기록보다 높은 학생은 오른쪽 그림에서 색칠한 부분(경계선 제외)에 속하므로 5명이다.

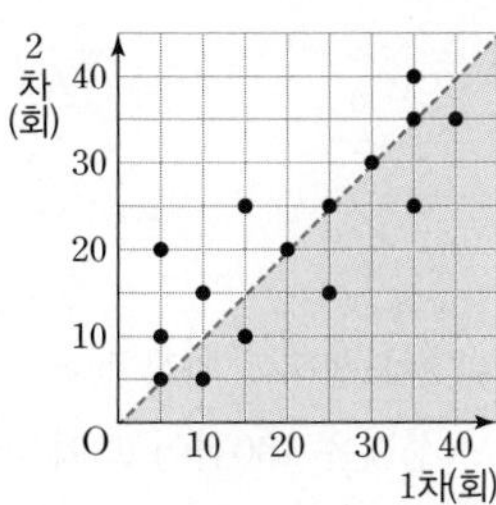

015 답 5회

두 번의 윗몸 일으키기에서 기록의 변화가 없는 학생은 오른쪽 그림에서 대각선 위에 있다. 이 중에서 기록이 가장 낮은 학생의 1차 기록은 5회이다.

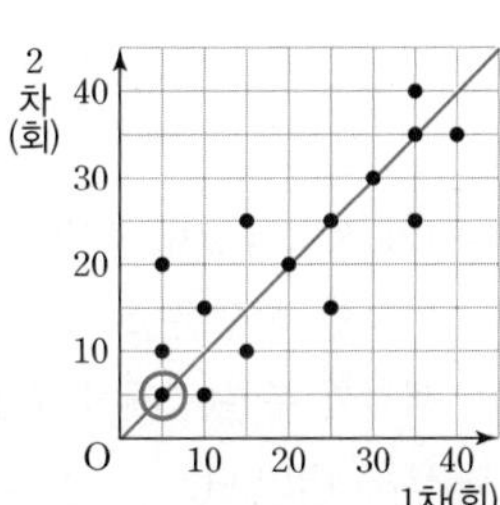

016 답 4명

왼쪽 시력이 0.5 이하인 학생은 오른쪽 그림에서 색칠한 부분(경계선 포함)에 속하므로 4명이다.

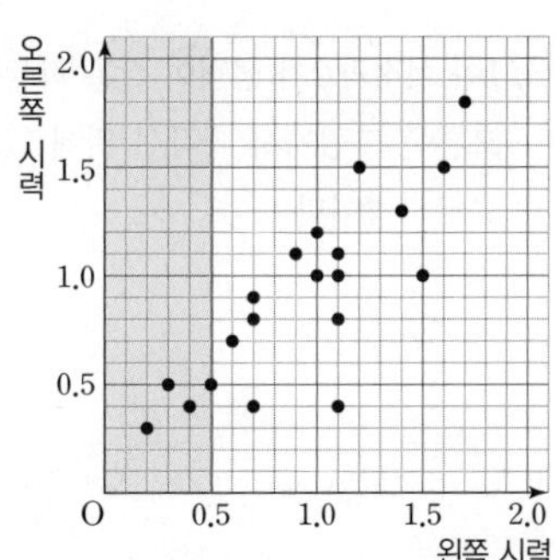

017 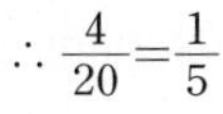

왼쪽 시력과 오른쪽 시력이 차이가 없는 학생은 오른쪽 그림에서 대각선 위에 있으므로 4명이다.

$\therefore \frac{4}{20} = \frac{1}{5}$

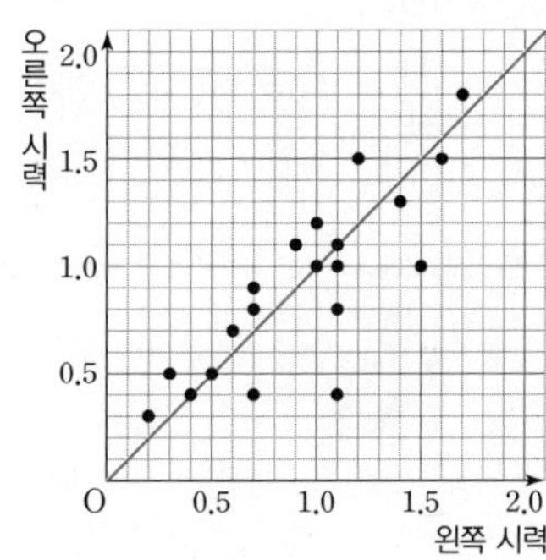

018 답 45 %

오른쪽 시력이 왼쪽 시력보다 좋은 학생은 오른쪽 그림에서 색칠한 부분(경계선 제외)에 속하므로 9명이다.

$\therefore \frac{9}{20} \times 100 = 45(\%)$

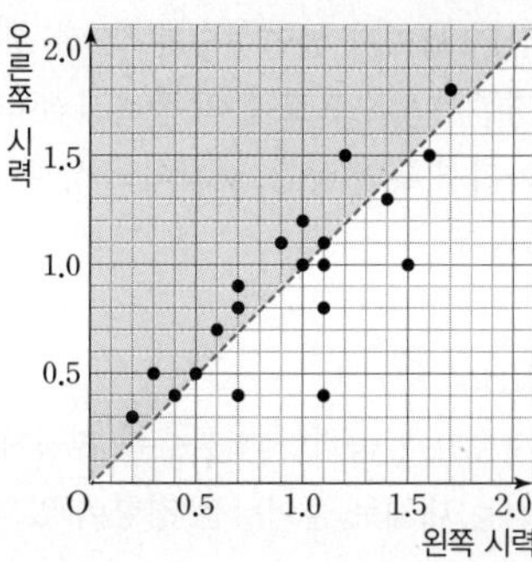

019 답 1.5

오른쪽 시력이 1.5 이상인 학생은 오른쪽 그림에서 색칠한 부분(경계선 포함)에 속한다. 따라서 이 학생들의 왼쪽 시력은 각각 1.2, 1.6, 1.7이므로

$(\text{평균}) = \frac{1.2+1.6+1.7}{3}$

$= \frac{4.5}{3} = 1.5$

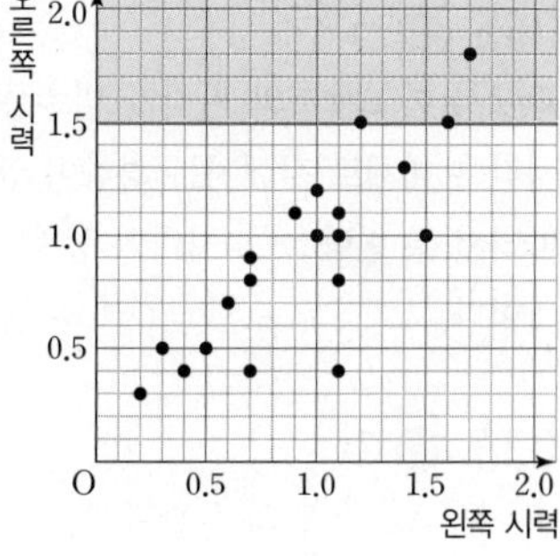

020 답 증가 / ㄱ, ㄹ

021 답 감소 / ㄴ, ㅁ

022 답 ㄷ, ㅂ

023 답 ㄱ

024 답 ㅁ

025 답 양

026 답 음

027 답 ×

028 답 ×

029 답 음

030 답 ×

031 답 음

032 답 양

033 답 ㄹ

산의 높이가 높아질수록 그 산 정상에서의 기온은 대체로 낮아지는 경향이 있으므로 음의 상관관계이다.
따라서 두 변량 x, y 사이의 상관관계를 나타낸 산점도로 알맞은 것은 ㄹ이다.

034 답 ㄱ

자동차의 속력이 빠를수록 자동차가 완전히 멈출 때까지 움직인 거리는 대체로 늘어나는 경향이 있으므로 양의 상관관계이다.
따라서 두 변량 x, y 사이의 상관관계를 나타낸 산점도로 알맞은 것은 ㄱ이다.

035 답 ㄱ

집에서 학교까지의 거리가 멀수록 집에서 학교까지 가는 데 걸리는 시간은 대체로 길어지는 경향이 있으므로 양의 상관관계이다.
따라서 두 변량 x, y 사이의 상관관계를 나타낸 산점도로 알맞은 것은 ㄱ이다.

036 답 ④

①, ②, ③, ⑤ 양의 상관관계
④ 음의 상관관계
따라서 두 변량 사이의 상관관계가 나머지 넷과 다른 하나는 ④이다.

037 답 ×

키가 큰 학생은 대체로 앉은키도 크다.

038 답 ○

039 답 ○

040 답 ○

041 답 양의 상관관계

042 답 A

043 답 B

044 답 E

기본 문제 × 확인하기

106쪽

1 (1) 4명 (2) 90점 (3) 4명 (4) $\frac{3}{25}$ (5) 44 % (6) 40점
2 (1) 양 (2) 음 (3) × (4) 양 (5) 음
3 (1) ○ (2) ○ (3) × (4) ○ (5) ×

1 (1) 1차 성적이 60점인 학생은 오른쪽 그림에서 직선 위에 있으므로 4명이다.

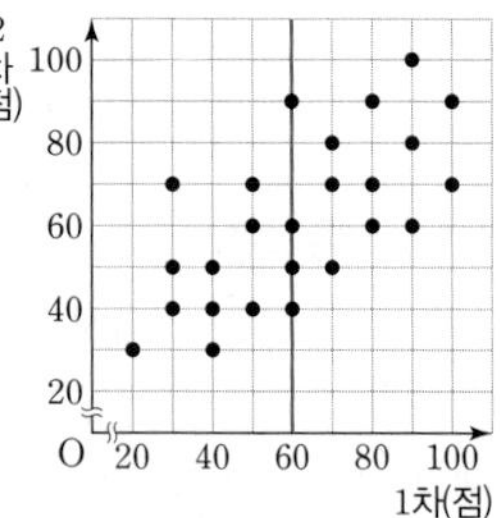

(2) 2차 성적이 가장 높은 학생의 2차 성적은 100점이고 이 학생의 1차 성적은 90점이다.

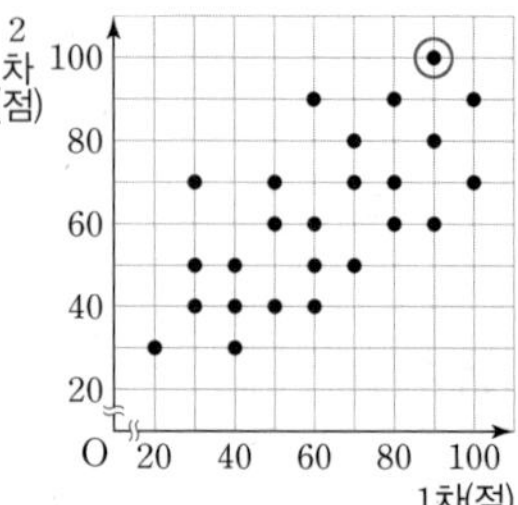

(3) 1차 성적과 2차 성적이 모두 80점 이상인 학생은 오른쪽 그림에서 색칠한 부분(경계선 포함)에 속하므로 4명이다.

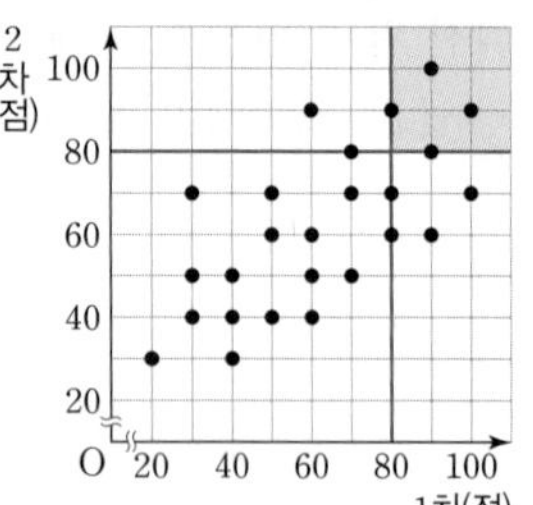

(4) 1차 성적과 2차 성적이 같은 학생은 오른쪽 그림에서 대각선 위에 있으므로 3명이다.

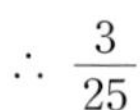

$\therefore \frac{3}{25}$

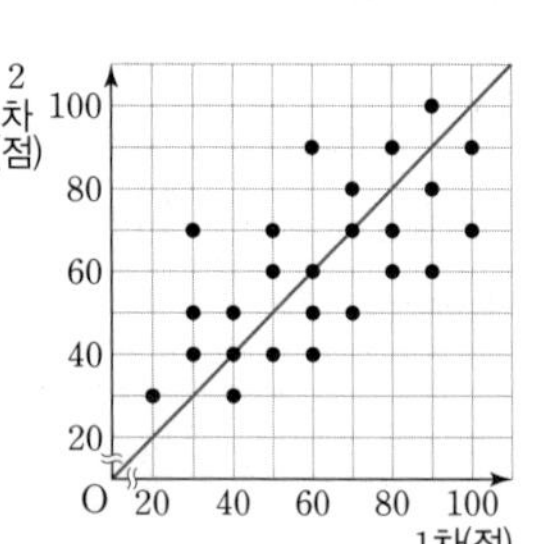

(5) 1차 성적보다 2차 성적이 높은 학생은 오른쪽 그림에서 색칠한 부분(경계선 제외)에 속하므로 11명이다.

$\therefore \frac{11}{25} \times 100 = 44(\%)$

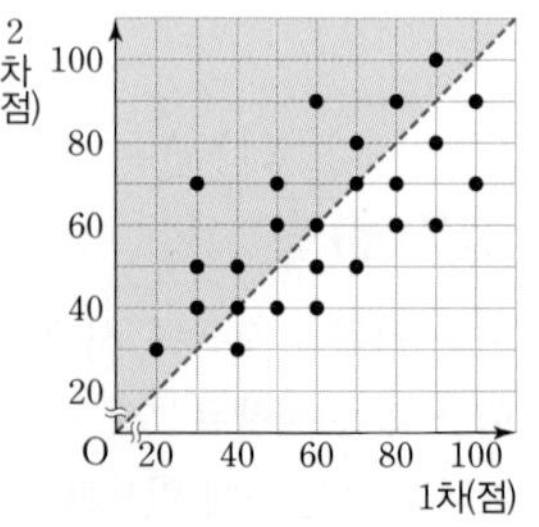

(6) 2차 성적이 50점 미만인 학생은 오른쪽 그림에서 색칠한 부분(경계선 제외)에 속한다.
따라서 이 학생들의 1차 성적은 각각 20점, 30점, 40점, 40점, 50점, 60점이므로

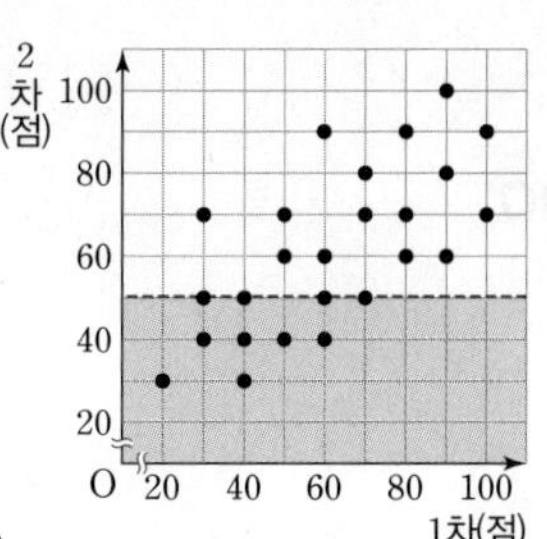

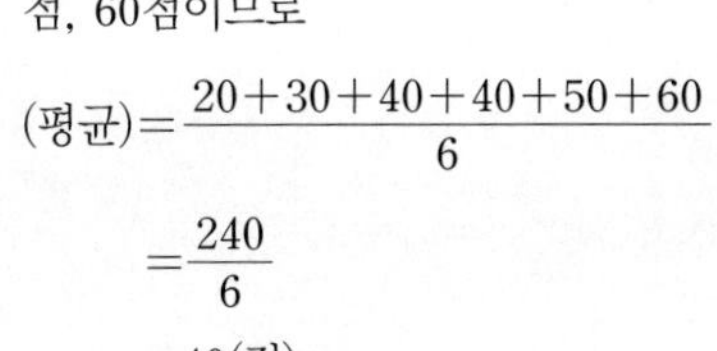

$$(\text{평균})=\frac{20+30+40+40+50+60}{6}$$

$$=\frac{240}{6}$$

$$=40(\text{점})$$

3 (1) 하루 평균 섭취 열량이 높은 학생들의 몸무게는 대체로 무거우므로 양의 상관관계이다.
(3) A의 몸무게는 B의 몸무게보다 무겁다.
(5) A, B, C, D, E 5명의 학생 중에서 하루 평균 섭취 열량이 가장 낮은 학생은 A이다.

학교 시험 문제 × 확인하기

107쪽

1 ③ **2** ② **3** 4m **4** ④ **5** ⑤
6 ③

1 작년에 친 홈런의 개수가 7개 이상이고 올해에 친 홈런의 개수가 8개 이상인 야구 선수는 오른쪽 그림에서 색칠한 부분(경계선 포함)에 속하므로 4명이다.

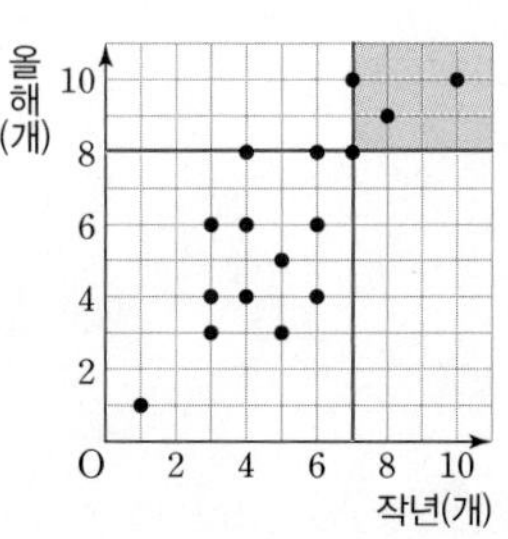

$\therefore \frac{4}{16}\times 100=25(\%)$

2 1월에 방문한 횟수가 2월에 방문한 횟수보다 많은 학생은 오른쪽 그림에서 색칠한 부분(경계선 제외)에 속하므로 4명이다.

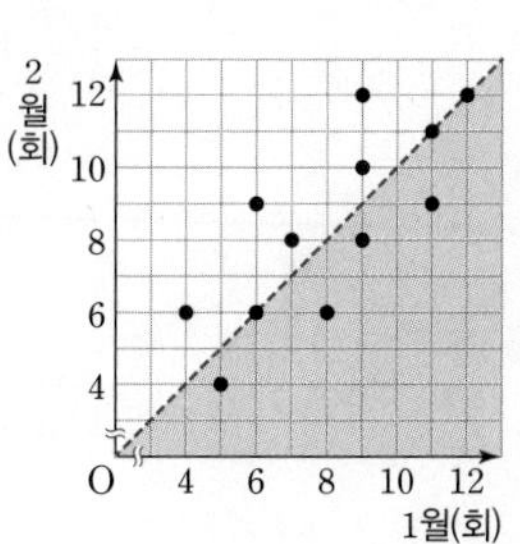

3 1차 시합의 기록보다 2차 시합의 기록이 높은 학생들은 오른쪽 그림에서 색칠한 부분(경계선 제외)에 속한다.
따라서 이 학생들의 2차 시합의 기록은 각각 2.5m, 3m, 4m, 4m, 4.5m, 4.5m, 4.5m, 5m이므로

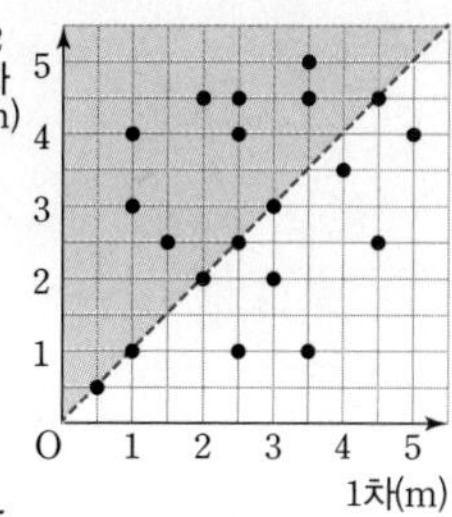

$$(\text{평균})=\frac{2.5+3+4+4+4.5+4.5+4.5+5}{8}$$

$$=\frac{32}{8}=4(\text{m})$$

5 주어진 산점도는 양의 상관관계이다.
①, ②, ③ 상관관계가 없다.
④ 음의 상관관계
⑤ 양의 상관관계
따라서 두 변량의 산점도가 주어진 그림과 같이 나타나는 것은 ⑤이다.

6 ③ D의 시험 점수는 C의 시험 점수보다 낮다.

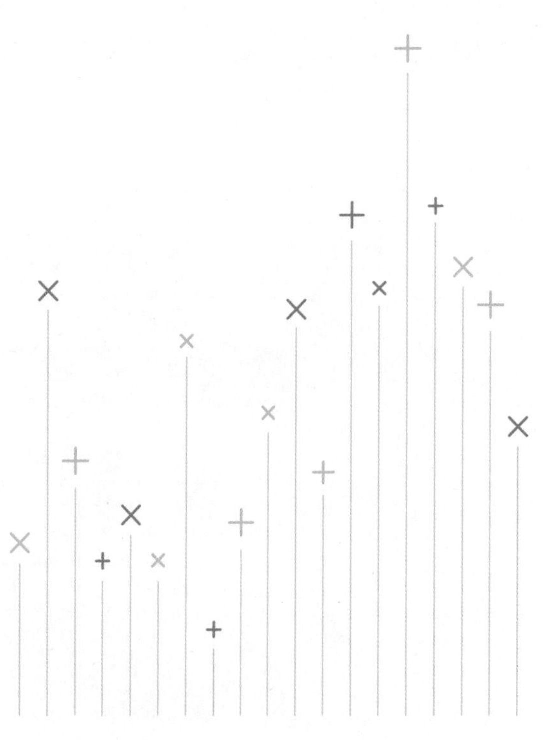

memo

개념·플러스·연산 개념과 연산이 만나 수학의 즐거운 학습 시너지를 일으킵니다.

대표전화 1544-0554
주소 서울특별시 구로구 디지털로33길 48 대륭포스트타워 7차 20층